“十二五”普通高等教育本

高等学校理工类课程学习

仪器分析（第五版）学习指导

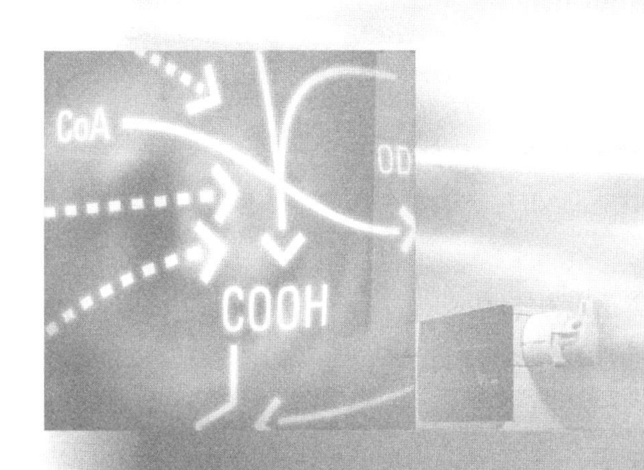

华东理工大学分析化学教研室　胡坪　王氢　编

高等教育出版社·北京

内容提要

本书是华东理工大学胡坪、王氢编《仪器分析》(第五版)的配套学习指导用书。全书共分为15章,前14章每章主要包括内容提要、知识要点、思考题与习题解答、综合练习、参考答案及解析五个部分,第15章为仪器分析考试模拟试卷。其中,综合练习部分又包括是非题、选择题、填空题、计算题和简答题五种类型,编写的题目均围绕教学重点、难点进行设计,同时注重应用性和先进性。

本书还可以作为仪器分析、分析化学、药物分析等相关课程的辅导教材和教学参考书。

图书在版编目(CIP)数据

仪器分析(第五版)学习指导/胡坪,王氢编. --北京:高等教育出版社,2021.12

ISBN 978-7-04-056717-5

Ⅰ.①仪… Ⅱ.①胡… ②王… Ⅲ.①仪器分析-高等学校-教学参考资料 Ⅳ.①O657

中国版本图书馆CIP数据核字(2021)第157566号

YIQI FENXI(DI-WU BAN)XUEXI ZHIDAO

策划编辑 付春江　责任编辑 付春江　封面设计 张楠　版式设计 李彩丽
插图绘制 黄云燕　责任校对 马鑫蕊　责任印制 朱琦

出版发行	高等教育出版社	网　　址	http://www.hep.edu.cn
社　　址	北京市西城区德外大街4号		http://www.hep.com.cn
邮政编码	100120	网上订购	http://www.hepmall.com.cn
印　　刷	河北新华第一印刷有限责任公司		http://www.hepmall.com
开　　本	787mm×960mm 1/16		http://www.hepmall.cn
印　　张	17.5		
字　　数	310千字	版　　次	2021年12月第1版
购书热线	010-58581118	印　　次	2021年12月第1次印刷
咨询电话	400-810-0598	定　　价	35.20元

本书如有缺页、倒页、脱页等质量问题,请到所购图书销售部门联系调换

物 料 号 56717-00

前 言

本书是华东理工大学胡坪、王氢编写的“十二五”普通高等教育本科国家级规划教材《仪器分析》(第五版)的配套学习指导书。具有如下特色:

1. 本书与主教材对应的主要章节均包括内容提要、知识要点、思考题与习题解答、综合练习、参考答案及解析五个部分。

2. 本书编写章节的序号、思考题及习题的序号都与主教材的章节顺序相同,便于读者对照使用。此外,本书的第15章为“仪器分析考试模拟试卷”。

3. 关于各章内容中的知识要点,本书只列举重点、难点,且点到为止,没有大篇幅展开,更为具体的内容参见主教材。

4.《仪器分析》(第五版)中的思考题,凡是查找主教材即可得到答案,并无须进一步讨论的,在本书中只出现题号,答“略”。其答案用二维码展示,以节省篇幅。

5. 综合练习分为是非题、选择题、填空题、计算题和简答题,作为主教材思考题的补充,并给出参考答案及解析,使读者不仅“知其然”,而且“知其所以然”。其中部分题目的编写针对学习瓶颈,培养学生综合分析和举一反三的能力;还有部分题目基于科研成果、学科进展、国家标准方法编制而成,以拓宽读者的科技视野和思维空间,提高创新意识。

6. 本书编者长期活跃在仪器分析理论及实验教学的一线,教学经验丰富。书中第7、8章由王氢编写,其余章节由胡坪编写。胡坪对全书进行统稿。

限于编者的水平,书中难免有疏漏、不妥之处,望读者批评指正。

编 者

2021年6月

目 录

第 1 章

引言

§1-1 内容提要

本章的教学目的是让学习者在对分析化学的基本概念已有所了解的前提下，学习什么是仪器分析；常用的仪器分析方法都有哪些；利用这些仪器分析方法能得到什么信息，解决什么问题；特别是在科技发展迅猛的21世纪，仪器分析自身的发展情况及其对其他学科领域发展的促进作用。本章通过多个与前沿科技和人类的生产、生活密切相关的仪器分析应用实例展示仪器分析的重要性、任务和作用，并借此提高学生对本课程的学习兴趣，激发学习热情，拓展科技视野。

§1-2 知识要点

仪器分析——以测量物质的物理性质为基础的分析方法。由于这类方法通常需要使用较特殊的仪器，故得名“仪器分析”。

仪器分析方法的分类——光学分析法、电化学分析法、色谱分析法、热分析法、其他分析法（如质谱法等）。

仪器分析的特点——简便、快速、灵敏，易于实现自动化。

第 2 章 气相色谱分析

§2-1 内容提要

色谱分析法是基于物质在固定相和流动相之间的分配建立起来的一类仪器分析方法,也是目前应用最广泛的仪器分析方法。色谱分析法种类繁多,但其基本原理、仪器流程、定性定量方法等有许多共同点。本章以商品化仪器出现较早、理论发展成熟、应用广泛、易于理解的气相色谱为例,介绍色谱分析法的相关术语、理论基础、定性定量方法。本章还详细地介绍了气相色谱的仪器结构、固定相和检测器、毛细管柱及气相色谱分析的特点与应用等。

一、气相色谱法概述

本节对色谱分析法这一大类仪器分析方法的定义、基本原理和方法分类进行了简要的介绍,同时对色谱分析中常用的术语进行了定义。为了方便学习者理解,以气相色谱法为例对色谱仪器流程进行简介,对相关术语进行讲解。应指出的是,这些基本原理与相关术语对高效液相色谱法等其他色谱分析方法同样适用。

二、气相色谱分析理论基础

气相色谱法依据固定相物理状态的不同,可以分为气-固色谱和气-液色谱两类,其中基于分配原理进行分离的气-液色谱法应用广泛,理论成熟。因此,本节以气-液色谱法为例,介绍了色谱的基本理论,希望通过理论知识来解释实验现象,指导色谱法的实践。

试样在色谱柱中的分离过程可以从热力学和动力学两个角度进行探讨。色谱峰的保留值反映了组分在两相间的分配情况,它由色谱过程中的热力学因素控制(如固定相的性质等)。色谱峰的区域宽度反映了组分在色谱柱中的运动情况，它由色谱过程中的动力学因素控制（如流动相流速等）。

本节重点介绍色谱分离的两个经典理论，分别是塔板理论和速率理论。塔板理论将色谱分离过程比作蒸馏过程，推导出色谱流出曲线方程，解释了色谱峰的形状，并提出色谱柱柱效评价指标——塔板数和塔板高度。速率理论则是从动力学角度出发，探讨了影响色谱峰宽度的因素，即影响塔板高度的因素，推导了塔板高度与载气流速的关系式，也就是速率方程（范第姆特方程），该方程对色谱法的实践具有重大的指导意义，也为下一节的学习奠定了知识基础。

三、色谱分离条件的选择

色谱分析的目的是实现对待测混合物的定性与定量分析，其前提是待测组分与相邻组分的色谱峰达到完全分离。待测组分与相邻组分的分离程度可以用分离度来评价，提高分离度是色谱分离理论与实践的核心。本节首先推导色谱分离基本方程，通过对该方程的深入探讨，提出增大分离度的思路，并指导色谱分析条件的选择。本章第 2 节的教学内容为色谱分离基本方程的讨论奠定了必要的理论基础。

四、固定相及其选择

在气相色谱中，选择性因子 α 主要受固定相性质的影响，根据色谱分离基本方程，固定相对分离起着决定性的作用。因此，本节围绕气相色谱固定相展开介绍。气相色谱的固定相按物理状态分为吸附剂和固定液两大类，其中固定液的品种多，应用也更加广泛。如何在众多的固定液中选择合适的种类，这就涉及固定液的评价与选择原则。

五、气相色谱检测器

检测器是色谱仪的关键部件之一，不同的检测器，其检测原理、结构、操作参数及应用特性不同。在实际工作中，需要针对试样的性质选择合适的检测器方能达到分析目的。那么，在气相色谱仪中，常用的检测器都有哪一些？它们的检测原理是什么？都能检测哪些物质？怎么来评价检测器的性能？在本节中，主要介绍了四种气相色谱检测器——热导检测器、氢火焰离子化检测器、电子俘获检测器和火焰光度检测器的原理、结构、操作条件及应用特性，其中氢火焰离子化检测器和热导检测器最为常用。本节还简要介绍了检测器性能的几种评价指标，方便学习者理解各种检测器的响应特性。

六、气相色谱定性方法

色谱分析的目的是实现待测组分的分离及定性和定量分析。不论是气相色谱,还是高效液相色谱,其定性和定量的依据及方法是相同的。之所以在介绍完气相色谱仪器后才讲解定性和定量方法,是为了方便学习者理解。例如,在定性分析中提到了“利用检测器的选择性进行定性分析”的方法,如果没有气相色谱检测器的基本知识,这一方法理解起来就比较困难。在本节中,重点对色谱定性依据、定性方法及其应用范围进行介绍。

七、气相色谱定量方法

利用保留值进行色谱定性分析的能力较差,大多数色谱分析的目的是定量分析。在本节中,重点对色谱定量依据、校正因子的概念、定量方法、优缺点及应用范围进行介绍,并使学习者具备选择合适的定量方法的能力。这些定量方法在各种色谱分析法中均适用。

八、毛细管柱气相色谱法

毛细管柱是一种特殊形式的色谱柱,它是将起分离作用的固定液或固定相颗粒固定在细长的毛细管内壁上,形成一层极薄的固定相层,而不是像填充柱那样将整根色谱柱的内部都充满固定相。由于它的分离能力比填充柱强很多,因此在气相色谱中应用极为广泛,已成为气相色谱分析的主流色谱柱。又由于毛细管柱气相色谱的特点、理论、仪器等与填充柱气相色谱均有所不同,故将毛细管柱气相色谱法单独成节进行介绍。

九、气相色谱分析的特点及其应用范围

对气相色谱法的特点和应用范围进行小结,并简要提及气相色谱法的进展。

§2-2 知识要点

一、气相色谱法概述

1. 色谱法基本概念

色谱法——借助在两相间的分配原理而使混合物中各组分分离的技术称为色谱法,又称色层法、层析法。

固定相——色谱法中的两相之一,一般固定不动,称为固定相。

流动相——色谱法中的两相之一,携带混合物流过固定相的流体,称为流动相。

色谱分析——应用于分析化学中的色谱技术，就称为色谱分析。

色谱法的分类——按流动相的物态，色谱法可分为气相色谱法（GC）、液相色谱法（LC）和超临界流体色谱法（SFC）。按固定相使用的形式，色谱法可分为柱色谱法、纸色谱法和薄层色谱法。按分离过程的机制，色谱法可分为吸附色谱法、分配色谱法、离子交换色谱法和排阻色谱法等。

2. 气相色谱分析

气相色谱法——采用气体作为流动相（也称为载气）的一种色谱法。

载气——不与被测物作用，用来载送试样的惰性气体（如氢气、氮气、氦气、氩气等），载气就是气相色谱的流动相。

气相色谱仪组成和作用——气相色谱仪一般由五部分组成，分别是载气系统、进样系统、色谱柱系统、检测系统和记录及数据处理系统。载气系统的作用是提供洁净、稳定的载气。进样系统使试样瞬间汽化。色谱柱系统利用色谱柱内的固定相实现混合试样的分离。检测系统将组分的浓度信号转换成电信号。记录及数据处理系统用于仪器的控制、数据的记录和处理。

3. 色谱相关术语

色谱流出曲线——以组分的浓度变化引起的电信号作为纵坐标，流出时间作为横坐标绘制的曲线，称为色谱流出曲线，也就是色谱图。利用色谱图可以：根据色谱峰的保留值进行定性检定；根据色谱峰的面积或峰高进行定量测定；根据色谱峰的保留值及宽度对色谱柱分离情况进行评价。

保留值——试样中各组分在色谱柱中的滞留时间的数值。通常用时间或用将组分带出色谱柱所需载气的体积来表示。

死时间 t_{M}——不被固定相吸附或溶解的组分从进样开始到柱后出现浓度最大值时所需的时间。

保留时间 t_{R}——被测组分从进样开始到柱后出现浓度最大值时所需的时间。

调整保留时间 t'_{R}——扣除死时间后的保留时间。

死体积 V_{M}——色谱柱在填充后柱管内固定相颗粒间所剩留的空间、色谱仪中管路和连接头间的空间及检测器的空间的总和，$V_{\mathrm{M}}=t_{\mathrm{M}}q_{V,0}$。

保留体积 V_{R}——从进样开始到柱后被测组分出现浓度最大值时所通过的载气体积，即 $V_{\mathrm{R}}=t_{\mathrm{R}}q_{V,0}$。

调整保留体积 V'_{R}——扣除死体积后的保留体积。

相对保留值 r_{21}——某组分 2 的调整保留值与另一组分 1 的调整保留值之比，即 $r_{21}=\dfrac{t'_{\mathrm{R}(2)}}{t'_{\mathrm{R}(1)}}=\dfrac{V'_{\mathrm{R}(2)}}{V'_{\mathrm{R}(1)}}$。$r_{21}$亦可表示固定相的选择性，用 α 表示。在气相色谱

中,r_{21}只与柱温、固定相性质有关。在液相色谱中,r_{21}不仅与柱温、固定相性质有关,还与流动相性质有关。

半峰宽度 $Y_{1/2}$——又称半宽度或区域宽度,即峰高为一半处的宽度。

峰底宽度 Y——自色谱峰两侧的转折点所作切线在基线上的截距,$Y=1.7Y_{1/2}$。

二、气相色谱分析理论基础

1. 分配系数和分配比

气-固色谱法——以多孔性及较大表面积的吸附剂颗粒作为固定相的气相色谱法,它是基于试样中各组分在固定相上吸附能力的差异进行分离。

气-液色谱法——以高沸点有机化合物的液膜作为固定相的气相色谱法。该液膜也称为固定液。它是基于试样中各组分在固定液中溶解度的不同进行分离。

分配过程——物质在固定相和流动相之间发生的吸附、脱附和溶解、挥发的过程,都称为分配过程。

分配系数 K——组分在两相之间分配达到平衡时的浓度比,$K=\frac{c_S}{c_M}$;c_S 为组分在固定相中的浓度;c_M 为组分在流动相中的浓度。

分配比 k——组分在两相间分配达到平衡时的质量比,亦称容量因子或容量比,$k=\frac{m_S}{m_M}$。在实际工作中,组分的 k 值可以通过 $k=\frac{t'_R}{t_M}$计算。

相比 β——流动相的体积 V_M和固定相的体积 V_S之比。

分配系数、分配比与相比的关系——$K=k\cdot\beta$。

2. 塔板理论

塔板——塔板理论中,把色谱柱比作由许多假想的塔板组成的分馏塔,在每块塔板上,组分达到一次气-液分配平衡。

流出曲线方程式——$c=\frac{c_0}{\sigma\sqrt{2\pi}}e^{-\frac{(t-t_R)^2}{2\sigma^2}}$,其中 $\sigma=\frac{t_R}{\sqrt{n}}$。

理论塔板数 n——色谱柱中假想塔板的数量,用于评价柱效能的指标,$n=5.54\left(\frac{t_R}{Y_{1/2}}\right)^2=16\left(\frac{t_R}{Y}\right)^2$。

理论塔板高度 H——色谱柱中达到分配平衡的一小段柱长,$H=\frac{L}{n}$。

有效塔板数 $n_{有效}$——扣除了死时间影响后的塔板数,能较为真实地反映柱效能的好坏，$n_{有效}=5.54\left(\frac{t'_R}{Y_{1/2}}\right)^2=16\left(\frac{t'_R}{Y}\right)^2$。

有效塔板高度 $H_{有效}$——$H_{有效}=\frac{L}{n_{有效}}$。

3. 速率理论

速率方程——$H=A+\frac{B}{u}+C\cdot u$。

涡流扩散项 A——由组分分子在色谱柱中所走的路径长短不一引起的色谱峰扩张，$A=2\lambda d_p$。

分子扩散项 B/u——或称为纵向扩散项，由分子的纵向扩散引起的色谱峰扩张，$B=2\gamma D_g$。

传质阻力项 $C\cdot u$——分为气相传质阻力项 $C_g\cdot u$ 和液相传质阻力项 $C_l\cdot u$。

气相传质阻力项 $C_g\cdot u$——组分从气相移动到固定相表面的过程中，由于质量交换需要一定时间而使分子有滞留倾向，$C_g=\frac{0.01k^2}{(1+k)^2}\cdot\frac{d_p^2}{D_g}$。

液相传质阻力项 $C_l\cdot u$——组分从固定相表面移动到固定相内部的过程中，由于质量交换需要一定时间而使分子有滞留倾向，$C_l=\frac{2}{3}\cdot\frac{k}{(1+k)^2}\cdot\frac{d_f^2}{D_l}$。

三、色谱分离条件的选择

1. 分离度的定义

分离度 R——$R=\frac{t_{R(2)}-t_{R(1)}}{\frac{1}{2}(Y_1+Y_2)}$。分离度既与色谱热力学因素有关，又反映了组分的色谱动力学过程，故可作为色谱柱的总分离效能指标。相邻两色谱峰已完全分开的标志是 $R=1.5$。

半峰宽分离度 R'——$R'=\frac{t_{R(2)}-t_{R(1)}}{\frac{1}{2}[Y_{1/2(1)}+Y_{1/2(2)}]}$，$R=0.59R'$。

2. 色谱分离基本方程

色谱分离基本方程——$R=\frac{1}{4}\sqrt{n}\cdot\left(\frac{\alpha-1}{\alpha}\right)\cdot\left(\frac{k}{1+k}\right)$，从该方程可以看出，提高分离度的思路是增大 n、α 和 k。

3. 气相色谱分离操作条件的选择

程序升温——气相色谱中的一种操作技术，指柱温按预定的加热速率，随时间线性或非线性地增加，适合分析沸点范围较宽的试样。

四、固定相及其选择

1. 气-固色谱固定相

气-固色谱的固定相——气-固色谱的固定相又称为吸附剂，常用的有碳分子小球、石墨化炭黑、氧化铝、分子筛、高分子多孔微球等，主要用于分离常温下为气态的物质。

高分子多孔微球——是以苯乙烯和二乙烯基苯作为单体经悬浮共聚所得的交联多孔聚合物，适合分析水、腐蚀性气体等。

2. 气-液色谱固定相

气-液色谱固定相——由担体和固定液组成。

担体——也称为载体，是一种化学惰性、多孔性的固体颗粒，它的作用是提供一个大的惰性表面，用以承担固定液，使固定液以薄膜状态分布在其表面上。常用的担体是硅藻土型担体。

固定液——涂在担体表面或毛细管柱内表面的高沸点有机化合物称为固定液，是色谱柱中起分离作用的部分。

对担体的要求——表面化学惰性，表面积较大，热稳定性好，有一定的机械强度，粒度均匀、细小。

对固定液的要求——挥发性小以避免流失，热稳定性好，在操作温度下呈液体状态，对试样各组分有适当的溶解能力，具有高的选择性，化学稳定性好。

麦氏常数——用以表征固定液性质的常数，由麦克雷诺提出。选用 10 种代表不同作用力的化合物作为探测物，以非极性固定液角鲨烷为基准来表征不同固定液的分离特性，其计算方法为 $X'=I_{\mathrm{p}}^{苯}-I_{\mathrm{s}}^{苯}$。

固定液的选择原则——“相似相溶”。即分离非极性物质，一般选用非极性固定液；分离极性物质，选用极性固定液；分离非极性和极性混合物，一般选用极性固定液。

五、气相色谱检测器

1. 气相色谱中的常用检测器

检测器——检知和测定试样的组成及各组分含量的部件，其作用是将经色谱柱分离后的各组分按其特性及含量转换为相应的电信号。

浓度型检测器——测量载气中某组分浓度瞬间的变化，如热导检测器和电子捕获检测器。

质量型检测器——测量载气中某组分进入检测器的速率变化,如氢火焰离子化检测器和火焰光度检测器。

热导检测器——简称 TCD。基于不同的物质具有不同的热导系数进行检测。

提高热导检测器灵敏度的方法——增大桥路工作电流;选用热导系数大的气体作载气(如氢气和氦气);降低热导池池体温度。

热导检测器的应用特点——通用型检测器,对所有物质都有响应,灵敏度低,结构简单,价格便宜。

氢火焰离子化检测器——简称 FID。利用含有 CH 结构的有机化合物在氢火焰中发生的化学电离进行检测。是目前应用最广的气相色谱检测器。

氢火焰离子化检测器的操作参数——一般用氮气作载气,载气(氮气)、燃烧气(氢气)和助燃气(空气)的流量比约为 1∶1∶10;载气纯度>99.99%;检测器温度>120 ℃,防止水蒸气冷凝。

氢火焰离子化检测器的应用特点——选择性检测器,对含 CH 的有机化合物有响应,对无机化合物(如永久性气体、水等)无响应;灵敏度高,比热导检测器高几个数量级,适合于痕量有机化合物分析;结构简单;死体积小;线性范围宽。

电子俘获检测器——简称 ECD。利用电负性物质俘获电子的特性进行检测。

电子俘获检测器的应用特点——高选择性,只对具有电负性的物质(如含有卤素、硫、磷、氮、氧的物质)有响应;灵敏度极高,达 10^{-14} g · mL^{-1};线性范围窄。

火焰光度检测器——利用含有硫(或磷)的试样在富氢空气焰中燃烧时,产生激发态分子并发射特征分子光谱来进行检测。

火焰光度检测器的应用特点——高选择性,对含磷、含硫的化合物有响应;灵敏度极高。

2. 检测器的性能指标

灵敏度 S——亦称响应值或应答值,是响应信号对进样量的变化率。浓度型检测器灵敏度的计算公式为 $S_c=\frac{q_{V,0}A}{m}$,质量型检测器灵敏度的计算公式为 $S_m=\frac{A}{m}$。

检出限 D——也称敏感度,是指检测器恰能产生和噪声相鉴别的信号时,在单位体积或时间需向检测器进入的物质质量,$D=\frac{3N}{S}$。

最小检出量 Q_0——指检测器恰能产生和噪声相鉴别的信号时所需进入色谱柱的最小物质量(或最小浓度)。

线性范围——指试样量与信号之间保持线性关系的范围，用最大进样量与最小检出量的比值来表示。

六、气相色谱定性方法

1. 利用保留值进行定性

色谱定性依据——保留值，包括保留时间、保留体积、相对保留值、保留指数等。利用保留值定性简便，无须其他仪器设备，但不同化合物在相同的色谱条件下往往具有近似甚至完全相同的保留值，因此定性结果的可信度不高。

保留指数 I——又称科瓦茨指数，是气相色谱中特有的一种保留值参数。它是把物质的保留行为用两个紧靠近它的标准物（一般是两个正构烷烃）来标定，$I=100\left(\frac{\lg X_i-\lg X_Z}{\lg X_{Z+1}-\lg X_Z}+Z\right)$。

纯物质对照定性——将各色谱峰的保留值与相应的标准试样在同一条件下所测得的保留值进行对照比较定性。该方法适用于较简单的多组分混合物，且对试样有所了解，并具备标准品的情况。

用已知物增加峰高法定性——将标准试样加入未知物中进行色谱实验。如果发现有新峰或在未知峰上有不规则的形状出现，则表示两者并非同一物质。如果混合后峰增高，则表示两者很可能是同一物质。适用于较复杂试样的定性分析。

双柱或多柱法定性——采用两根或多根性质（极性）不同的色谱柱（在液相色谱里可以采用不同的流动相体系）进行分离，观察未知物和标准试样的保留值是否始终重合，以提高定性结果的可信度。

2. 与其他方法结合的定性分析法——与质谱、红外光谱等仪器联用；与化学方法配合；利用检测器的选择性进行定性分析。

七、气相色谱定量方法

色谱定量分析的依据——在一定操作条件下，分析组分 i 的质量（m_i）或其在载气中的浓度与检测器的响应信号（色谱图上表现为峰面积 A_i 或峰高 h_i）成正比，$m_i=f'_i \cdot A_i$。

绝对质量校正因子 f'_i——定量公式中的比例常数，$f'_i=\frac{m_i}{A_i}$。

相对校正因子 f_i——某物质与标准物质的绝对校正因子之比值，$f_m=\frac{f'_{i(m)}}{f'_{s(m)}}$。按被测组分使用的计量单位的不同，分为质量校正因子、摩尔校正因子和体积校正因子。

相对响应值——被测组分与标准物质的响应值(灵敏度)之比，$s=\frac{1}{f}$。

色谱中常用的定量方法——归一化法、内标法(包括内标标准曲线法)、外标法(包括单点校正法)。

归一化法——$w_i=\frac{A_i f_i}{A_1 f_1+A_2 f_2+\cdots+A_i f_i+\cdots+A_n f_n}\times 100\%$，若各组分的 f_i 值相近或相同，可简化为 $w_i=\frac{A_i}{A_1+A_2+\cdots+A_i+\cdots+A_n}\times 100\%$。当试样中各组分都能流出色谱柱，并在色谱图上显示色谱峰时，可用此法。优点是简便、准确，当操作条件如进样量、流量等变化时，对结果影响小。缺点是全部出峰的苛刻要求限制了该方法的实际应用。

内标法——将一定量的纯物质作为内标物，加入准确称取的试样中，根据被测物和内标物的质量及其在色谱图上相应的峰面积比求出某组分的含量，$w_i=\frac{A_i}{A_s}\cdot\frac{m_s}{m}\cdot f_i\times 100\%$。该方法的优点是定量较准确，而且不像归一化法有使用上的限制。缺点是每次分析都要准确称取试样和内标物的质量，比较烦琐。

对内标物的要求——应该是试样中不存在的纯物质；加入的量应接近于被测组分；要求内标物的色谱峰位于被测组分色谱峰附近，或几个被测组分色谱峰的中间，并与这些组分完全分离；还应注意内标物与欲测组分的物理及物理化学性质(如挥发度、化学结构、极性及溶解度等)相近。

内标标准曲线法——取相同体积不同浓度的标准溶液 i，分别加入同样量的内标物 s，混合后进样，以 A_i/A_s 对标准溶液的浓度 c_i 作图，即为内标标准曲线。分析时，取同体积的试样溶液，加入同样量的内标物，根据待测组分与内标物的峰面积比，从标准曲线上查出待测组分的浓度，进而计算待测组分在试样中的含量。此法的优点是定量准确，消除了某些操作条件的影响，不需要严格定量进样，且无须每次称量试样和内标物质，相比于内标法更加快速、简便。

外标法——又称为标准曲线法。配制不同浓度的标准溶液，取固定体积的标准溶液进样，绘制 A_i 对 c_i 的标准曲线。分析试样时，取同样体积的试样溶液进样，根据待测组分的峰面积，由标准曲线计算其浓度。此法的优点是操作简单，计算方便，但结果的准确度主要取决于进样量的重现性和操作条件的稳定性。

单点校正法——外标法的特例。配制一个和被测组分浓度十分接近的标准溶液，定量进样，由被测试样和标准溶液中组分峰面积比或峰高比来求被测组分的浓度，$w_i=\frac{A_i}{A_s}w_s$。相比于标准曲线法，单点校正法更简单，但只有当被测试样中各组分浓度变化范围不大时方能使用。

八、毛细管柱气相色谱法

毛细管柱的特点——渗透性好,可使用长色谱柱;相比 β 大,有利于实现快速分析;柱容量小,允许进样量少;总柱效高,分离复杂混合物的能力大为提高。

毛细管柱的速率方程——$H=A+\frac{B}{u}+(c_g+c_l)u$;$A=0$;$B=2D_g$,$\gamma=1$;$c_g=\frac{1+6k+11k^2}{24(1+k)^2}\cdot\frac{r^2}{D_g}$,$c_l=\frac{2}{3}\cdot\frac{k}{(1+k)^2}\cdot\frac{d_f^2}{D_l}$。

毛细管柱的色谱系统——毛细管柱和填充柱气相色谱系统的主要不同是:毛细管柱气相色谱仪的柱前增加了分流进样装置,柱后增加了尾吹气。其中分流进样的作用是减小汽化室死体积的影响,实现小的进样量;尾吹的作用是减少组分的柱后扩散,提高氢火焰离子化检测器的灵敏度。

分流比——放空的试样量与进入毛细管柱的试样量之比。

九、气相色谱分析的特点及其应用范围

气相色谱法的特点——高分离效能和选择性,高检测性能,分析快速。

气相色谱法的应用范围——可以应用于气体试样的分析,也可分析易挥发的液体和固体,不仅可分析有机化合物,也可分析部分无机物。一般地说,只要物质的沸点在 500 ℃以下,热稳定性良好,原则上都可直接采用气相色谱法分析。

参考答案

§2-3 思考题与习题解答

1. 简要说明气相色谱分析的分离原理。

答:基于不同组分在固定相和流动相(载气)之间发生的吸附、脱附和溶解、挥发能力的差异,即分配系数的差异进行分离。

2. 气相色谱仪的基本设备包括哪几部分?各有什么作用?

答:略

3. 当下述参数改变时:(1) 柱长缩短;(2) 固定相改变;(3) 流动相流速增加;(4) 相比减小,是否会引起分配系数的变化?为什么?

答:分配系数是热力学因素,故只有热力学参数会导致分配系数的变化。因此,(2)固定相改变会导致 K 值改变;而(1) 柱长缩短、(3) 流动相流速增加、(4) 相比减小均不会引起 K 值的变化。

需注意的是:在色谱中,由于合理的流速和柱长范围内的改变所引起的压力

变化对分配系数的影响并不大,可不予考虑。

4. 当下述参数改变时:(1) 柱长增加;(2) 固定相量增加;(3) 流动相流速减小;(4) 相比增大,是否会引起分配比的变化?为什么?

答:$k=K/\beta$,故凡是能导致分配系数和相比改变的参数,都会引起分配比的变化。因此,(2) 固定相量增加、(4) 相比增大都会引起分配比的变化;(1) 柱长增加、(3) 流动相流速减小都与分配系数和相比无关,不会引起分配比的变化。

5. 试以塔板高度 H 作指标讨论气相色谱操作条件的选择。

答:由气-液色谱填充柱的速率方程可知,影响塔板高度 H 的主要因素是涡流扩散项 A、分子扩散项 B/u 和传质阻力项 Cu。在 u 一定时,只有 A、B、C 较小,H 才能较小,柱效才能较高。反之,则柱效较低,色谱峰展宽。

由 $A=2\lambda d_p$ 可知,选用适当细粒度和颗粒均匀的担体,并尽量填充均匀,是减少涡流扩散和 H 的有效途径。气相传质阻力系数 $C_g=\dfrac{0.01k^2}{(1+k)^2}\cdot\dfrac{d_p^2}{D_g}$,与 d_p 的平方成正比,所以选用细粒度的固定相可以有效减小 H。

$B=2\gamma D_g$,由此可见,减小组分的扩散系数 D_g 可减小分子扩散。然而,D_g 减小,将导致 C_g 增大。因此,当分子扩散为主导项时,应选取使组分扩散系数小的氮气作载气,而当气相传质阻力为主导项时,选择 H_2 作载气有利于 H 的减小。

液相传质阻力系数 $C_l=\dfrac{2}{3}\cdot\dfrac{k}{(1+k)^2}\cdot\dfrac{d_f^2}{D_l}$,因此,选择 d_f 小的薄液膜固定相,以及使用低黏度的固定液以增大 D_l,都有利于减小 H,提高柱效。

6. 试述速率方程式中 A,B,C 三项的物理意义。$H-u$ 曲线有何用途?曲线的形状变化受哪些主要因素影响?

答:涡流扩散项 A 是组分分子在色谱柱中所走的路径长短不一引起的色谱峰扩张的度量。分子扩散项 B/u 是分子的纵向扩散引起的色谱峰扩张的度量。传质阻力项分为气相传质阻力项 $C_g\cdot u$ 和液相传质阻力项 $C_l\cdot u$。气相传质阻力项是组分从气相移动到固定相表面的过程中,由于质量交换需要一定时间而使分子有滞留倾向,因而导致的色谱峰展宽程度的度量。液相传质阻力项是组分从固定相表面移动到固定相内部的过程中,由于质量交换需要一定时间而使分子有滞留倾向,因而导致的色谱峰展宽程度的度量。

$H-u$ 曲线可用于指导载气流速的选取。在曲线的最低点,H 最小,对应的柱效最高,该点所对应的流速即最佳流速。曲线的形状变化受流动相的种类、固定相的粒度、固定液液膜的厚度等因素的影响。

7. 在气相色谱中，若要实现快速分析，可以采取哪些手段？试从速率方程的角度加以讨论。

答：速率方程中的传质阻力项是影响色谱分析速度的主要因素。若要实现快速分析，应减小传质阻力，使达到分配平衡所需时间缩短，出峰加快。因此，在填充柱气相色谱中，选用小颗粒的固定相，用 H_2 等相对分子质量小的载气，减小固定液液膜厚度，减小固定液黏度等都有助于实现快速分析。

8. 为什么可用分离度 R 作为色谱柱的总分离效能指标？

答：略

9. 能否根据理论塔板数来判断分离的可能性？为什么？

答：不能。分离的可能性取决于试样组分在固定相中分配系数的差别，而不取决于分配次数的多少。

10. 试述色谱分离基本方程的含义，它对色谱分离有什么指导意义？

答：色谱分离基本方程反映了影响分离度的主要因素。通过分离度方程可知，要实现难分离物质对的分离，增大其分离度，主要途径是：增大柱效 n、增大相对保留值（选择性因子）α、增大分配比 k。增大柱效 n 的具体方法有：增加柱长，使用性能优良的色谱柱，并在最优化条件下进行操作。增大选择性因子 α 的具体方法有：改变固定相种类，改变柱温，在高效液相色谱中还可以改变流动相的种类和配比。增大分配比 k 的具体方法有：改变柱温和改变相比（减小色谱柱的死体积）。

11. 对担体和固定液的要求分别是什么？

答：略。

12. 试比较红色担体和白色担体的性能。对担体进行钝化处理的目的是什么？

答：略。

13. 试述“相似相溶”原理应用于固定液选择的合理性及其存在问题。

答：如果组分与固定液分子性质（极性）相似（如都是极性分子时），固定液和被测组分分子间的作用力就强，分配系数就大，不同组分分配系数的差异就可能大，这就有利于组分间的分离。然而，“相似相溶”是一个原则性的提法，并不一定适用于所有情况，有时还应根据试样的实际特性，通过实践选择合适的固定液。

14. 试述热导检测器的工作原理。有哪些因素影响热导检测器的灵敏度？

答：略。

15. 试述氢火焰离子化检测器的工作原理。如何考虑其操作条件？

答：略。

16. 色谱定性的依据是什么？主要有哪些定性方法？

答:色谱定性的依据是保留值。色谱定性方法可以分为两大类:

(1) 利用保留值进行定性。又可分为纯物质对照定性和文献值对照定性(利用文献中的相对保留值和保留指数对照定性)。纯物质对照定性时,还可以采用已知物增加峰高法定性、双柱或多柱法定性等。

(2) 与其他方法结合进行定性。例如,与质谱、红外光谱等仪器联用,与化学方法配合,利用检测器的选择性进行定性分析。

17. 何谓保留指数?应用保留指数作定性指标有什么优点?

答:保留指数 I 是气相色谱中特有的一种保留值参数,它是把物质的保留行为用两个紧靠近它的标准物来标定,$I=100\left(\frac{\lg X_i-\lg X_Z}{\lg X_{Z+1}-\lg X_Z}+Z\right)$。其作为定性指标的优点是:准确度和重现性好;只要柱温和固定液相同,可用文献中的保留指数进行定性,而不必用纯物质。

18. 色谱定量分析中,为什么要用定量校正因子?在什么情况下可以不用校正因子?

答:同一检测器对不同的物质具有不同的响应值,所以两个等量的物质出的峰面积往往不相等,这样就不能用峰面积直接计算物质的含量,而需要引入一个校正系数,即定量校正因子。当采用归一化法定量,且试样中所有组分的校正因子都相近时,可以不用校正因子。

19. 有哪些常用的色谱定量方法?试比较它们的优缺点及适用情况。

答:略。

20. 在一根 2 m 长的硅油柱上,分析一个混合物,得下列数据:苯、甲苯及乙苯的保留时间分别为 1′20″,2′2″及 3′1″;半峰宽为 6.33″,8.73″及 12.3″,求色谱柱对每种组分的理论塔板数及塔板高度。

解:将保留时间和半峰宽换算成同一单位(s),然后再代入理论塔板数及塔板高度的计算公式中即可。

$$n_{苯}=5.54\left(\frac{t_R}{Y_{1/2}}\right)^2=5.54\left(\frac{1\times60+20}{6.33}\right)^2=885$$

$$H_{苯}=\frac{L}{n}=\frac{2\times100}{885}=0.226\ \mathrm{cm}$$

同理可得 $n_{甲苯}=1\,081$,$H_{甲苯}=0.185\ \mathrm{cm}$;$n_{乙苯}=1\,120$,$H_{乙苯}=0.167\ \mathrm{cm}$。

21. 在一根 3 m 长的色谱柱上,分离一试样,得如下的色谱图及数据:

(1) 用组分 2 计算色谱柱的理论塔板数;

(2) 求调整保留时间 $t'_{R(1)}$ 及 $t'_{R(2)}$;

(3) 若需达到分离度 $R=1.5$,所需的最短柱长为几米?

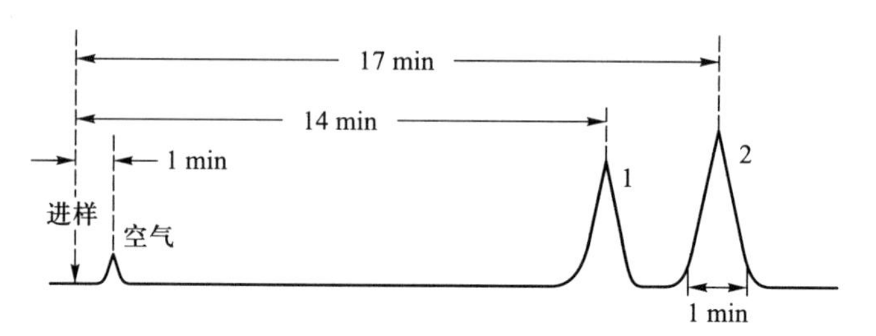

解：(1) $n_2=16\left[\frac{t_{R(2)}}{Y_{(2)}}\right]^2=16\left(\frac{17}{1}\right)^2=4\ 624$

(2) $t'_{R(1)}=t_{R(1)}-t_M=(14-1)\ \text{min}=13\ \text{min}$

$t'_{R(2)}=t_{R(2)}-t_M=(17-1)\ \text{min}=16\ \text{min}$

(3) 先求出该色谱柱的有效塔板高度 $H_{有效}$ 和选择性因子 α，再利用分离度关联公式求解色谱柱的最短长度。

$$n_{有效(2)}=16\left[\frac{t'_{R(2)}}{Y_{(2)}}\right]^2=16\left(\frac{16}{1}\right)^2=4\ 096$$

$$H_{有效}=\frac{L}{n_{有效(2)}}=\frac{3\ \text{m}}{4\ 096}=7.32\times10^{-2}\ \text{m}$$

$$\alpha=\frac{t'_{R(2)}}{t'_{R(1)}}=\frac{16\ \text{min}}{13\ \text{min}}=1.23$$

$$L=16R^2\left(\frac{\alpha}{\alpha-1}\right)^2H_{有效}=16\times1.5^2\times\left(\frac{1.23}{1.23-1}\right)^2\times7.32\times10^{-2}\ \text{m}=0.75\ \text{m}$$

22. 分析某种试样时，两个组分的相对保留值 $r_{21}=1.11$，柱的有效塔板高度 $H=1$ mm，需要多长的色谱柱才能分离完全($R=1.5$)？

解：$L=16R^2\left(\frac{\alpha}{\alpha-1}\right)^2H_{有效}=16\times1.5^2\times\left(\frac{1.11}{1.11-1}\right)^2\times1\times10^{-3}\ \text{m}=3.67\ \text{m}$

23. 载气流量为 25 mL · min^{-1}，进样量为 0.5 mL 饱和苯蒸气，其质量经计算为 0.11 mg，得到的色谱峰的实测面积为 384 mV · s。求该热导检测器的灵敏度。

解：热导检测器为浓度型检测器，故

$$S_C=\frac{q_{V,0}A}{m}=\frac{25\ \text{mL}\cdot\text{min}^{-1}\times(384/60)\ \text{mV}\cdot\text{min}}{0.11\ \text{mg}}=1.5\times10^3\ \text{mV}\cdot\text{mL}\cdot\text{mg}^{-1}$$

注意，此处 A 的单位需要换算成 mV · min。

24. 已知载气流量为 20 mL · min^{-1}，放大器灵敏度 1×10^3，进样量 50 μL 苯蒸气，质量为 0.011 mg，所得苯色谱峰的峰面积为 200 mV · min，$Y_{1/2}$ 为 0.3 min，检测器噪声为 0.1 mV，求该氢火焰离子化检测器的灵敏度及最小检出量。

解:氢火焰离子化检测器为质量型检测器,故

$$S_m=\frac{A}{m}=\frac{200\times60\ \text{mV}\cdot\text{s}}{0.011\times10^{-3}\ \text{g}}=1.1\times10^{9}\ \text{mV}\cdot\text{s}\cdot\text{g}^{-1}$$

$$Q_0=1.065Y_{1/2}\cdot D=1.065\cdot Y_{1/2}\cdot\frac{3N}{S_m}=\left(1.065\times0.3\times60\times\frac{3\times0.1}{1.1\times10^{9}}\right)\ \text{g}$$

$$=5.2\times10^{-9}\ \text{g}$$

25. 丙烯和丁烯的混合物进入气相色谱柱得到如下数据:

组分	保留时间/min	峰宽/min
空气	0.5	0.2
丙烯	3.5	0.8
丁烯	4.8	1.0

计算:(1) 丁烯在这根柱上的分配比是多少?

(2) 丙烯和丁烯的分离度是多少?

解:(1) 空气的保留时间即为死时间,故

$$k_{丁烯}=\frac{t'_R}{t_M}=\frac{4.8-0.5}{0.5}=8.6$$

(2) $$R=\frac{t_{R(2)}-t_{R(1)}}{\frac{1}{2}(Y_1+Y_2)}=\frac{4.8-3.5}{\frac{1}{2}(0.8+1.0)}=1.44$$

26. 某一气相色谱柱,速率方程式中 A,B 和 C 的值分别是 0.15 cm,0.36 $\text{cm}^2\cdot\text{s}^{-1}$和 4.3×10^{-2} s,计算最佳流速和最小塔板高度。

解:$$u_{最佳}=\sqrt{\frac{B}{C}}=\sqrt{\frac{0.36\ \text{cm}^2\cdot\text{s}^{-1}}{4.3\times10^{-2}\ \text{s}}}=2.9\ \text{cm}\cdot\text{s}^{-1}$$

$$H_{最小}=A+2\sqrt{BC}=(0.15+2\sqrt{0.36\times4.3\times10^{-2}})\ \text{cm}=0.40\ \text{cm}$$

27. 在一色谱图上,测得各峰的保留时间如下:

组分	空气	辛烷	壬烷	未知峰
t_R/min	0.6	13.9	17.9	15.4

求未知峰的保留指数。

解:$$I=100\left(\frac{\lg X_i-\lg X_Z}{\lg X_{Z+1}-\lg X_Z}+Z\right)=100\left[\frac{\lg(15.4-0.6)-\lg(13.9-0.6)}{\lg(17.9-0.6)-\lg(13.9-0.6)}+8\right]=840$$

注意,此处的 X_i 需代入调整保留值。

28. 化合物 A 与正二十四烷及正二十六烷相混合注入色谱柱进行实验,调整保留时间为:A,10.20 min;$n-C_{24}H_{50}$,9.81 min;$n-C_{26}H_{54}$,11.56 min。计算化合物 A 的保留指数。

解:保留指数的计算公式适用于正构烷烃的碳数相邻时,本题的正二十四烷及正二十六烷并不相邻,应利用正构烷烃的调整保留时间的对数与其碳数有线性关系的特性,推导保留指数的计算公式,再进行 I 值计算。

$$I=200\left(\frac{\lg X_i-\lg X_Z}{\lg X_{Z+1}-\lg X_Z}\right)+100Z=200\left(\frac{\lg 10.20-\lg 9.81}{\lg 11.56-\lg 9.81}\right)+100\times 24=2\ 447$$

29. 测得石油裂解气的色谱图(前面四个组分为经过衰减至原有峰面积的 1/4 得到),从色谱图得到各组分峰面积及已知的组分的 f 值分别为

出峰顺序	空气	甲烷	二氧化碳	乙烯	乙烷	丙烯	丙烷
峰面积/(mV · min)	34	214	4.5	278	77	250	47.3
质量校正因子 f	0.84	0.74	1.00	1.00	1.05	1.28	1.36

用归一法定量,求各组分的质量分数各为多少?

解:前面四个组分为经过衰减至 1/4 得到,即指记录下的信号大小是原始信号的 1/4。又由于归一化法是将所有组分的质量之和作为分母,故空气不可忽略。

对于前 4 个色谱有

$$w_i=\frac{4A_if_i}{4A_1f_1+4A_2f_2+4A_3f_3+4A_4f_4+A_5f_5+A_6f_6+A_7f_7}\times 100\%$$

$$w_{空气}=\frac{4\times 34\times 0.84}{4\times 34\times 0.84+4\times 214\times 0.74+4\times 4.5\times 1.00+4\times 278\times 1.00+77\times 1.05+250\times 1.28+47.3\times 1.37}\times 100\%$$

$=4.9\%$

同理可得甲烷的质量分数为 27.0%,二氧化碳为 0.8%,乙烯为 47.5%。

对于后 3 个色谱峰,按下式计算质量分数

$$w_i=\frac{A_if_i}{4A_1f_1+4A_2f_2+4A_3f_3+4A_4f_4+A_5f_5+A_6f_6+A_7f_7}\times 100\%$$

$$w_{乙烷}=\frac{77\times 1.05}{4\times 34\times 0.84+4\times 214\times 0.74+4\times 4.5\times 1.00+4\times 278\times 1.00+77\times 1.05+250\times 1.28+47.3\times 1.37}\times 100\%$$

$=3.4\%$

同理可得丙烯的质量分数为 13.7%,丙烷为 2.7%。

30. 有一试样含甲酸、乙酸、丙酸及不少水、苯等物质,称取此试样 1.055 g。

以环己酮作内标，称取 0.190 7 g 环己酮，加到试样中，混合均匀后，吸取此试液 3 μL 进样，得到色谱图。从色谱图上测得的各组分峰面积及已知的 s 值如下表所示：

	甲酸	乙酸	环己酮	丙酸
峰面积/(mV·min)	14.8	72.6	133	42.4
相对响应值 s/mV	0.261	0.562	1.00	0.938

求甲酸、乙酸、丙酸的质量分数。

解：根据内标法计算公式，$w_i=\dfrac{m_s f_i A_i}{m\cdot A_s}\times100\%$，又由于 $f_i=\dfrac{1}{S_i}$，得

$$w_{\text{甲酸}}=\frac{0.190\ 7\times14.8}{1.055\times133\times0.261}\times100\%=7.7\%$$

同理可得，$w_{\text{乙酸}}=17.6\%$，$w_{\text{丙酸}}=6.1\%$。

31. 在测定苯、甲苯、乙苯、邻二甲苯的峰高校正因子时，称取的各组分的纯物质质量，以及在一定色谱条件下所得色谱图上各种组分色谱峰的峰高分别如下：

	苯	甲苯	乙苯	邻二甲苯
质量/g	0.596 7	0.547 8	0.612 0	0.668 0
峰高/mV	180.1	84.4	45.2	49.0

求各组分的峰高校正因子，以苯为标准。

解：由 $m_i=f_i\cdot h_i$，$m_s=f_s\cdot h_s$ 得

$$f''_{\text{甲苯}}=\frac{f_i}{f_s}=\frac{m_i\cdot h_s}{m_s\cdot h_i}=\frac{0.547\ 8\times180.1}{0.596\ 7\times84.4}=1.96$$

同理可得，$f''_{\text{苯}}=1.00$，$f''_{\text{乙苯}}=4.09$，$f''_{\text{邻二甲苯}}=4.11$。

32. 已知在混合酚试样中仅含有苯酚、邻甲酚、间甲酚和对甲酚四种组分，经乙酰化处理后，用液晶柱测得色谱图，图上各组分色谱峰的峰高、半峰宽，以及已测得各组分的校正因子分别如下。求各组分的质量分数。

	苯酚	邻甲酚	间甲酚	对甲酚
峰高/mV	64.0	104.1	89.2	70.0
半峰宽/min	0.194	0.240	0.285	0.322
校正因子 f	0.85	0.95	1.03	1.00

解：由于试样中仅有四种组分，且所有组分都出峰，故可用归一化法计算。

$$w_{苯酚}=\frac{A_i f_i}{A_1 f_1+A_2 f_2+A_3 f_3+A_4 f_4}\times 100\%$$

$$=\frac{64.0\times 0.194\times 0.85}{64.0\times 0.194\times 0.85+104.1\times 0.240\times 0.95+89.2\times 0.285\times 1.03+70.0\times 0.322\times 1.00}\times 100\%$$

$$=12.7\%$$

同理可得，$w_{邻甲酚}=28.6\%$，$w_{间甲酚}=31.5\%$，$w_{对甲酚}=27.2\%$。

注意：虽然色谱峰的峰面积的计算公式为 $A=1.065Y_{1/2}\cdot h$，但由于本题采用归一化法进行计算，分子和分母上的系数 1.065 可抵消，故计算时不予考虑。

33. 测定氯苯中的微量杂质苯、对二氯苯、邻二氯苯时，以甲苯为内标，先用纯物质配制标准溶液，进行气相色谱分析，得如下数据（见下表），试根据这些数据以 $h_i/h_s-m_i/m_s$ 绘制标准曲线。

编号	甲苯质量	苯		对二氯苯		邻二氯苯	
	g	质量/g	峰高比	质量/g	峰高比	质量/g	峰高比
1	0.045 5	0.005 6	0.234	0.032 5	0.080	0.024 3	0.031
2	0.046 0	0.010 4	0.424	0.062 0	0.157	0.042 0	0.055
3	0.040 7	0.013 4	0.608	0.084 8	0.247	0.061 3	0.097
4	0.041 3	0.020 7	0.838	0.119 1	0.334	0.087 8	0.131

在分析未知试样时，称取氯苯试样 5.119 g，加入内标物 0.042 1 g，测得色谱图，从图上量取各色谱峰的峰高，并求得峰高比如下。求试样中各杂质的质量分数。

苯峰高：甲苯峰高＝0.341

对二氯苯峰高：甲苯峰高＝0.298

邻二氯苯峰高：甲苯峰高＝0.042

解：各组分对内标物的 $h_i/h_s-m_i/m_s$ 标准曲线绘制如下。

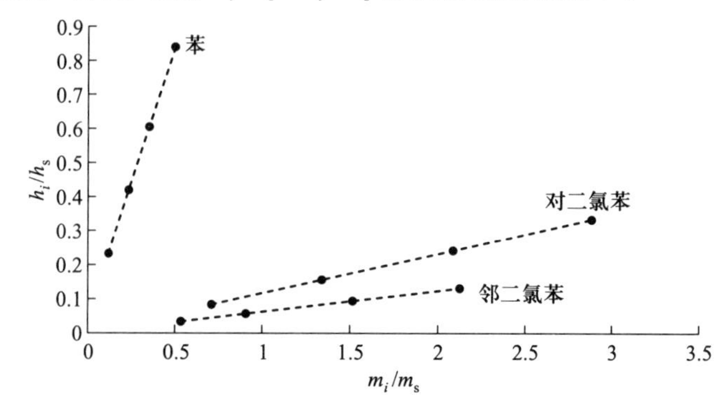

得苯、邻二氯苯、对二氯苯的线性回归方程分别为

$y_{苯}=1.5945x+0.0558$，$y_{邻}=0.1175x-0.0019$，$y_{对}=0.0636x-0.0022$

将未知试样中各组分相对于内标物的峰高比分别代入回归方程，计算得

苯：$m_i/m_s=0.179$，$w_{苯}=\frac{m_i}{m}\times100\%=\frac{0.179\times0.0421}{5.119}\times100\%=0.15\%$

对二氯苯：$m_i/m_s=2.55$，$w_{对二氯苯}=\frac{m_i}{m}\times100\%=\frac{2.55\times0.0421}{5.119}\times100\%=2.10\%$

邻二氯苯：$m_i/m_s=0.695$，$w_{邻二氯苯}=\frac{m_i}{m}\times100\%=\frac{0.695\times0.0421}{5.119}\times100\%=0.57\%$

§2-4 综合练习

一、是非题

1. 色谱中的保留时间是指从进样到色谱峰刚出峰瞬间所经历的时间。

2. 塔板理论解释了流动相流速对色谱峰展宽的影响。

3. 氢气具有较大的热导系数，作为气相色谱的载气，具有较高的热导检测灵敏度，但其相对分子质量较小也使速率理论中的分子扩散项增大，使柱效降低。

4. 气-液色谱固定液通常是在使用温度下具有较高热稳定性的大分子有机化合物。

5. 用气相色谱分离正己醛、正庚醛、正辛醛时，若采用非极性固定液，最早出峰的是正己醛。若采用极性固定液，最早出峰的是正辛醛。

6. 色谱的定性分析能力是比较弱的，该方法主要用于定量分析。

7. 色谱定量分析中，只有归一化法要求所有色谱峰都能流出色谱柱。

8. 毛细管气相色谱柱相比较小，柱容量小，允许进样量小。

二、单项选择题

1. 色谱峰的宽与窄，取决于组分在色谱柱中的(　　)

A. 保留值　　B. 分配系数　　C. 扩散速率　　D. 相互作用力

2. 在气相色谱中，影响组分在两相间分配系数的参数是(　　)

A. 流动相的种类　　B. 固定相的种类

C. 流动相的流速　　D. 色谱柱的尺寸

3. 在气相色谱中，不会影响组分在两相间分配比的参数是(　　)

A. 色谱柱的死体积　　B. 固定相的种类

C. 固定液的液膜厚度 D. 以上都会影响

4. 气-液色谱中,保留值实际上主要反映的是(　　)

A. 组分和载气间的作用力

B. 组分和固定液间的作用力

C. 载气和固定液间的作用力

D. 组分、载气和固定液三者间的作用力

5. 在气相色谱中,要使相对保留值增大,可以采取的措施是(　　)

A. 优化载气流速 B. 优化固定相粒度

C. 减小柱外效应 D. 优化柱温

6. 关于色谱中的理论塔板数,以下说法错误的是(　　)

A. 对于同一根色谱柱,用不同保留时间的色谱峰计算得到的结果不同

B. 理论塔板数与调整保留时间的平方成正比

C. 理论塔板数与半峰宽的平方成反比

D. 理论塔板数反映了色谱柱的柱效能

7. 下列操作中,无助于提高气相色谱填充柱柱效的是(　　)

A. 降低担体粒度 B. 减小固定液液膜厚度

C. 优化载气流速 D. 提高检测灵敏度

8. 在气相色谱中要实现快速分离,应采用的载气是(　　)

A. Ar B. N_2 C. H_2 D. O_2

9. 降低载气流速,柱效明显提高,表明此时(　　)

A. 分子扩散项是影响柱效的主要因素

B. 涡流扩散项是影响柱效的主要因素

C. 传质阻力项是影响柱效的主要因素

D. 柱外效应是影响柱效的主要因素

10. 下列有关分离度的描述,正确的是(　　)

A. 分离度与两相邻色谱峰的调整保留时间差和峰宽有关

B. 一般将分离度 1.0 作为两色谱峰完全分离的标志

C. 分离度高低完全取决于色谱柱的柱效

D. 分离度高低完全取决于保留值的大小

11. 欲测定工业丙酮中的微量水分,合适的固定相是(　　)

A. 硅胶 B. 角鲨烷

C. 聚乙二醇 D. 高分子多孔小球

12. 用填充柱气相色谱分析混合醇试样,合适的固定相是(　　)

A. 硅胶 B. 聚乙二醇 C. 角鲨烷 D. 甲基硅油

13. 下述不符合气相色谱对担体的要求的是(　　)

A. 表面化学活性　　B. 多孔性

C. 热稳定性好　　D. 粒度均匀而细小

14. 程序升温毛细管气相色谱法特别适合于分析(　　)

A. 沸程宽,组成复杂的试样分析　　B. 沸程窄,组成简单的试样分析

C. 气体试样的分析　　D. 液体试样的分析

15. 有关气相色谱中的热导检测器,以下描述正确的是(　　)

A. 桥路电流增加,电阻丝与池体间温差变小,灵敏度降低

B. 桥路电流增加,电阻丝与池体间温差变大,灵敏度提高

C. 热导检测器的灵敏度与桥路电流无关

D. 热导检测器的灵敏度取决于试样组分的相对分子质量大小

16. 以下属于通用型气相色谱检测器的是(　　)

A. 热导检测器　　B. 电子俘获检测器

C. 氢火焰离子化检测器　　D. 火焰光度检测器

17. 毛细管柱比填充柱具有更高的柱效,这是因为毛细管柱中(　　)

A. 不存在涡流扩散　　B. 不存在分子扩散

C. 不存在传质阻力　　D. 填充了细粒度的固定相

18. 以下不能用于色谱定性分析的参数是(　　)

A. 保留时间　　B. 选择性因子　　C. 保留指数　　D. 峰面积

19. 如果相邻两峰间距离太近或操作条件不易控制稳定,要准确测量保留值有一定困难时,最佳的定性策略为(　　)

A. 利用相对保留值定性

B. 利用加入已知物以增加峰高的办法定性

C. 利用文献保留值数据定性

D. 结合化学方法进行定性

20. 关于色谱定量分析校正因子,以下说法正确的是(　　)

A. 相对校正因子的通用性比绝对校正因子好

B. 外标法定量时不需要利用组分的校正因子

C. 组分的绝对校正因子与检测器的种类无关

D. 组分的相对校正因子与检测器的种类无关

三、填空题

1. 色谱分析中,组分保留值的大小受色谱过程的__________因素控制,而色谱峰的宽窄则由色谱过程的______________因素控制。

2. 在气相色谱分析中，若某组分在死时间处出峰，则该组分的分配系数 $K=$ ______，分配比 $k=$ ______。

3. 色谱分析中，A、B、C 三个组分的 K 值大小分别为 $K_A>K_B>K_C$，则最早出峰的应该是________组分。

4. 色谱分析中，组分在固定相中的停留时间为____________时间，当该组分不与固定相发生相互作用时，其出峰时间称为__________时间。

5. 在气相色谱中，相对保留值只与____________和____________有关，与其他色谱参数无关。

6. 评价色谱柱效能的指标是____________或______________。而评价色谱柱总分离效能的指标是__________。

7. 气相色谱中，在低流速条件下，速率方程三项中的__________项为控制项；在高流速条件下，以____________作为载气为宜。

8. 气相色谱速率方程中，由组分分子的运动路径不同而造成的色谱峰展宽程度的度量项称为__________项。若要减小该项，最有效的途径是__________。

9. 在气相色谱中，改善分离最有效的方法是______________，这是由于它增大了色谱分离基本方程中的______________项(或参数)。

10. ________________为气体的色谱分析法称为气相色谱法，它适合分析易汽化、热稳定性好的试样，如果是不易汽化的试样，则可采用____________色谱法来分析。

11. 根据分离机理的不同，气-液色谱又称为______色谱，气-固色谱法又称为________色谱。

12. 气-液色谱的固定相由________和__________两部分构成，其选择性的高低主要取决于__________的性质。

13. 用气-液色谱分离极性组分，宜选用________固定液，极性越________的组分越先出峰。

14. 载气与试样的热导系数相差越______，热导检测器灵敏度越高，因此采用________作载气具有最高的检测灵敏度。

15. 用气相色谱法测定工业丙酮中的水分含量时，应采用__________检测器；测定汽油中的烃类化合物，应采用____________检测器；测定蔬菜中的含氯农药残留量时，应采用____________检测器；测定石油产品中的含硫有机化合物时，应该采用____________检测器。

16. 与填充柱气相色谱仪相比，毛细管柱气相色谱仪在柱前增加了________装置，其作用是______________和________________。

17. 与填充柱气相色谱仪相比，毛细管柱气相色谱仪在柱后增加了________

装置，其作用是＿＿＿＿＿＿＿和＿＿＿＿＿＿＿＿。

18. 气相色谱中的柯瓦茨指数又称为＿＿＿＿＿指数。一般采用＿＿＿＿＿作基准物进行计算。该定性参数相比于相对保留值的优点是＿＿＿＿＿＿＿。

19. 色谱定量方法中，需要严格控制进样量的方法是＿＿＿＿＿法；而采用＿＿＿＿法定量时，则要求所有组分都能出峰。

20. 色谱定量方法中，内标法的主要优点是＿＿＿＿＿，缺点是＿＿＿＿＿＿。

四、计算题

1. 用甲基硅油为固定相的填充色谱柱分离正己烷和甲苯，其保留时间分别为 3.0 min 和 4.5 min，在该柱中，空气的保留时间为 1.5 min，试问：(1) 甲苯在色谱柱中分配时，在流动相中的质量分数是多少？(2) 甲苯的分配系数是正己烷的几倍？

2. 在 3 m 长的色谱柱上，测得某组分的保留时间为 3.60 min，峰底宽度为 0.3 min，死时间为 0.80 min，用皂膜流量计测得的载气流速为 25 $mL \cdot min^{-1}$，色谱柱固定相的体积为 2.0 mL，求该组分的(1) 调整保留体积 V'_R；(2) 分配系数 K；(3) 有效塔板高度 $H_{有效}$。

3. 在一根 2 m 长的气相色谱填充柱上，以氢气为载气，通过实验测得速率方程中的 A、B、C 分别为 0.060 5 cm，0.68 $cm^2 \cdot s^{-1}$，0.002 7 s，试问，载气线速度 u 在什么范围内，仍能保持柱效为最高柱效的 90%？

4. 组分 A 和 B 在 2 m 的气相色谱填充柱上的保留时间分别是 12.5 min 和 13.0 min，已知在该柱上，A、B 的理论塔板数均为 2 000，试说明(1) A、B 两组分是否达到完全分离？(2) 若要使它们恰好分离完全，色谱柱的长度需要多长？这一长度是否合理？如果不合理，如何改进？

5. 用气相色谱法测定饮料中的防腐剂苯甲酸钠和山梨酸钾，以癸酸作为内标物。分别称取苯甲酸、山梨酸和癸酸标准品 20.1 mg，23.5 mg 和 24.7 mg，用乙酸乙酯溶解并定容至 10 mL，进样 0.2 μL，三者的峰面积分别为 546 $mV \cdot s^{-1}$，483 $mV \cdot s^{-1}$ 和 567 $mV \cdot s^{-1}$。精密量取饮料 10.0 mL，加入癸酸 2.02 mg，混匀，酸化后，用乙酸乙酯萃取三次，萃取液合并浓缩至 1 mL，进样 0.2 μL，三者的峰面积分别为 327 $mV \cdot s^{-1}$，275 $mV \cdot s^{-1}$ 和 438 $mV \cdot s^{-1}$。试求饮料中防腐剂的浓度（以苯甲酸和山梨酸计，单位为 $mg \cdot mL^{-1}$）。

五、简答题

1. 在气相色谱中，当采用恒温分析时，对某一试样进样两次，得到的色谱图分别如下：

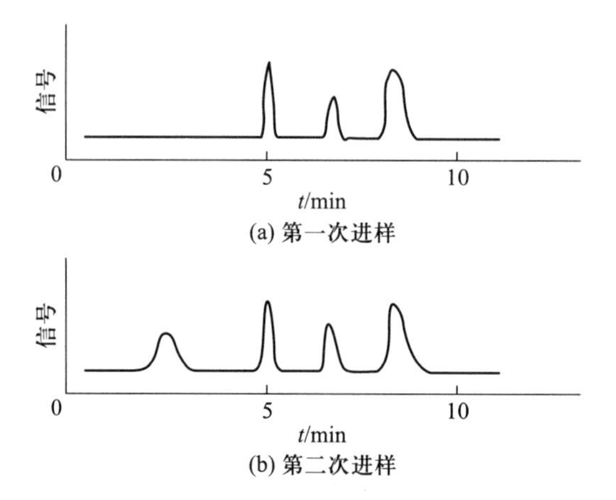

(a) 第一次进样

(b) 第二次进样

请问,为什么第二次进样得到的色谱图中,约 2.5 min 处会多一个峰?简述判断的理由。

2. 对于常温下为气态的物质的分离为什么常采用气-固色谱法?

3. 在气相色谱中,柱温对分离会产生怎样的影响?在实际操作中该如何选择柱温?

4. 在国际体育仲裁法庭上的起诉表明,某运动员的尿样经色谱分析测得的某物质的保留时间在相同条件下刚好与已知兴奋剂的保留时间相一致。而辩护证明有几个体内代谢物与该兴奋剂具有相同的保留值。如果实验室中只有一台色谱仪,没有液质联用仪等其他定性用仪器,该如何解决这一定性问题?

5. 农药残留是指农药使用后残存于生物体、农产品(或食品)及环境中的微量农药,以每千克样本中含有的毫克数($mg \cdot kg^{-1}$)表示。目前使用的农药,有些在较短时间内可以通过生物降解成为无害物质,而包括“DDT”和“六六六”在内的有机氯类农药难以降解,是残留性较强的农药,这类农药残留量的追踪检测更具有现实意义。试设计一个实验方案,对种植土壤中这几种含氯农药残留进行定量分析,并给出设计的依据。

6. 挥发性有机化合物 VOCs 是指在常压下,沸点 50 ℃至 260 ℃的各种有机化合物。VOCs 参与大气环境中臭氧和二次气溶胶的形成,是区域性大气臭氧污染、PM2.5 污染的重要来源。由此可见,VOCs 的监控对大气环境保护意义重大。试设计一个实验方案,对环境大气中的 VOCs 进行较全面的定性和定量分析,并给出设计的依据。

7. 药品在生产过程中可能用到多种具有毒性或有致癌作用的溶剂,显然,药品中溶剂残留量的分析和控制意义重大。在各国的药典标准中,溶剂残留的测定一般采用气相色谱法。试设计一个实验方案,对某药品中可能存在的乙酸、乙醚、丙酮、乙酸乙酯、四氢呋喃等溶剂进行定性和定量分析,并给出设计的依据。

§2-5 参考答案及解析

一、是非题

1. 解:错。保留时间是指从进样到色谱峰达到最高点(而非起点)所经历的时间。

2. 解:错。能解释流动相流速对色谱峰展宽影响的是速率理论,而非塔板理论。

3. 解:错。氢气使速率理论中的分子扩散项增大,但也会导致气相传质阻力减小,因此,并不一定会使柱效降低。柱效是否降低,还与流速有关。在某一流速下,若分子扩散项占主导地位,使用氢气作载气会导致柱效下降,若气相传质阻力项占主导地位,则会使柱效提高。

4. 解:对。

5. 解:错。用气相色谱分离同系物时,不论采用何种极性的色谱柱,其出峰的顺序必定是相对分子质量小的先出峰,相对分子质量大的后出峰,故正己醛先出峰。这是由于定向力、诱导力、氢键均与官能团有关,同系物的官能团一样,因此这些作用力也比较接近;色散力与组分的沸点有关,而沸点又与相对分子质量有关,同系物的相对分子质量依次增大,相对分子质量小的组分沸点低,色散力小,故最先流出色谱柱。反之,相对分子质量大的后流出色谱柱。

6. 解:对。色谱定性的依据是保留值,但在一定条件下,不同组分可能具有相同的保留值,定性的可信度不高,因此,若不借助其他仪器方法,色谱本身的定性能力是比较弱的。色谱的主要特点是一种分离分析法,因此特别适合进行混合试样中目标组分的定量分析。

7. 解:对。

8. 解:错。毛细管柱的相比比较大,而不是比较小。

二、单项选择题

1. C。色谱峰的宽与窄与色谱动力学因素有关。扩散速率属于动力学参数,而 A、B、D 选项均属于热力学参数。

2. B。气相色谱中流动相为气态,与液相色谱的流动相不同,其种类(A 选项)对分配系数 K 没有影响。C 和 D 选项都不是热力学参数,故亦不影响 K。只有 B 固定相的种类是热力学性质的参数,故选 B。

3. D。凡是影响 K 和相比 β 的因素均影响分配比,A、C 选项都与 β 有关,B

选项是热力学参数,影响 K。故选 D。

4. B。保留值是热力学参数,而气-液色谱中,载气的种类对分配系数几乎没有影响,故 A、D 选项错误;C 选项没有提及组分,与保留值无关。

5. D。相对保留值只受热力学因素的影响,A、B、C 均不是热力学参数,只有 D 选项为热力学参数,因此选 D。

6. B。B 选项中,理论塔板数与保留时间的平方成正比,而非“调整保留时间”,因此 B 的说法是错误的。

7. D。根据速率方程,减小 d_p、d_f,选择合适的 u,都可以减小 H,提高柱效 n;而 D 选项与色谱分离过程无关,也就不会影响柱效。故选 D。

8. C。在气相色谱中要实现快速分离,也就是要减小速率方程中的传质阻力系数 C,当采用 H_2作载气时,组分的扩散系数 D_g最大,C_g最小,故选 C。

9. C。传质阻力项为 Cu,u 减小,H 显著下降(柱效显著提高),表明此时传质阻力系数 C 比较大,是影响 H 的主要因素,因此正确的选项是 C。而 A 选项正好相反,若 u 减小,且分子扩散项为主导时,柱效下降。B 选项与流速无关。D 选项中,流速越小,柱外效应引起的色谱峰扩散越严重,柱效下降。

10. A。两相邻色谱峰的调整保留时间之差与保留时间之差相同,故根据分离度的定义,A 选项正确。B 选项中,分离度应为 1.5。根据分离度方程,C 和 D 选项的表述都不全面,分离度的大小不仅与柱效有关,还和相对保留值等很多因素有关。

11. D。高分子多孔小球是分析溶剂中微量水的最合适固定相,这是由于极性很强的水在高分子多孔小球上几乎没有保留,最早流出色谱柱,因而不会受到溶剂主峰的干扰。

12. B。根据相似相溶的选择原则,待测组分是极性的物质,故选择极性大的醇类固定相。

13. A。气相色谱对担体的要求之一的是表面化学惰性,若是表面具有化学活性,则容易与接触的试样发生化学反应,故 A 选项错误。其余选项正确。

14. A。程序升温适合分析宽沸程试样,毛细管柱由于柱效高,适合分析复杂试样,故 A 选项正确。B 选项正好相反,适合用恒温分析和填充柱。C 和 D 选项十分宽泛,试样的组成特性不明确,故不能选择。

15. B。热导检测器的桥路电流是影响其灵敏度的重要参数。桥路电流增加,热丝温度提高,电阻丝与池体间温差变大,(和池体相同温度的)待测组分带走的热丝的热能增多,热丝温度下降程度变大,阻值变化增大,最终导致桥路输出信号(组分峰高)增高,灵敏度提高。故 B 正确,A、C 选项不正确。D 选项中,试样组分的相对分子质量大小与其传热能力没有相关性,故不正确。

16. A。氢火焰离子化检测器只对含有 CH 结构的物质有响应;电子俘获检测器只对电负性的物质有响应;火焰光度检测器只能检测含 S、P 元素的物质,故均为选择性检测器。只有 A 选项热导检测器,由于所有物质均有不同的热导系数,故均有响应,为通用型检测器。

17. A。由于毛细管柱是中空的,没有填充固定相颗粒,即 d_p 为零,故不存在涡流扩散,因此 A 选项正确。毛细管柱中的分子扩散和传质阻力相均不可忽略。

18. D。色谱定性参数是保留值,任何形式的保留值都可以用于定性分析,B 选项选择性因子即为相对保留值,故 A、B、C 选项均可用于定性。峰面积是定量分析参数,不能用于定性分析,故选 D。

19. B。利用相对保留值定性虽然可以消除保留时间随色谱条件波动的影响,但相邻组分的保留时间接近,它们的相对保留值也就十分相近,容易造成误判,故 A 和 C 不佳。D 方法是在特殊情况下才会适用的辅助定性方法,无普遍适用性。若在试样中加入已知标准物,待定性色谱峰的峰高增加,则表明两者是同一化合物,该方法最适合保留时间易漂移的相邻色谱峰的定性,方法简单,结果直观。

20. A。在不同的检测器上,组分的绝对校正因子和相对校正因子都是不同的,故 C、D 选项错误。B 选项中,外标法定量时实际上使用了组分的绝对校正因子或响应值,这个值即为标准曲线的斜率,通过标准溶液的测量获得。相对校正因子可以消除一些色谱条件波动的影响,因此通用性比绝对校正因子好,故只有 A 选项正确。

三、填空题(答案以分号隔开的,表明不能互换位置;以逗号隔开的,表明可互换位置;以/隔开的,表明为多答案)

1. 热力学因素;动力学因素。

2. 0;0。这是由于死时间处流出的物质没有保留,即组分不会分配(溶解或吸附)在固定相中,故 K 和 k 均为零。

3. C。分配系数越大,表明组分在固定相中滞留时间越长,保留时间也就越长,反之亦然。K_C 最小,故 C 组分最早流出色谱柱。

4. 调整保留;死。调整保留时间是扣除了死时间的保留时间,也就是扣除了组分在流动相中花去的时间,故反应的是在固定相上停留的时间。

5. 柱温,固定相种类。相对保留值通过比较的方式消除了色谱条件(如流动相流速)波动的影响,但不能消除热力学因素的影响,故与柱温及固定相种类等热力学因素有关。

6. 塔板数,塔板高度;分离度。分离度综合考虑了动力学和热力学因素的影响,故为色谱柱的总分离效能指标。

7. 分子扩散;H_2。分子扩散项与流速成反比,流速小,分子扩散项大,故为主导项。若在高流速下,传质阻力项为主导,故要设法降低传质阻力系数,若用 H_2 作载气,组分的扩散系数大,气相传质阻力系数小,柱效高。

8. 涡流扩散;减小固定相粒径/采用毛细管柱。涡流扩散项 A 与粒径 d_P 成正比,粒径减小,涡流扩散项下降。毛细管柱中不填充固定相颗粒,d_P 为 0,$A=0$,最小。

9. 改变固定液的种类;选择性因子。根据色谱分离基本方程,提高分离度的途径有提高柱效、提高选择性因子、增大容量因子项,其中提高选择性因子最有效。在气相色谱中,提高选择性因子的方法有改变柱温及固定液种类,而固定液种类比柱温的影响更大,是提高分离度的最有效途径。

10. 流动相;高效液相。

11. 分配;吸附。在气-液色谱中,组分在固定液中溶解、挥发,从而得以分离,属于分配机理。而在气-固色谱中,组分在固体吸附剂中进行吸附、脱附,故属于吸附机理。

12. 担体/载体,固定液;固定液。注意,本题考查对专业术语的掌握,不能填"固体","液体"。

13. 极性;小。根据相似相溶的原理,极性组分应选择极性固定液进行分离,此时,由于极性小的组分和固定液间的定向力小,故先出峰。

14. 大;H_2。载气与试样的热导系数相差越大,载气和试样混合后,热导系数的变化越大,当纯载气和混合载气分别通过参比池和测量池时,热丝的阻值差异也变大,热导检测器的灵敏度增高。H_2 的热导系数在所有载气中最大,和待测试样热导系数的差异也最大,故选 H_2 作载气。

15. 热导;氢火焰离子化;电子俘获;火焰光度。水在其他检测器中均无响应,只能用通用型的热导检测器。汽油中的烃类化合物的测定,用对烃类化合物灵敏的氢火焰离子化检测器最为合适。农药残留一般是极低的,属痕量分析范畴,需要用高选择性、高灵敏度的检测器,含氯农药电负性强,用电子俘获检测器最合适。石油产品中的含硫有机化合物含量低,烃类物质的干扰大,需要高选择性的检测器,对硫有高选择性的火焰光度检测器满足要求。

16. 分流;减小柱前死体积的影响,实现小的进样量。毛细管柱很细,载气的最佳体积流量小,而汽化室体积较大,这将导致谱带在通过汽化室时发生严重展宽。若采用分流,即保持高的载气流量,当载气携带试样通过汽化室后,在柱前的分流点将大多数载气放空,令极少量载气进入毛细管,便可以减少汽化室的死体积影响,又可使色谱柱内载气流速符合要求。另外,毛细管柱内固定液极少,柱容量小,极容易超载,用微量注射器又很难准确地将小于 0.01 μL 的液体试样送入,若采用分流,与载气一样,可将小体积试样引入色谱柱。

17. 尾吹;减小柱后死体积的影响,提高氢火焰离子化检测器的灵敏度。尾吹是在毛细管柱出口到检测器流路中增加的一条辅助气路,以增大柱出口到检测器的载气流量,减少这段死体积的影响。又由于毛细管柱的载气流量小,使氢火焰离子化检测器所需氮氢比过小而影响灵敏度,因此氮气作尾吹还能增加氮氢比而提高检测器的灵敏度。

18. 保留指数;正构烷烃;准确性和重复性好。

19. 外标法;归一化。根据三种定量方法的使用范围,优缺点选择。

20. 准确;烦琐。内标法通过将组分的峰面积与内标物的峰面积进行比较,消除了色谱操作条件波动、特别是进样量波动对结果的影响,故准确。但每次测定都需要加入准确量的内标物,操作烦琐。

四、计算题

1. 解:本题主要涉及分配比、分配系数的定义式、计算式和相关知识点。

(1) 解题思路:甲基硅油为固定液时,空气没有保留,其保留时间即为死时间。分配比(也就是容量因子)k 的定义为组分在固定相和流动相中的质量比,故可利用保留值计算分配比,再计算甲苯在流动相中的质量分数。

$$k=\frac{m_s}{m_m}=\frac{t'_R}{t_M}=\frac{4.5-1.5}{1.5}=2.0$$

$$w_m\%=\frac{m_m}{m_m+m_s}\times100\%=\frac{m_m}{m_m+2m_m}\times100\%=33\%$$

(2) 解题思路:在同一色谱柱上,由于相比相同,两组分的分配系数之比等于分配比之比,故

$$\frac{K_2}{K_1}=\frac{k_2}{k_1}=\frac{t'_{R(2)}}{t'_{R(1)}}=\frac{4.5-1.5}{3.0-1.5}=2$$

甲苯的分配系数是正己烷的 2 倍。由该题可见,两组分的分配系数之比即为相对保留值 r_{21}(选择性因子 α)。

2. 解:本题主要涉及保留值、分配系数、柱效等基本概念和计算。

(1) 首先计算色谱柱的死体积,即流动相体积,再计算调整保留体积。

$$V_M=t_M q_{V,0}=(0.80\times25)\ \text{mL}=20\ \text{mL}$$

$$V'_R=V_R-V_M=(3.60\times25-20)\ \text{mL}=70\ \text{mL}$$

(2) $$K=\frac{c_s}{c_m}=\frac{m_s}{m_m}\frac{V_m}{V_s}=k\frac{V_m}{V_s}=\frac{3.60-0.80}{0.80}\times\frac{20}{2.0}=35$$

(3) $n_{有效}=16\left(\frac{t'_R}{Y}\right)^2=16\left(\frac{3.60-0.80}{0.3}\right)^2=1\ 394$

$$H_{有效}=\frac{L}{n_{有效}}=\frac{3\times10^2}{1\ 394}=0.22\ \text{cm}$$

3. 解:本题主要涉及 H 与 u 的关系。根据速率方程,先求解 n_{max} 所对应的 H_{min},

$$H_{min}=A+2\sqrt{BC}=0.060\ 5+2\sqrt{0.68\times0.002\ 7}=0.146\ \text{cm}$$

柱效保持 90%,即 $H=H_{min}/0.9=(0.146/0.9)\ \text{cm}=0.162\ \text{cm}$

解速率方程:$0.162=0.060\ 5+0.68/u+0.002\ 7u$

得 $u_1=8.7\ \text{cm}\cdot\text{s}^{-1}$,$u_2=29\ \text{cm}\cdot\text{s}^{-1}$

线速度在 $8.7\sim29\ \text{cm}\cdot\text{s}^{-1}$ 时,可保持柱效在最高柱效的 90% 以上。

4. 解:本题考查塔板数计算式、分离度定义式和分离度方程的灵活运用。

(1) $n=16\left(\frac{t_R}{Y}\right)^2$,故 $Y_1=\frac{4t_{R(1)}}{\sqrt{n}}=\frac{4\times12.5}{\sqrt{2\ 000}}=1.12$,$Y_2=\frac{4t_{R(2)}}{\sqrt{n}}=\frac{4\times13.0}{\sqrt{2\ 000}}=1.18$

$$R=\frac{t_{R(2)}-t_{R(1)}}{\frac{1}{2}(Y_1+Y_2)}=\frac{13.0-12.5}{\frac{1}{2}(1.12+1.18)}=0.43$$

$R<1.5$,未达到完全分离。

(2) 解题思路:利用色谱分离基本方程求解。首先,要使 A、B 达到分离完全,即 $R=1.5$。其次,色谱柱的其他条件不变,仅允许柱长改变(柱效改变),故方程中的 α 和 k 均不变,则有

$$\frac{R_1}{R_2}=\frac{\sqrt{n_1}}{\sqrt{n_2}}=\frac{\sqrt{L_1}}{\sqrt{L_2}}$$

即 $\frac{0.43}{1.5}=\frac{\sqrt{2}}{\sqrt{L_2}}$

得 $L_2=24\ \text{m}$。

气相色谱填充柱的柱长一般为 2~6 m,24 m 会导致柱前压力过高,不合理。

由计算可知,如果要使 A、B 达到完全分离,柱效 n 需达到 24 000 块,填充柱难以达到,可采用毛细管柱来实现分离。如果仍采用填充柱,则可以考虑更换固定相种类,调节柱温,使选择性因子增大,达到完全分离的目的。

5. 解:本题涉及校正因子和内标法的计算方法。

解题思路:内标法在计算时用的均为比值关系,所以和稀释倍数等无关。

$$f_{苯甲酸,癸酸}=\frac{m_i}{m_s}\frac{A_s}{A_i}=\frac{20.1\times567}{24.7\times546}=0.845$$

$$f_{山梨酸,癸酸}=\frac{m_i}{m_s}\frac{A_s}{A_i}=\frac{23.5\times567}{24.7\times483}=1.12$$

$$c_{苯甲酸}=\frac{m_s}{V}f_{i,s}\frac{A_i}{A_s}=\left(\frac{2.02}{10}\times0.845\times\frac{327}{438}\right)\ \text{mg}\cdot\text{mL}^{-1}=0.127\ \text{mg}\cdot\text{mL}^{-1}$$

$$c_{山梨酸}=\frac{m_s}{V}f_{i,s}\frac{A_i}{A_s}=\left(\frac{2.02}{10}\times1.12\times\frac{275}{438}\right)\ \text{mg}\cdot\text{mL}^{-1}=0.142\ \text{mg}\cdot\text{mL}^{-1}$$

五、简答题

1. 答:2.5 min 的色谱峰应该是一次进样时没有出完的色谱峰。这是由于在气相色谱恒温分析时,色谱峰的区域宽度与保留时间成正相关。即越早流出的色谱峰,峰宽越窄;越晚流出的色谱峰,由于在色谱柱中停留时间长,色谱峰展宽越严重,峰宽越宽。由图可见,第二次进样时 2.5 min 出现的色谱峰,其宽度远大于 5 min 出现的色谱峰,提示该组分在色谱柱中停留的时间很长,故为第一次进样时未流出的组分。因此,需将分析时间延长。

2. 答:这是由于常温下为气态物质(如永久性气体,惰性气体等)在气-液色谱固定液上的溶解度都很小,也就是分配系数很小,故分配系数的差异也很小,因此,在气-液色谱中无法分离。而固体吸附剂对不同气体的吸附能力较强,分配系数较大,通过选择不同的固体吸附剂,使不同气态组分的分配系数有较大差异,即可实现分离。

3. 答:在气相色谱中,柱温对分离的影响十分复杂。柱温是一个热力学参数,因此影响分配系数、保留值及组分间的相对保留值和分离度。另一方面,柱温通过影响动力学参数如扩散系数、分配平衡速率,间接地影响色谱峰展宽程度和柱效等。在气相色谱中,柱温升高,分配系数减小,保留时间缩短,色谱峰变窄,但分离度下降,反之亦然。因此,柱温的选择应兼顾分离度、色谱峰峰形和分析时间。在实际操作中,首先应注意柱温不能超过固定液的最高使用温度。其次,对于宽沸程试样应采用程序升温。最后,在试样的分离度达不到要求的情况下,应采用较低的柱温,以确保难分离组分达到满意的分离度。若各组分分离良好,则可采取较高的柱温,以保证色谱峰峰形对称,并缩短分析时间。

4. 答:在气相色谱中,可以采用两种或几种不同极性的色谱柱对尿样进行分析;在高效液相色谱中,则可以采用两种或几种种类、配比不同的流动相对尿样进行分析;若未知峰和兴奋剂标准试样的保留值始终一样,则定性结果更可信。

5. 答:包括 DDT(沸点:260 ℃)和六六六(沸点:288 ℃)在内的有机氯类农药沸点较低,故可以采用气相色谱法进行测定;由于试样成分复杂,故宜采用毛细管柱进行分离;组分的极性较强,故选用极性较强的固定液,如 OV 1701(7%

氰丙基,7%苯基,86%甲基聚硅氧烷);农药残留量很低,且均含氯,电负性很强,故选用电子俘获检测器;当选择电子俘获检测器时,一般用 N_2 作载气;由于目标组分明确,可以用纯物质对照定性。外标或内标法定量。

6. 答:由于 VOCs 是挥发性的混合有机化合物,因此可选用气相色谱法进行分析;又由于 VOCs 在大气中的含量极低,需要预先用吸附管或冷阱进行富集和浓缩;环境大气中 VOCs 包括烃类、芳烃类、含氧、含卤素等有机化合物,挥发性有机化合物种类繁多,组成复杂,故宜采用柱效极高的毛细管柱进行分离;组分的极性范围广,故选用极性较强的固定液,如 DB 624(6%腈丙基苯,94%二甲基聚硅氧烷)。组分的沸程宽,应采用程序升温技术;由于需要对环境大气中的 VOCs 进行较全面的定性和定量分析,最适宜的检测器是灵敏度高、选择性好的质谱检测器;若使用质谱检测器,载气需采用 He(参见质谱分析一章)。利用各组分的质谱图可进行定性分析,采用内标或外标法进行定量分析。

7. 答:有机溶剂残留量一般较低,可以考虑采用顶空气相色谱;也可以用合适的溶剂将药物溶解,配制成高浓度试样测定(视药品性质确定)。由于这几种溶剂沸点较低且比较相近,极性中等偏强,为了增大其保留值和选择性,可以考虑采用厚液膜、较强极性的色谱柱。色谱柱类型选择柱效高的毛细管柱,以获得高而窄的色谱峰,有利于降低检出限。由于残留量较低,可选择灵敏度高的氢火焰离子化检测器,氮气作载气。利用标准物质的保留时间定性分析,采用内标或外标法定量分析。

第 3 章

高效液相色谱分析

§3-1 内容提要

高效液相色谱法(HPLC)是目前应用最广泛的色谱分析方法,其仪器的市场占有率极高。主要原因是该方法以液体作为流动相,适合分离分析高沸点、热稳定性差、相对分子质量大的化合物,而这部分物质占到有机化合物的75%~80%。特别是随着生命科学、药物科学等学科的发展,相关物质的研究受到重视,而这些物质大多数需要使用高效液相色谱进行分离、分析。本章重点介绍了高效液相色谱的仪器、流程,几种常用的高效液相色谱法的分离机理、固定相、流动相和应用特点,旨在让学习者掌握高效液相色谱的基本知识,并具备选择合适方法完成既定分析任务的能力。

一、高效液相色谱法的特点

本节主要介绍高效液相色谱法的特点和应用范围,展示该方法在仪器分析和色谱分析中的重要地位。

二、影响色谱峰展宽及色谱分离的因素

液相色谱由于使用液体作流动相,其速率方程与气相色谱(包括填充柱和毛细管柱)中的速率方程不完全相同。本节从理论的角度对液相色谱中的速率方程及影响色谱峰展宽的因素进行讨论,提出在液相色谱中提高柱效、减小色谱峰展宽的方法,对液相色谱的实践具有重要的指导意义。

三、高效液相色谱仪

高效液相色谱仪是实现高效液相色谱分析的仪器。利用高效液相色谱仪可以完成多种分离机制的色谱分析过程,但基于离子交换分离机制的分析过程一

般需用专门的离子色谱仪来完成。本节主要介绍常规的高效液相色谱仪的流程和主要部件,重点介绍几种不同的检测器,使学习者对液相色谱仪的结构、组成有初步的了解。

四、高效液相色谱法的主要类型及其分离原理

与气相色谱相比,高效液相色谱的分离机制更多样化,因此,高效液相色谱法的类型也比较多。由于不同类型的高效液相色谱法,其分离原理、固定相、流动相及应用范围各不相同,因此,本节介绍了四类高效液相色谱法,分别是基于分配原理的化学键合相色谱法和离子对色谱法,基于吸附原理的液-固色谱法,基于离子交换原理的离子色谱法,以及基于空间排阻原理的凝胶色谱法。

五、高效液相色谱分离类型的选择

高效液相色谱法的种类繁多。根据试样和待测组分的特性、分析目的,以及各种液相色谱的原理、特点和应用范围等,选择合适的高效液相色谱类型用于解决目标分析问题,是本章的基本学习要求。本节简要介绍了选择合适的高效液相色谱类型的基本思路。

六、高效液相色谱法应用实例

列举了几种高效液相色谱法的应用实例。这些实例比较经典,重在体现各种色谱方法的特点,可以结合第 4 节内容进行阅读。

七、制备液相色谱

高效液相色谱的另一个应用领域是进行纯化合物的制备。本节从制备的目的、基本思路和仪器几个方面简要介绍了制备液相色谱,使学习者体会制备型和分析型液相色谱的主要区别。

八、毛细管电泳

毛细管电泳是在经典电泳技术基础上发展起来的一种新型分析方法,它基于电泳速率的不同实现带电荷的离子(粒子)的分离。虽然毛细管电泳与高效液相色谱在分离原理、仪器和方法等方面均有较大区别,但该方法仍隶属于液相分离、分析领域,故将其放在高效液相色谱一章中进行简要介绍。本节介绍了毛细管电泳分离的基本原理、特点及分离模式,帮助学习者拓宽视野、拓展思路。

§3-2 知识要点

一、高效液相色谱法的特点

高效液相色谱法的特点——高压、高速、高效、高灵敏度。

高效液相色谱法的应用范围——高沸点、热稳定性差、相对分子质量大的有机化合物和离子型化合物的分离、分析。

二、影响色谱峰扩展及色谱分离的因素

HPLC 中的速率方程——$H=2\lambda d_p+\frac{C_d D_m}{u}+\left(\frac{C_m d_p^2}{D_m}+\frac{C_{sm} d_p^2}{D_m}+\frac{C_s d_f^2}{D_s}\right)u$。

涡流扩散项 H_e——$H_e=2\lambda d_p$。

分子扩散项 H_d——$H_d=\frac{C_d D_m}{u}$。

固定相传质阻力项 H_s——组分在固定相内部的传质阻力引起的峰扩展的度量，$H_s=\frac{C_s d_f^2}{D_s}u$。

流动相传质阻力项——分为流动的流动相中的传质阻力项 H_m 和滞留的流动相中的传质阻力项 H_{sm}。$H_m=\frac{C_m d_p^2}{D_m}u$，$H_{sm}=\frac{C_{sm} d_p^2}{D_m}u$。

柱外展宽——又称柱外效应，指色谱柱外各种因素引起的峰扩展，分为柱前和柱后两种因素。柱前峰展宽主要由进样方式、定量环和柱前连接管的死体积引起。柱后展宽主要由连接管、检测器流通池的死体积引起。

三、高效液相色谱仪

1. 高效液相色谱仪流程

高效液相色谱仪的基本部件——高压泵、六通进样阀、色谱柱、检测器和色谱工作站。

高压泵——输送流动相的部件，在高效液相色谱仪中一般采用往复式柱塞泵。

梯度洗提——又称梯度洗脱或梯度淋洗。在分离过程中按一定的程序连续改变流动相中溶剂的配比和极性，从而改变被分离组分的容量因子和选择性，以提高分离效果，缩短分离时间，改善峰形，减低最小检出量，提高定量分析的精度。

六通进样阀——将试样引入流动相中。

色谱柱——分离的心脏部件。

2. 高效液相色谱检测器

紫外检测器——选择性检测器，灵敏度高。基于被分析试样组分对特定波长紫外光的选择性吸收，组分浓度与吸光度的关系遵守比尔定律。可分为固定波长紫外检测器、可变波长紫外检测器和二极管阵列检测器三类。

荧光检测器——高选择性检测器，灵敏度很高。基于某些待测组分在吸收紫外-可见光后发射荧光的现象进行检测。

示差折光检测器——通用型检测器，灵敏度较低。基于连续测定流通池中溶液折射率的方法来测定试样浓度。按其工作原理可以分成偏转式、反射式和干涉式等类型。

电导检测器——选择性检测器，灵敏度高。是根据物质在某些介质中解离后所产生电导的变化来测定解离物质的含量，为离子色谱仪的专用检测器。

蒸发光散射检测器——通用型检测器，灵敏度较高。基于不挥发性溶质对光的散射现象进行检测。

四、高效液相色谱法的主要类型及其分离原理

1. 分配色谱（化学键合相色谱法、离子对色谱法）

分离原理——基于试样组分在固定相和流动相之间的分配系数（溶解度）的差异进行分离。

正相色谱法——流动相的极性小于固定相的极性。

反相色谱法——流动相的极性大于固定相的极性。

化学键合固定相——通过化学反应将有机基团结合到担体（如硅胶颗粒）表面制备的固定相。具有稳定性好、寿命长、分离效能高等优点，可以根据键合的官能团灵活地改变固定相的选择性。

化学键合相色谱法——采用化学键合固定相作为分离介质的液相色谱方法。隶属于分配色谱的范畴，是高效液相色谱法中应用最广泛的一个分支，可分离从强极性至非极性的有机化合物，已占到高效液相色谱法应用的70%~80%。

流动相选择的重要性——流动相的种类、配比能显著地影响组分的保留 t_R、分离选择性 α 和分离效果 R，因此高效液相色谱流动相的选择非常重要。

对流动相（溶剂和试剂）的要求——纯度要高，应避免使用会引起柱效损失或保留特性变化的溶剂，溶剂对试样要有适宜的溶解度，溶剂的黏度小些为好，应与检测器相匹配。

正相色谱中的流动相——底剂采用低极性溶剂，洗脱能力最弱（如正己烷、

苯、氯仿等)，而洗脱剂则根据试样的性质选取极性较大，洗脱能力较强的针对性溶剂(如醚、酮、醇和酸等)。

反相色谱中的流动相——通常以水为流动相的底剂，洗脱能力最弱，以加入不同配比的有机溶剂作洗脱强度调节剂。反相色谱中常用的有机溶剂是甲醇、乙腈、四氢呋喃等。

离子对色谱法——一种用于有机强酸、强碱和极性很强的有机弱酸、弱碱分离分析的化学键合相色谱法。将一种(或多种)与溶质分子电荷相反的离子(称为对离子或反离子)加到流动相中，使其与溶质离子结合形成疏水型离子对化合物，从而控制溶质离子在化学键合固定相上的保留行为。对离子的浓度是控制溶质保留值的主要因素。

2. 吸附色谱(液-固色谱法)

分离原理——根据物质吸附作用的不同来进行分离。具体过程是，溶质分子和溶剂分子在吸附剂活性表面竞争吸附，若溶质分子与吸附剂间作用力强，被溶剂分子顶替下来的可能性就小，保留值就大；反之，则保留值小，吸附作用不同的组分就得以分离。

液-固色谱法——以固体吸附剂为固定相的液相色谱方法，也就是吸附色谱法。该方法对结构异构和几何异构体有良好的选择性。

液-固色谱中的固定相——固体吸附剂。如硅胶、氧化铝、分子筛、聚酰胺、多孔石墨化炭黑等。

液-固色谱中的流动相——流动相是影响液-固色谱分离性能的主要因素。对于极性吸附剂，其流动相与正相键合相色谱类似；非极性吸附剂的流动相与反相色谱类似。

3. 离子交换色谱(离子色谱法)

分离原理——基于离子交换树脂(离子交换剂)上可解离的离子与流动相中具有相同电荷的溶质离子进行可逆交换，根据这些溶质离子对交换剂具有不同的亲和力而将它们分离。

离子色谱法——利用离子交换剂为固定相，电解质溶液为流动相，基于离子交换的原理对组分进行分离、分析，整个过程利用离子色谱仪完成。离子色谱法应用广泛，无机/有机(阴/阳)离子均可用离子色谱法进行分析，是无机阴离子多组分分析的首选方法。

离子色谱仪——由高压泵、六通进样阀、色谱柱、抑制器、检测器和色谱工作站等部件组成。

抑制器——离子色谱通常采用电导检测器，为消除流动相中强电解质背景离子对电导检测的干扰，在色谱柱后、检测器前增加了一个抑制器。该抑制器将洗脱液(流动相)中的电解质转变成电导值很小的物质,消除了本底电导的影响,提高所测离子的检测灵敏度。现在一般采用自动连续再生离子抑制器。

化学抑制型离子色谱法——在色谱柱后、检测器前装有抑制器的离子色谱法。由于该方法采用了高电导的洗脱液,需要通过抑制器来消除流动相中强电解质背景离子对电导检测器的干扰。

非抑制型离子色谱法——无须在柱后安装抑制器的离子色谱法。该方法选用低电导的洗脱液,洗脱液的电导背景很小,故分离柱可以直接连接电导检测器而不用抑制器。

离子色谱的固定相——离子交换树脂,也称为离子交换剂。在固定相载体上连接可电离的官能团制备。根据连接官能团所带电荷的不同,可分为阳离子及阴离子交换树脂。按离子交换官能团酸碱性的强弱,阳离子交换树脂又分为强酸性(如磺酸基团等)与弱酸性(如羧酸基团等),阴离子交换树脂又分为强碱性(如季铵基团等)与弱碱性(如伯胺、仲胺、叔胺基团等)。

离子色谱的流动相——离子色谱中流动相又称为淋洗液或洗脱液。离子色谱分析主要在含水介质中进行,并添加适当的离子和有机溶剂,如 HCO_3^-/CO_3^{2-},HCl,NaOH,甲醇等,流动相中的离子类型、浓度、pH 和有机溶剂对分离均有影响。

4. 空间排阻色谱(凝胶色谱法)

分离原理——以多孔凝胶为固定相,利用孔径的筛分作用,按分子大小进行分离。

凝胶色谱法——由于固定相为凝胶,空间排阻色谱也称为凝胶色谱法。适用于分离相对分子质量大(2 000 以上)的化合物,适合测定大分子的相对分子质量的分布情况。

凝胶过滤色谱法——以水溶液为流动相的凝胶色谱法。

凝胶渗透色谱法——以非水溶液为流动相的凝胶色谱法。

凝胶色谱法的固定相——多孔凝胶,是一种经过交联而具有立体网状结构的多聚体。分为软质、半硬质和硬质凝胶。

凝胶色谱中的流动相——对流动相的要求:(1) 能充分溶解试样;(2) 黏度小;(3) 流动相与检测器匹配;(4) 流动相必须与固定相匹配。对高分子有机化合物的分离和测定,采用的溶剂主要是四氢呋喃、正己烷等;对于水溶性大分子和生物物质的分离主要用水、缓冲盐溶液等。

五、高效液相色谱分离类型的选择

分离类型选择的思路——应考虑各种因素,包括试样的性质(相对分子质量、化学结构、极性、溶解度参数等化学性质和物理性质)、液相色谱分离类型的特点及应用范围、实验室条件(如仪器、色谱柱等)等。思路如下:

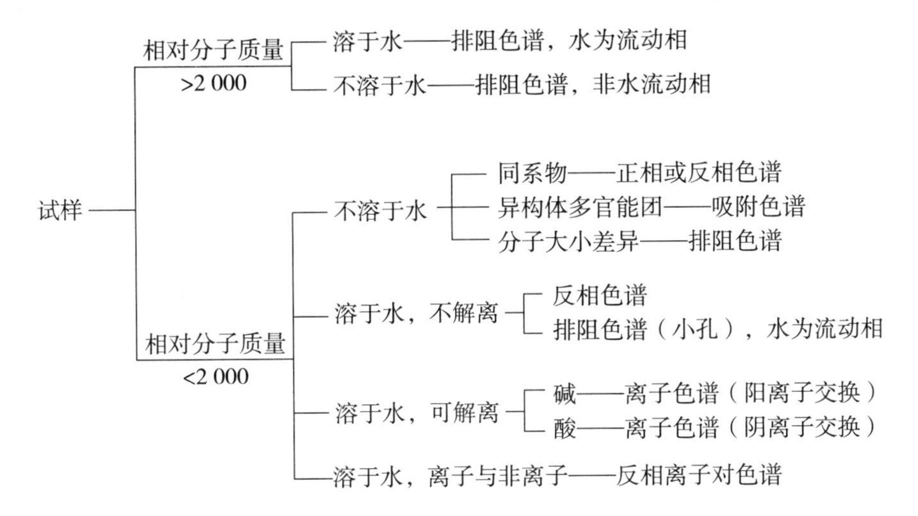

六、高效液相色谱法应用实例

略。

七、制备液相色谱

制备液相色谱——以制备较大量纯组分为实验目的的液相色谱方法。

柱容量——又称柱负荷。对分析型色谱柱是指在不影响柱效能的情况下的最大进样量;对于制备色谱柱则指在不影响收集物纯度的前提下的最大进样量。

制备高效液相色谱仪与常规高效液相色谱仪的不同——输液泵的流量更高,制备色谱柱的内径更大,六通进样阀的定量管体积更大,在检测器后增加自动馏分收集器。

八、毛细管电泳

电泳——在外加电场的影响下,带电荷的胶体粒子或离子在介质中做定向移动的现象。

毛细管电泳——在毛细管柱中完成电泳分离过程的方法。

电渗流——当缓冲溶液的 pH>3 时,石英毛细管内壁的硅醇基解离,使表面带负电荷,并吸引与所接触的缓冲液中的水合阳离子而形成双电层。在高电场的作用下,双电层中的水合阳离子层向负极移动,将毛细管内溶液整体拖向负极方向流动,即为电渗流。

粒子在毛细管中的迁移速率——$v=(\mu_{ep}+\mu_{eo})\cdot E=(\mu_{ep}+\mu_{eo})\cdot\frac{V}{L}$,式中 μ_{ep} 为电泳淌度,μ_{eo} 为电渗淌度,V 为外加电压,L 为毛细管总长度。

毛细管电泳仪——主要包括高压电源、毛细管、检测器和贮液槽。

毛细管区带电泳——简称为 CZE,整个分离区域中充满组成恒定的缓冲溶液,溶质基于各自迁移速率的不同而分离。是毛细管电泳中最基本、应用面最广的分离模式。

毛细管凝胶电泳——简称为 CGE,以起“分子筛”作用的凝胶作支持物在毛细管内进行的区带电泳。

胶束电动力学毛细管色谱——简称为 MECC,以带电荷的分子或分子聚集体形成的胶束相作为准固定相,借助被分离组分在准固定相和缓冲液相间的分配差异及电泳速度差异实现分离。该模式既可以分离中性溶质,又能分离带电荷组分。

毛细管等电聚焦——简称为 CIEF,当向毛细管内充有的两性电解质载体两端施加直流电压时,管内将建立一个由阳极到阴极逐步升高的 pH 梯度,不同等电点的蛋白质在电场作用下,将迁移至管内 pH 梯度某些适当位置,形成一窄聚焦区带而得到分离。

毛细管等速电泳——简称为 CITP,采用两种不同的缓冲液系统,一种是前导电介质,充满整个毛细管柱,另一种称尾随电介质,置于一端的贮液槽中。前者的淌度高于任何试样组分,后者则低于任何试样组分,被分离的组分按其不同的淌度夹在中间以同一速率移动,实现分离。

毛细管电渗色谱——简称为 CEC,在毛细管壁上键合涂渍固定液或填充 HPLC 固定相微粒,以试样与固定相之间的相互作用为分离机制,以电渗流为流动相驱动力的色谱方法。

参考答案

§3-3 思考题与习题解答

1. 从分离原理、仪器构造及应用范围上简要比较气相色谱及高效液相色谱的异同点。

答:分离原理:均是利用组分在流动相和固定相间作用力(分配系数)的不同进行分离的。但气相色谱的流动相种类对分配系数几乎没有影响,而高效液相色谱中的流动相是影响分配系数的主要参数之一。另外,液相色谱的分离类型也比较多样。

仪器构造:均由流动相的输送系统、进样器、色谱柱、检测器和色谱工作站组成。但流体的输送模式、进样器的结构、色谱柱的尺寸、固定相的类型和检测器的种类等均不相同。

应用范围:二者均为分离分析法,适合混合试样的测定。但气相色谱适合分析沸点低、热稳定性好的组分,而高效液相色谱法适合分析沸点高、热稳定性差的组分。

2. 高效液相色谱中影响色谱峰扩展的因素有哪些?与气相色谱比较,有哪些主要不同之处?

答:高效液相色谱中引起色谱峰扩展的因素为涡流扩散、分子扩散、传质阻力及柱外效应。

与气相色谱相比,高效液相色谱中分子扩散项对色谱峰扩展的贡献可以忽略不计。由于高效液相色谱中所使用的固定相颗粒远小于气相色谱固定相,故涡流扩散项和传质阻力项很小,但高效液相色谱中还存在比较显著的滞留的流动相传质阻力。又由于液相色谱中的流动相流速低,黏度大,柱外效应比气相色谱更为严重。

3. 在高效液相色谱中,提高柱效的途径有哪些?其中最有效的途径是什么?

答:高效液相色谱中提高柱效的途径主要有:提高柱内固定相装填的均匀性;减小固定相粒度;选择核壳型固定相;选用低黏度的流动相;适当提高柱温等。其中,减小固定相粒度是最有效的途径。

4. 高效液相色谱仪的基本设备包括哪几部分?各起什么作用?

答:略。

5. 在高效液相色谱仪中,常用的检测器有哪几种?试述其应用特点。

答:略。

6. 根据分离原理,液相色谱法有几种类型?它们的保留机理是什么?在这些类型的应用中,最适宜分离的物质是什么?

答:略。

7. 何谓正相色谱及反相色谱?在应用上各有何特点?

答:在化学键合相色谱中,若所使用的流动相的极性小于固定相的极性,则为正相色谱法,该方法适合弱极性物质的分离。若所使用的流动相的极性大于固定相的极性,则为反相色谱法,该方法适合于极性至弱极性物质的分离。

8. 何谓化学键合固定相?它有什么突出的优点?

答:略

9. 何谓离子对色谱法?在应用上有何特点?

答:略

10. 何谓化学抑制型离子色谱及非抑制型离子色谱?试述它们的基本原理。

答:略

11. 何谓梯度洗提？它与气相色谱中的程序升温有何异同之处？

答：梯度洗提（又称梯度洗脱、梯度淋洗）是高效液相色谱中常用的一种技术，即在分离过程中，按一定的程序连续改变流动相中溶剂的配比和极性，适合于组分极性分布宽的试样的测定。程序升温是气相色谱中常用的一种技术，即在分离过程中，按一定的程序连续升高色谱柱的温度，适合于宽沸点试样的测定。两者的应用领域不一样，改变的分离参数不一样。

两者都可以改变被分离组分的容量因子和选择性，提高分离效果，缩短分离时间，改善峰形，减低最小检出量，提高定量分析的精度，都适合于组成复杂的试样分析。

12. 高效液相色谱进样技术与气相色谱进样技术有何不同？

答：高效液相色谱一般采用六通进样阀进样。气相色谱一般采用注射器直接进样，但在进气体试样时，也可以采用阀进样。

13. 以液相色谱进行制备有什么优点？

答：液相色谱的分离条件较温和，分离、检测中一般不会导致试样被破坏，且试样易于回收。

14. 在毛细管中实现电泳分离有什么优点？

答：毛细管电泳使电泳过程在散热效率很高的极细毛细管中进行，可减少因焦耳热效应导致毛细管电泳仪的区带展宽，因而可采用较高的电压，从而获得很高柱效，分析时间也大大缩短，试样分析范围宽，检出限低。又由于在毛细管中形成的电渗流大于电泳，使得所有正、负离子和中性分子都向同一个方向迁移，因此可在柱末端放置检测器实现在线检测。

15. 试述 CZE，CGE，MECC 的基本原理。

答：略

§3-4 综合练习

一、是非题

1. 高效液相色谱适用于沸点高、热不稳定试样的分析。

2. 在液相色谱中，速率方程中的涡流扩散项可以忽略不计。

3. 高效液相色谱中，采用调节分离温度和流动相流速来改善分离效果最有效。

4. 高效液相色谱的特点之一是高压，其主要原因是使用的色谱柱很长。

5. 蒸发光散射检测器是一种通用性的高效液相色谱检测器。

6. 正相色谱法的流动相极性小于固定相极性，在该方法中，化合物极性越大，保留时间越短。

7. 甲醇之所以比乙醇更常用作高效液相色谱的流动相，是因为甲醇更便宜。

8. 空间排阻色谱中，流动相的组成与配比是影响分离效果的主要因素。

二、单项选择题

1. 关于液相色谱的 $H-u$ 曲线，以下说法正确的是(　　)

A. 与气相色谱的 $H-u$ 曲线一样，存在着 H_{min}

B. H 随流动相的流速增加而逐渐增加

C. H 随流动相的流速增加而下降

D. H 受 u 影响很小

2. 提高液相色谱柱柱效的最有效途径是(　　)

A. 增加柱长，提高柱温

B. 采用相对分子质量较大的流动相，减少分子扩散

C. 采用相对低的流速，有利于组分在两相间的传质

D. 采用细粒度键合固定相

3. 液相色谱中，与等度洗脱相比，采用梯度洗脱的优点是(　　)

A. 操作简单　　B. 色谱柱无须再生

C. 适合分离复杂的宽极性试样　　D. 仪器价格便宜

4. 在高效液相色谱中，改善难分离物质分离效果的最简单、有效方法是(　　)

A. 改变流动相种类和配比　　B. 减小流速

C. 改变固定相种类　　D. 改变柱温

5. 以下高效液相色谱检测器中，灵敏度最高的是(　　)

A. 紫外检测器　　B. 蒸发光散射检测器

C. 示差折光检测器　　D. 荧光检测器

6. 关于电导检测器，以下说法错误的是(　　)

A. 是一种选择性检测器　　B. 无须严格控制温度

C. 是一种电化学检测器　　D. 在离子色谱中应用广泛

7. 高效液相色谱中，常用甲醇为流动相是因为(　　)

A. 紫外吸收小　　B. 对试样有适宜的溶解性

C. 黏度低　　D. 以上都对

8. 反相键合相色谱中，若将流动相中甲醇的比例提高，水的比例降低，则待测组分的保留时间将(　　)

A. 减小　　B. 增大　　C. 不变

D. 极性大的组分保留值增大，极性小的组分保留值减小

9. 关于化学键合固定相，以下说法错误的是(　　)

A. 通过化学反应将有机基团结合到担体表面,稳定性好、寿命长

B. 键合的基团可以是非极性的 C_{18},适合于正相色谱法

C. 化学键合固定相的粒径小,传质速率快,柱效高

D. 是目前高效液相色谱中应用最广的固定相类型

10. 如果要分离、分析有机强酸和强碱物质,合适的液相色谱方法是

A. 液-固色谱法　　B. 凝胶色谱法

C. 反相离子对色谱法　　D. 正相键合相色谱法

11. 反相离子对色谱中,增大组分保留值的方法是(　　)

A. 提高流动相中对离子的浓度　　B. 提高流动相中有机溶剂的比例

C. 提高流动相流速　　D. 用 C_8 柱代替 C_{18}柱

12. 如果要分离分析饮料中的苯甲酸(钠),最合适的液相色谱方法是(　　)

A. 液-固色谱法　　B. 凝胶色谱法

C. 反相离子对色谱法　　D. 反相键合相色谱法

13. 分离、分析结构异构体,下述方法中最适宜的是(　　)

A. 液-固色谱法　　B. 空间排阻色谱法

C. 离子色谱法　　D. 键合相色谱法

14. 以下不属于液-固色谱法固定相的是(　　)

A. 硅胶　　B. 石墨化炭黑

C. 氧化铝　　D. 交联葡聚糖

15. 分析无机阴离子混合物的首选方法是(　　)

A. 离子色谱法　　B. 离子对色谱法

C. 反相键合相色谱法　　D. 空间排阻色谱法

16. 关于离子色谱的抑制器,以下说法错误的是(　　)

A. 用以消除了淋洗液本底电导的影响

B. 可以提高待测离子的检测灵敏度

C. 可用于阴离子和阳离子的同时检测

D. 放置在色谱柱和检测器之间

17. 下列液相色谱类型中,试样峰全部在溶剂峰之前流出的是(　　)

A. 分配色谱法　　B. 吸附色谱法

C. 离子交换色谱法　　D. 空间排阻色谱法

18. 欲直接测定葡萄糖吊瓶中葡萄糖的浓度,宜采用(　　)

A. 离子色谱法,荧光检测器　　B. 凝胶色谱法,蒸发光散射检测器

C. 键合相色谱法,折光检测器　　D. 液-固色谱法,紫外检测器

19. 带电荷粒子在毛细管电泳中迁移速度等于(　　)

A. 电泳速度　　　　　　　　B. 电渗流速度

C. 电泳和电渗流速度的矢量和　　D. 电泳和电渗流速度的绝对值之和

20. 毛细管电泳的单位柱效高于高效液相色谱法的主要原因是(　　)

A. 毛细管电泳中没有用固定相

B. 电渗作为驱动力,流体的流形呈塞式

C. 减小了由焦耳热引起的区带展宽

D. 毛细管柱比填充柱长

三、填空题

1. 高效液相色谱中使用的固定相颗粒越细,柱前压力越______,柱效越______。

2. 在高效液相色谱中,若要使 α 改变,最简单有效的方法是____________,若要使 k 改变,最简便有效的方法是________。

3. 高效液相色谱仪的工作过程是:流动相由____________输送到色谱柱入口,试样由____________引入流动相,而后送到__________进行分离,分离后的组分由______________将浓度信号转换为电信号,供给数据记录及处理装置。

4. 用高效液相色谱分离、分析可乐里的咖啡因时,宜采用____________检测器;分析痕量的蛋白质时,宜采用____________检测器。

5. 不能用于梯度洗脱的高效液相色谱检测器是______________,该检测器的主要优势在于______________________。

6. 流通池置于分光元件之前的紫外检测器是________________,该检测器无须停留,即可以实时获得流出物的紫外光谱图。

7. 基于不挥发性溶质对光的散射现象设计的高效液相色谱检测器是______________,该检测器的灵敏度比示差折光检测器________。

8. 按照分离机理,液相色谱可分为________、________、________、________等类型。

9. 高效液相色谱法中反相色谱指的是__________________。在该方法中,是最常用的固定相是________________,洗脱能力最弱的流动相是__________。

10. 若用氨基键合硅胶为固定相,甲基叔丁基醚/正己烷混合溶剂为流动相,则组分极性越弱,保留时间越________;流动相中正己烷的比例增加,组分的保留时间__________。

11. 离子对色谱法是将____________加到流动相中,使其与溶质离子结合形成疏水型化合物,从而控制溶质的保留行为。__________是控制离子对色谱溶质保留值的主要参数。

12. 液-固色谱法的固定相为__________,它是根据物质____________的不同来进行分离的。

13. 在离子色谱中常用的检测器是________检测器，在该检测器之前、色谱柱之后需要加一__________（装置）以消除流动相的背景干扰。

14. 离子色谱法可分为________和________两大类，其中__________以低浓度或低电导的电解质为流动相。

15. 离子色谱中，被测组分所带电荷越________、水合半径越________，组分与离子交换剂的作用力越强。

16. 空间排阻色谱法以________为固定相，按组分的________进行分离。

17. 气相色谱中的__________技术和液相色谱中的_________技术同样适用于分离分配比分布较宽的试样。

18. 毛细管电泳中，在缓冲液中带正电荷的粒子电泳方向和电渗流方向________，因此先流出；中性粒子的迁移速度与电渗流_________；负电荷粒子的电泳方向与电渗流方向________，最后流出。

19. 毛细管电泳仪主要包括提供________、________、________和贮液槽等。

20. 毛细管电泳中最基本的分离模式是_________；使用准固定相进行分离的模式是_________；可用于 DNA 测序的分离模式是____________。

四、简答题

1. 在高效液相色谱中，若要实现快速分离，应对固定相进行哪些改进？试从理论的角度加以解释。

2. 在高效液相色谱中，提高难分离物质对分离度的方法都有哪些？其中最简便、有效的方法是什么？试从理论的角度加以解释。

3. 试针对以下课题设计合理的实验方案。包括选用的液相色谱方法、检测器类型、固定相类型、流动相类型、定性方法、定量方法及可能需要用到的色谱技术。

（1）矿泉水中 F^-，Cl^-，SO_4^{2-}，PO_4^{3-} 等常见无机阴离子的含量测定。

（2）去痛片中有效成分氨基比林（ 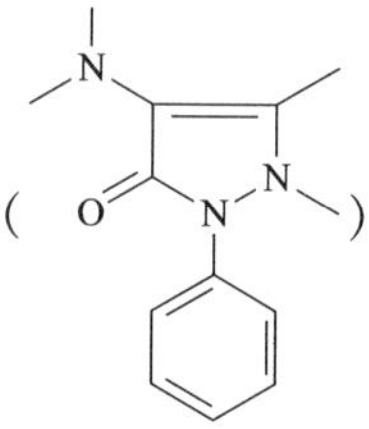 ）、咖啡因（ 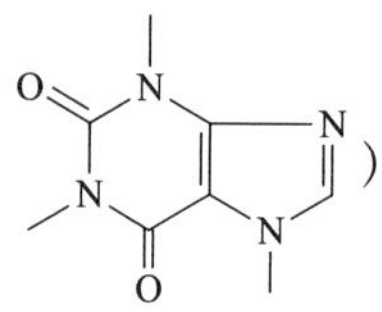 ）、苯巴比妥（ 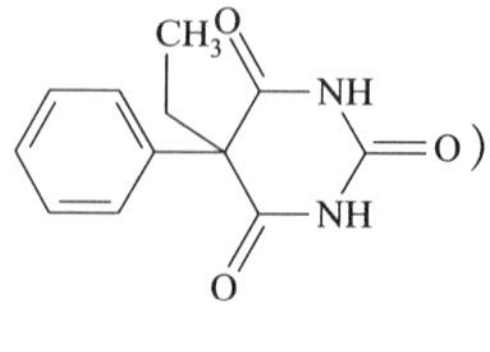 ）的定性、定量分析。

(3) 表面活性剂中 $C_{10} \sim C_{14}$直链烷基磺酸盐的含量测定。

(4) 蛋白质的相对分子质量分布测定。

(5) 大豆提取物中主要成分大豆磷脂的定量分析。

(6) 中药陈皮中多种黄酮苷和黄酮苷元的定性与定量分析。

4. 牛奶中非法添加三聚氰胺是近年来出现的严重食品安全事件之一。为此,国家已出台相关标准。试列举几种可用的检测方法,对原料乳、乳制品及含乳制品中的三聚氰胺进行检测,并说明选取该检测方法的原因。

§3-5 参考答案及解析

一、是非题

1. 解:对。高效液相色谱采用液体为流动相,试样能溶解于流动相中即可,无须像气相色谱那样加热至气态,故能用于沸点高,热不稳定试样的分离、分析。

2. 解:错。在液相色谱流动相中,待测组分的扩散系数很小,故分子扩散项(不是涡流扩散项)可以忽略不计。

3. 解:错。高效液相色谱中改善分离效果的最简便、有效的手段是改变流动相的种类和配比。分离温度和流动相流速对分离效果有影响,但影响较小。

4. 解:错。高效液相色谱的特点之一是高压,其主要原因是使用了极细颗粒的固定相,流动阻力大,由于柱压很高,所使用的色谱柱不能太长。

5. 解:对。蒸发光散射检测器是基于不挥发性溶质对光的散射现象进行检测的,而高效液相色谱恰好适合分离、分析高沸点、不易挥发的物质,故在高效液相色谱中,蒸发光散射检测器是一种通用型检测器。

6. 解:错。正相色谱法中,组分极性越大,与极性固定相作用力就越大,流动相越难将其洗脱下来,故保留时间越长。

7. 解:错。在高效液相色谱中,甲醇之所以比乙醇更常用,是因为甲醇的黏度比乙醇小,组分在其中的扩散系数更大,柱效更高,且柱前压力更小,更有利于分离。

8. 解:错。空间排阻色谱中,流动相对分离效果一般没有影响。

二、单项选择题

1. A。虽然在高效液相色谱中分子扩散项很小,但在极低流速下(非实用流速),该项仍不能忽略,故与气相色谱的 $H-u$ 曲线一样,存在着 $H_{\min}$,B、C 选项错误。流速对传质阻力项影响很大,因此对 H 的影响也很大,故 D 选项错误。

2. D。固定相颗粒度 d_p 不仅影响涡流扩散，而且影响传质阻力，因此，对 H 的影响最大，提高液相色谱柱柱效的最有效途径是将 d_p 减小，故选 D。其余选项对柱效均有影响，但影响不如 d_p 显著。

3. C。梯度洗脱是通过连续改变流动相的配比（提高洗脱能力）来改变被分离组分的容量因子，使分离效果提高，分析速率加快，故适合分离复杂的宽极性试样。但该方法操作较烦琐，色谱柱需要再生，对仪器的要求高。故选 C。

4. A。在高效液相色谱中，影响分离度方程中选择性因子的热力学因素包括固定相的种类、流动相的种类和配比、柱温。由于高效液相色谱中柱温的变化范围不大，故影响较小。改变固定相的种类成本较高，种类也有限，而改变流动相的种类和配比既易实现，又经济，故选 A。流速对分配系数没有影响，对分离效果影响不大。

5. D。基于检测原理，四种检测器的灵敏度顺序为荧光检测器>紫外检测器>蒸发光散射检测器>示差折光检测器。

6. B。电导检测器是根据物质解离产生的电导现象进行测定，由于有很多物质是不能解离的，因此它是一种选择性电化学检测器，是离子色谱仪中的常用检测器。但电导率受温度的影响较大，因此要求严格控制温度。故选 B。

7. D。对高效液相色谱流动相的要求是：纯度要高；溶剂对试样要有适宜的溶解度；溶剂的黏度小些为好；应与检测器相匹配。由于本题是单项选择题，故选 D 最为合适。

8. A。在反相键合相色谱中，甲醇是强溶剂，即洗脱能力强。因此，增大流动相中甲醇的比例，待测组分的保留时间将减小。故选 A。

9. B。非极性的 C_{18} 柱只能用于反相键合相色谱法，不能用于正相色谱，因此，B 选择的说法是不正确的，故选 B。其余三项均为键合固定相的优点。

10. C。有机强酸和强碱物质极性强，完全解离，在反相键合相上几乎没有保留，故需要在流动相中添加对离子，以形成中性缔合物，增大保留，实现分离。A、B、D 均不能用于小分子有机强酸、强碱物质的分析。

11. A。反相离子对色谱中，提高流动相中对离子的浓度可以增大溶质的分配系数，增大组分保留值。而提高流动相中有机溶剂的比例、提高流动相流速、用 C_8 柱代替 C_{18} 柱均会导致保留值下降。故只能选 A。

12. D。苯甲酸是有机弱酸，可以通过在流动相中添加合适的酸、缓冲溶液来抑制它的解离，使之呈分子状态，并利用反相键合相色谱法进行分离、分析。此时没有必要添加离子对试剂。

13. A。吸附色谱法中，由于溶质保留值的大小与空间效应、吸附剂的表面结构有关，因此液-固色谱对结构异构体有良好的选择性。故选 A。

14. D。交联葡聚糖是凝胶色谱用固定相,不属于吸附剂范畴。

15. A。离子色谱法是目前唯一快速、灵敏和准确的无机阴离子多组分分析的方法。键合相色谱和离子对色谱中,无机阴离子均没有保留。故选 A。

16. C。离子色谱的抑制器分为阴、阳离子两类。阴离子分析时,以阴离子抑制器降低洗脱剂的电导;阳离子分析时,以阳离子抑制器降低洗脱剂的电导。其余选项均正确,故选 C。

17. D。空间排阻是基于凝胶孔的筛分机理进行分离。由于溶剂分子通常是非常小的,它们会进入凝胶的所有孔而最后被洗脱。

18. C。由于葡萄糖相对分子质量很小,故不宜用凝胶色谱分离。又由于没有紫外吸收,不能解离,不宜用荧光和紫外检测器检测。故选 C。

19. C。带电荷粒子在毛细管电泳中迁移速度等于电泳和电渗流速度的矢量和。

20. B。毛细管电泳用电渗作为推动流体前进的驱动力,整个流型呈扁平形的塞式流,使溶质区带在毛细管内原则上不会扩散。而高效液相色谱用压力驱动,使柱中流型呈现抛物线形,导致溶质区带本身扩散,引起柱效下降。故选 B。

三、填空题

1. 大;高。固定相颗粒越细,柱渗透性越差,流动相流过时受到的阻力越大,故柱前压力越大。根据速率方程,d_p越小,涡流扩散项和传质阻力项越小,H 越小,n 越大,即柱效越高。

2. 改变流动相的种类;改变流动相的配比。液相色谱与气相色谱不同,它的流动相种类对组分在固定相和流动相间的分配系数影响很大,因此,若要使 α 改变,最简单、有效的方法是改变流动相的种类(比改变固定相种类更简单);而混合溶剂组成流动相时,其配比对洗脱能力影响很大,因此,若要使 k 改变,最简单有效的方法是改变流动相的配比。

3. 高压泵;六通进样阀;色谱柱;检测器。

4. 紫外;荧光。咖啡因有共轭双键结构,紫外吸收强,含量不算太低,故可用紫外检测器。蛋白质既有紫外吸收,又可发射荧光,由于是痕量的蛋白质,故用灵敏度最高的荧光检测器更为合适。

5. 示差折光检测器;具有通用性。流动相配比的改变会引起示差折光检测器的基线漂移,故该检测器不能用于梯度洗脱。示差折光检测器缺点较多,仅用于完全没有紫外吸收的物质的测定,故最主要的优势为通用性。

6. 二极管阵列紫外检测器。固定波长和可变波长的紫外检测器,流通池置于分光元件之后。只有二极管阵列紫外检测器的流通池置于分光元件之前。

7. 蒸发光散射检测器;高。

8. 分配色谱,吸附色谱,离子交换色谱,空间排阻色谱。本题如果填写具体方法,比如正相色谱、反相色谱、离子对色谱等,则不确切。

9. 固定相极性小于流动相极性的液相色谱方法;C_{18}键合硅胶(ODS),水。考查反相色谱的定义及方法。

10. 短;长。该方法为正相色谱法,组分极性越弱,在固定相和流动相间的分配系数越小,保留值越短;且正己烷在正相色谱中是洗脱能力最弱的流动相,故正己烷比例越高,组分的保留时间越长。

11. 对离子(反离子);对离子的浓度。离子对色谱是在流动相中添加对离子的一种反相键合相色谱法,对离子的浓度影响组分的平衡常数和分配系数,故为溶质保留值的主要影响因素。

12. 吸附剂;吸附能力。

13. 电导;抑制器。

14. 化学抑制型,非抑制型;非抑制型。非抑制型离子色谱的流动相背景电导较低,因此在柱后可以不用抑制器。

15. 多;小。

16. 多孔凝胶;尺寸大小。

17. 程序升温;梯度洗脱。这两种技术分别通过连续改变温度或流动相配比,逐步提高洗脱能力,故适合分配比宽的试样的分析。

18. 相同;相等;相反。在毛细管电泳中,粒子的迁移速度是电泳和电渗流的矢量和。

19. 毛细管,高压电源,检测器。

20. 毛细管区带电泳;胶束电动力学毛细管色谱;毛细管凝胶电泳。胶束电动力学毛细管色谱中,试样可在表面活性剂胶束和水相间分配,故此胶束可看作固定相,称为准固定相。毛细管凝胶电泳中,组分按相对分子质量大小分离,故适合 DNA 片段(分子尺寸差异)的分离、测序。

四、简答题

1. 答:减小液相色谱中的传质阻力是实现快速分离的有效途径。根据高效液相色谱中的速率方程,减小固定相的颗粒直径 d_p 或降低固定相上基团(如 C_{18})的覆盖率,设计薄壳型的固定相(厚度小,孔道浅)以降低 d_f,都可以加快组分在固定相上的传质,有利于实现快速分离。

2. 答:根据分离度方程,增大色谱柱的柱效,提高选择性因子和增大容量因子均可以提高难分离物质对的分离度。具体的方法有:增加柱长、选用高柱效的

色谱柱以增大 n；更换固定相，改变流动相的种类和配比，改变温度（影响较小）以增大 α；影响 α 的因素和相比都会影响容量因子。但相比较而言，柱效和容量因子的增大对分离度贡献较小，因此，更换固定相、改变流动相的种类和配比是增大分离度的有效方法。其中改变流动相的种类和配比比更换固定相更为方便、经济，是最简便、有效的方法。

3. 答：(1) 无机阴离子混合物的首选分析方法是离子色谱法；电导检测器；强碱型阴离子交换剂作固定相；流动相可采用缓冲溶液，如 $NaHCO_3/Na_2CO_3$ 水溶液；纯物质对照定性；外标法定量。

(2) 从结构上看，去痛片中的几种有效成分均为极性中等的弱碱性化合物，较简单的方法是采用反相键合相色谱法；由于结构中均有芳环或杂环，紫外吸收较强，宜采用紫外检测器；固定相选择 C_{18} 烷基键合硅胶；流动相可选用水和有机溶剂（如甲醇、乙腈的混合体系），但需添加缓冲溶液以抑制有效成分的电离；由于组成比较简单，可用纯物质对照定性；外标法定量。

(3) 链烷基磺酸属于强酸型化合物，故选用反相离子对色谱法；由于没有紫外吸收，可采用示差折光检测器（不能用蒸发光散射检测器，因为流动相含不挥发的离子对试剂）；固定相选择 C_{18} 烷基键合硅胶；流动相可选用水和有机溶剂（如甲醇、乙腈的混合体系），但必须添加离子对试剂（如四丁基溴化铵等）。由于组成比较简单，可用纯物质对照定性；外标法定量。

(4) 蛋白质属于大分子，其相对分子质量分布测定可采用凝胶色谱法；紫外检测器检测；固定相为多孔凝胶；流动相应采用缓冲溶液，以溶解蛋白质并防止其变性；采用已知相对分子质量的标准蛋白质绘制校正曲线，进行相对分子质量及其分布的计算。

(5) 大豆磷脂的极性很弱，可选用液-固色谱法进行分析；由于没有紫外吸收，可考虑通用性较好，灵敏度较高的蒸发光散射检测器；固定相选择硅胶；流动相选择有机溶剂的混合体系；纯物质对照定性；外标法定量。

(6) 黄酮苷和黄酮苷元属于醇溶性小分子化合物，采用反相键合相色谱最为合适；黄酮的母核中含有共轭双键，紫外吸收强，故选用紫外检测器，若结合定性分析的需要，也可以选择质谱检测器；固定相选择 C_{18} 烷基键合硅胶；流动相可选用水和有机溶剂（如甲醇、乙腈）的混合体系，由于黄酮苷和黄酮苷元种类多，极性差异较大，故需采用梯度洗脱技术；定性可结合其他分析方法（如液质联用）定性；对于其中有对照品的组分，可以选择外标法或内标法定量。

4. 答：三聚氰胺 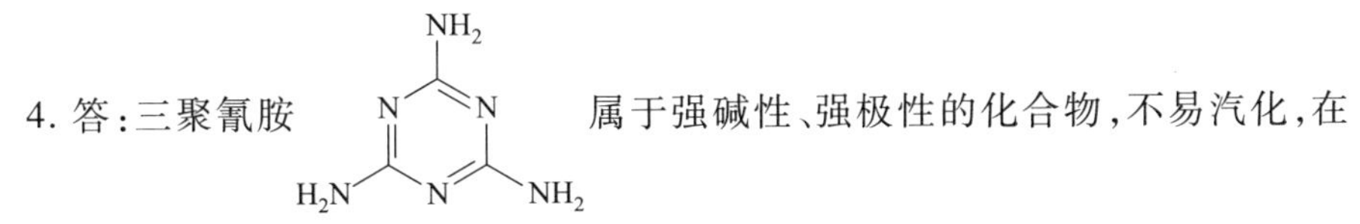 属于强碱性、强极性的化合物，不易汽化，在

原料乳、乳制品及含乳制品中的残留量不会太高,还存在大量的大分子或小分子的干扰,应采用色谱法进行分离和分析。反相离子对色谱法是可选方法之一,这是由于三聚氰胺极性很强,几乎完全解离,故在 C_{18} 柱上没有保留,离子对试剂的加入可以增大其在 C_{18} 上的保留值,故较为合适。另一种可选方法是离子色谱法,利用阳离子交换剂作为固定相,可对三聚氰胺的离子态进行选择性分离。如果对三聚氰胺进行衍生化,将其中的氨基转化为极性较弱的基团,降低其沸点,也可以采用气相色谱法进行测定。由于三聚氰胺在试样中的含量较低,干扰较多,在检测器方面,紫外检测器(对液相而言)和质谱都是理想的选择。

第4章

电位分析法

§4-1 内容提要

电位分析法是电分析化学方法的重要分支,也是电分析化学方法中实用性最强的方法之一。它的实质是通过在零电流条件下测定两电极间的电位差(即所构成原电池的电动势)进行分析。该方法既可以直接测定物质的浓度,也可以作为滴定分析中指示滴定终点的方法,与滴定分析相结合进行物质含量的测定。电位分析法具有仪器结构简单、测定快速、有利于连续分析和自动分析等优点,因此在工业生产过程控制、环境监测等领域的应用也相当广泛。本章从电位分析中最具代表性的溶液 pH 测定出发,介绍电位分析法的基本原理和基本概念,以及氢离子选择性电极的结构,进而扩展至其他离子选择性电极。又从电位分析法的应用出发,讲解了直接电位测定和电位滴定的原理、方法、影响因素和特点,旨在让学习者掌握电位分析法的基本理论、方法和应用。

一、电分析化学法概要

本节主要介绍电分析化学的定义、原理、分类和特点,使学习者对整个方法体系有一个概括性的认知。

二、电位分析法原理

电位分析法是通过测量原电池的电动势进行分析的。本节重点介绍了电位测定法的理论基础——能斯特方程,以及电位滴定法的测定原理。

三、电位法测定溶液的 pH

本节从溶液 pH 的测定体系出发,介绍电位分析的基本原理。首先介绍了测定体系中最重要的组成部分——指示电极和参比电极的基本概念。由 pH 测量体系的指示电极——pH 玻璃电极出发，引出膜电位的概念，再由膜电位的表达式推导出电极电位的计算式，进而推导出原电池电动势的计算式，最终得到溶液 pH 与原电池电动势之间的关系，也就是电位法测定 pH 的依据。在此基础上，进一步说明了 pH 测定的实际操作过程。

四、离子选择性电极与膜电位

膜电位是电位分析法中最基本的概念，正因为有了膜电位，才使得指示电极（离子选择性电极）的电极电位能反映待测离子的浓度。为了便于理解，本节仍然以 pH 玻璃电极为例，深入地探讨膜电位形成的机理，推导膜电位的表达式，进而推广至各种离子选择性电极膜电位的表达式。

五、离子选择性电极的选择性

理想的离子选择性电极只对特定的离子产生电位响应，实际上电极可能会对其他离子也产生响应，这就会给电位分析结果带来误差，即干扰。本节从 pH 电极出发，解释了钠差产生的原因，并引出电极选择性系数的概念和作用，以及利用选择性系数进行测量误差估计的方法。

六、离子选择性电极的种类和性能

离子选择性电极种类繁多。本节介绍了离子选择性电极的分类，并重点介绍了几种常见类型及其代表性电极，包括晶体膜电极（氟离子选择性电极）、刚性基质电极（玻璃电极）、活动载体电极（钙离子选择性电极）、气敏电极（氨电极）、酶电极（葡萄糖氧化酶电极）和离子敏场效应晶体管的结构、响应机理和特点。

七、测定离子活（浓）度的方法

电位分析法只能进行待测组分的定量分析，不能进行定性分析。直接测定离子的活（浓）度的方法，称为直接电位测定法。本节首先推导了原电池电动势与离子活度的关系式，并提出如何将活度转换为浓度的思路，即在测定时向标准溶液与待测溶液中加入总离子强度调节缓冲液。在此基础上，介绍了离子浓度的两种定量方法——标准曲线法和标准加入法；推导了标准加入法（包括连续标准加入法）的计算公式，并比较了各种定量方法的优缺点。

八、影响测定的因素

在直接电位测定法中，导致测量误差的因素较多，测量误差较大，而这也是直接电位测定法的主要缺点之一。本节主要讨论了温度、电动势测量、干扰离子、溶液 pH、被测离子浓度、响应时间等对测量结果的影响,为减免由这些因素引起的测量误差提供一些思路和方法。

九、测试仪器

电位分析仪结构简单、价格低廉。本节主要介绍仪器的组成,重点讲解了电位分析中一个非常重要的概念——零电流及其实现的方法。

十、离子选择性电极分析的应用

以离子选择性电极作为指示电极的电位分析法应用相当广泛。本节以离子选择性电极分析的特点、发展历程作为主线,历数了该方法的应用领域,同时还指出了这一方法固有的局限性。

十一、电位滴定法

电位滴定法是一种用电位法代替指示剂来确定终点的滴定方法,是离子选择性电极的另一个重要应用领域。本节主要介绍了电位滴定法的装置和实施过程,以及相对于电位测定法的优点,并重点解释了电位滴定时确定滴定终点的三种方法——$E-V$ 曲线法、一级微商法、二级微商法。

十二、电位滴定法的应用和指示电极的选择

相比于常规滴定方法,电位滴定法具有诸多优点,应用范围广泛。本节主要介绍了电位法在酸碱滴定、配位滴定、氧化还原滴定、沉淀滴定中的应用及指示电极的选择,为电位滴定方法的选择和实施提供参考。

§4－2 知识要点

一、电分析化学法概要

电分析化学法——利用物质的电学及电化学性质来进行分析的方法。

电容量分析法——将电物理量的突变作为滴定分析中终点指示的方法。

电重量分析法——将试液中某一个待测组分通过电极反应转化为固相(金属或其氧化物),然后由工作电极上析出的金属或其氧化物的质量来确定该组分的量,也就是电解分析法。

电分析化学法的特点——灵敏度和准确度高,手段多样,分析浓度范围宽,

应用面广,易于实现自动化和连续分析。

二、电位分析法原理

电位分析法——电分析化学方法的重要分支,它的实质是通过在零电流条件下测定两电极间的电位差(即所构成原电池的电动势)进行分析测定,它包括电位测定法和电位滴定法。

能斯特方程——电极电位 E 与溶液中对应离子活度之间的关系,即 $E=E^{\ominus}_{Ox/Red}+\frac{RT}{nF}\ln\frac{a_{Ox}}{a_{Red}}$,是电位测定法的依据。

三、电位法测定溶液的 pH

指示电极——用以指示待测溶液中离子浓度(或活度)的变化的电极。

参比电极——为测量指示电极的电极电位提供电位标准的电极。

玻璃电极的结构——玻璃泡(玻璃薄膜)、内参比溶液(pH 一定的溶液)、内参比电极(Ag/AgCl 电极)。

膜电位 ΔE_M——当玻璃电极浸入被测溶液时,玻璃膜处于内部溶液和待测溶液之间,这时跨越玻璃膜产生一电位差 ΔE_M,称为膜电位。pH 电极膜电位的表达式为 $\Delta E_M=K+\frac{2.303RT}{F}\lg a_{H^+,试}=K-\frac{2.303RT}{F}pH_{试}$。

不对称电位 $\Delta E_{不对称}$——由于玻璃膜内外表面的情况不完全相同而产生的电位差值。其值与玻璃的组成、膜的厚度、吹制条件和温度等有关。

液接电位 ΔE_L——即液体接界面电位,这种电位差是由于浓度或组成不同的两种电解质溶液接触时,在它们的相界面上正、负离子扩散速率不同,破坏了界面附近原来溶液正、负电荷分布的均匀性而产生的。

pH 玻璃电极的电位——$E_{玻璃}=E_{AgCl/Ag}+\Delta E_M$。

原电池的电动势——$E=E_{SCE}-E_{玻璃}+\Delta E_{不对称}+\Delta E_L=K'+\frac{2.303RT}{F}pH_{试}$,即电位法测定 pH 的依据。

pH 标度——按实际操作方式对水溶液 pH 的实用定义,$pH_{试}=pH_{标}+\frac{E-E_{标}}{2.303RT/F}$。即在 pH 的实际测量过程中,需要与已知 pH 的标准缓冲溶液比较,消去 K' 值。

pH 复合电极——把 pH 玻璃电极和参比电极组合在一起形成的电极。

四、离子选择性电极与膜电位

离子选择性电极——一种以电位法测量溶液中某些特定离子活度的指示电极。

离子选择性电极的结构——由薄膜（敏感膜）及其支持体、内参比溶液（含有与待测离子相同的离子）、内参比电极（Ag/AgCl 电极）等组成，其中敏感膜是最关键部分。

水化层——当玻璃电极的玻璃膜浸入水溶液足够时间时，形成一层很薄的溶胀的硅酸层，即水化层。

膜电位的形成——在玻璃膜内、外的固（水化层）/液（内、外部溶液）界面上，由于 H^+电荷分布不同而形成二界面电位（道南电位），使跨越膜的两侧具有一定的电位差，即膜电位 ΔE_{M}。

对阳离子有响应的电极的膜电位——$\Delta E_{\mathrm{M}}=K+\dfrac{2.303RT}{nF}\lg a_{\text{阳离子}}$。

对阴离子有响应的电极的膜电位——$\Delta E_{\mathrm{M}}=K-\dfrac{2.303RT}{nF}\lg a_{\text{阴离子}}$。

五、离子选择性电极的选择性

钠误差——用 pH 玻璃电极测定 pH，在 pH>9 时，由于碱金属离子（如 Na^+等）的存在，玻璃电极的电位响应偏离理想线性关系而产生的误差。

考虑干扰离子贡献的膜电位通式——$\Delta E_{\mathrm{M}}=K\pm\dfrac{2.303RT}{n_iF}\lg[a_i+K_{i,j}(a_j)^{n_i/n_j}]$。

选择性系数——在其他条件相同时，提供相同电位的欲测离子活度 a_i和干扰离子活度 a_j的比值，用 $K_{i,j}$表示。选择性系数越小，说明 j 离子对 i 离子的干扰越小，亦即此电极对欲测离子的选择性越好。

选择性系数的作用——不能用于校正分析结果，但可以用于评价离子选择性电极的性能；估量某种干扰离子对测定造成的误差，判断某种干扰离子存在下所用测定方法是否可行。

利用 $K_{i,j}$估计测定误差的公式——相对误差 $=K_{i,j}\times\dfrac{(a_j)^{n_i/n_j}}{a_i}\times100\%$。

六、离子选择性电极的种类和性能

离子选择性电极的类型——

- 离子选择性电极
  - 原电极
    - 晶体膜电极
      - 均相膜电极
      - 非均相膜电极
    - 非晶体膜电极
      - 刚性基质电极
      - 活动载体电极
  - 敏化电极
    - 气敏电极
    - 酶电极

晶体膜电极——电极的薄膜是由难溶盐经过加压或拉制成的单晶、多晶或混晶活性膜,又可分为均相膜电极和非均相膜电极两类。

均相膜电极——电极的敏感膜由一种或几种化合物的均匀混合物的晶体构成。

非均相膜电极——电极的敏感膜中除了电活性物质(晶体)外,还加入某种惰性材料,如硅橡胶、聚氯乙烯等。

晶体膜电极的响应机制——由于晶格缺陷(空穴)引起离子的传导作用。

氟离子选择性电极的结构——由氟化镧单晶、内参比溶液(0.1 $mol \cdot L^{-1}$的 NaF 溶液和 0.1 $mol \cdot L^{-1}$的 NaCl 溶液)、内参比电极(Ag/AgCl 电极)组成。

全固态电极——不使用内部溶液,以金属银丝与晶体膜片直接接触的电极。

刚性基质电极——玻璃电极。

活动载体电极——利用浸有某种液体离子交换剂(载体)的惰性多孔膜作电极膜制成的电极。载体可以是带有正电荷或负电荷的有机离子或配离子,也可以是电中性的有机分子。

气敏电极——用于测量溶液中某气体含量的,基于界面化学反应的敏化电极。

酶电极——基于界面反应的敏化电极,此处的界面反应是酶催化的反应。

组织电极——以动植物组织代替酶作为生物膜催化材料所构成的敏化电极。

微生物电极——以微生物代替酶作为生物膜催化材料所构成的敏化电极。

离子敏场效应晶体管——以离子选择电极的敏感膜取代金属-氧化物-半导体场效应晶体管上的金属栅极得到的离子电极,是全固态器件。

七、测定离子活(浓)度的方法

标准曲线法——将离子选择性电极与参比电极插入一系列活(浓)度已知的标准溶液,测出相应的电动势 E。然后以测得的 E 值对相应的 $\lg a_i(\lg c_i)$ 值绘制标准曲线。在同样条件下测出欲测溶液的 E 值,即可从标准曲线上查出欲测溶液中的离子活(浓)度。

恒定离子背景法——当试样中含有一种含量高而基本恒定的非欲测离子时,可配制与试样组成相似的标准溶液进行测定,即恒定离子背景法。

离子强度调节剂——浓度很大的电解质溶液,对欲测离子没有干扰。当加到标准溶液及试样溶液中,可使两者的离子强度都达到很高且近乎一致,从而使活度系数基本相同。

总离子强度调节缓冲剂——简称 TISAB,由离子强度调节剂、pH 缓冲剂和消除干扰的配位剂组成。

标准加入法——先对未知溶液中的待测离子(c_x)进行测定,测得电动势为E_1,再往溶液中加入小体积、高浓度的标准溶液(浓度增量为c_Δ),测得电动势为E_2,则有$c_x=c_\Delta(10^{n\Delta E/S}-1)^{-1}$,其中,$\Delta E=|E_2-E_1|$。

连续标准加入法——也称为格氏作图法。通过连续多次加入标准溶液,在每次添加一定体积的标准溶液后测量E值,以$(V_0+V_s)\cdot 10^{E/S}$作为纵坐标,以加入的标准溶液体积为横坐标作图,可得一直线。反向延长直线使之与横坐标轴相交于V_s,即可通过交点计算待测离子的浓度c_x,$c_x=-\dfrac{c_sV_s}{V_0}$。

八、影响测定的因素

温度对电位测定法的影响——根据$E=K'\pm\dfrac{2.303RT}{nF}\lg a$,温度不但影响直线的斜率,也影响直线的截距,$K'$项包括参比电极电位、液接电位等,这些电位数值都与温度有关。因此,在整个测定过程中应保持温度恒定。

电动势测量准确度的影响——相对误差$\approx 4\% n\Delta E$。对于一价离子的电极电位值测定误差ΔE,每±1 mV将产生约$\pm4\%$的浓度相对误差,对两价离子为$\pm8\%$,三价离子则为$\pm12\%$。因此,直接电位测定法宜应用于低价离子。

干扰离子的影响——干扰离子可能直接与电极膜发生作用,或在电极膜上反应生成一种新的不溶性化合物,或影响溶液的离子强度,或与欲测离子形成配合物,或发生氧化还原反应而影响测定等。较方便的消除办法是加入掩蔽剂。

溶液 pH 的影响——H^+或OH^-能影响某些测定,必要时应使用缓冲液以维持一个恒定的 pH 范围。

离子选择性电极的线性范围——一般为$10^{-6}\sim10^{-1}$ mol·L^{-1}。

离子选择性电极的响应时间——指电极浸入试液后达到稳定的电位所需的时间,一般用达到稳定电位的95%所需时间表示。

九、测试仪器

电位分析仪的组成——包括一对电极(指示电极和参比电极)、试液和测量电动势的仪器(精密毫伏计)。

零电流的概念和实现——在电位分析法中,通过原电池回路的电流要接近于零,此时由电池内阻产生的电压降iR对电池电动势的贡献才可以忽略不计。可使用高输入阻抗的电子毫伏计来实现。

十、离子选择性电极分析的应用

直接电位测定法的优点——简便、电极响应快、所需试样量少、仪器设备简单、有利于实现连续和自动分析。

直接电位测定法的缺点——误差较大、电极的选择性受限、重现性受实验条件变化影响较大、精密度不高。

十一、电位滴定法

电位滴定法——是一种用电位法确定终点的滴定方法。该方法以测量电位的变化情况为基础。

电位滴定法相比于电位测定法的优缺点——更准确,但费时。

确定终点的方法——(1) $E-V$ 曲线法,曲线上的转折点即为滴定终点;(2) 一级微商法,亦称($\Delta E/\Delta V$)$-V$ 曲线法,峰形曲线的最大点即为滴定终点;(3) 二级微商法,$\Delta^2E/\Delta V^2=0$ 时就是终点。前两种为作图法,第三种为计算法。

十二、电位滴定法的应用和指示电极的选择

电位滴定相比于指示剂滴定法的优点——比用指示剂指示终点的方法更为客观,尤为适用于有色的或浑浊的、荧光性的、甚至不透明的溶液,以及没有适当指示剂的滴定分析,应用范围广。

酸碱滴定中电极的选择——用 pH 玻璃电极作指示电极,用甘汞电极作参比电极。

氧化还原滴定中电极的选择——一般应用铂电极作指示电极,以甘汞电极为参比电极;也可采用两个微铂电极指示电位的变化,又称为双指示电极体系。

沉淀滴定中电极的选择——根据不同的沉淀反应采用不同的指示电极。例如,对氯离子进行滴定时,指示电极可以选择银离子选择性电极,参比电极可双盐桥甘汞电极或 pH 玻璃电极。

配位滴定——可在滴定溶液中加入少量汞(Ⅱ)-EDTA 配合物并使用汞电极作为指示电极,也可用待测离子的选择性电极作指示电极,参比电极用甘汞电极。

参考答案

§4-3 思考题与习题解答

1. 电位测定法的根据是什么?

答:根据能斯特方程,电极电位 E 与溶液中对应离子活度之间存在以下

关系：

$E=E^{\ominus}_{M^{n+}/M}+\dfrac{RT}{nF}\ln a_{M^{n+}}$，测定了电极电位，就可确定离子的活度(浓度)，这就是电位测定法的理论依据。

2. 何谓指示电极及参比电极？试各举例说明其作用。

答：略。

3. 试以 pH 玻璃电极为例简述膜电位的形成。

答：当玻璃电极的玻璃膜部分浸入水溶液中时，形成一层很薄的溶胀的硅酸层(水化层)，在水化层中，发生以下反应：

$$\equiv SiO^{-}H^{+}(表面)+H_2O \rightleftharpoons \equiv SiO^{-}(表面)+H_3O^{+}$$

若内参比溶液与外部试液的 pH 不同，则将影响水化层中的解离平衡，故在膜内、外的固-液界面上，由于电荷分布不同而形成大小不等的界面电位，这样就使跨越膜的两侧具有一定的电位差，这个电位差称为膜电位。

4. 为什么离子选择性电极对欲测离子具有选择性，如何估量这种选择性？

答：离子选择性电极的敏感膜对欲测离子具有专属性响应，故具有选择性。可以用选择性系数估量这种选择性。

5. 直接电位法的主要误差来源有哪些，应如何减免之？

答：直接电位法的主要误差来源有：(1) 电动势测量的准确性。电动势测量的准确度(测量系统的误差)直接影响测定的准确度，因此要求测量电位的仪器有足够高的灵敏度和准确度。对于高价离子，也可将其转变为电荷数较低的配离子后测定。(2) 温度。温度不仅影响工作曲线的斜率，也影响其截距。因此，在整个测定过程中应保持温度恒定，并利用仪器上的温度校准功能。(3) 干扰离子。为了消除干扰离子的作用，较方便的办法是加入掩蔽剂，只有必要时，才预先分离干扰离子。(4) 溶液的 pH。使用缓冲液维持一个恒定的 pH 范围，以消除 H^{+}或 OH^{-}的干扰。

6. 为什么一般说来，电位滴定法的误差比电位测定法小？

答：影响电位测定法准确度的因素很多，其中主要误差源于电动势测量的误差，相对误差 $=4\% n\Delta E$。而电位滴定是以测量电位的变化情况为基础的，电动势的测量准确度对其影响不大。因此，电位滴定法比电位测定法更准确，误差更小。

7. 简述离子选择性电极的类型及一般作用原理。

答：略。

8. 列表说明各类反应的电位滴定中所用的指示电极及参比电极，并讨论选择指示电极的原则。

答:列表如下:

电位滴定类型	指示电极	参比电极
酸碱滴定	玻璃电极	甘汞电极
氧化还原滴定	铂电极	甘汞电极
沉淀滴定	相关离子选择性电极或铂电极	玻璃电极或双盐桥甘汞电极
配位滴定	铂电极、汞电极或待测离子选择性电极	甘汞电极

指示电极的选择原则为:指示电极的电位响应值能准确反映出待测离子浓度(活度)变化。

9. 当下述电池中的溶液是 pH=4.0 的缓冲溶液时,在 25 ℃时用毫伏计测得下列电池的电动势为 0.209 V:

$$\text{玻璃电极}\mid H^+(a=x)\ \vdots\vdots\ \text{饱和甘汞电极}$$

当缓冲溶液由三种未知溶液代替时,毫伏计读数如下:(a) 0.312 V;(b) 0.088 V;(c) -0.017 V。试计算每种未知溶液的 pH。

解:根据公式 $pH_{试}=pH_{标}+\dfrac{E-E_{标}}{2.303RT/F}$进行计算。

25 ℃时,2.303 $RT/F=0.059$,

(a) $pH=4.00+(0.312-0.209)/0.059=5.75$

同理:

(b) pH=1.95;(c) pH=0.17

10. 设溶液中 pBr=3,pCl=1。如用溴离子选择性电极测定 Br^-离子活度,将产生多大误差?已知电极的选择性系数 $K_{Br^-,Cl^-}=6\times10^{-3}$。

解:根据相对误差的计算公式,相对误差$=K_{i,j}\times\dfrac{(a_j)^{n_i/n_j}}{a_i}\times100\%$,得

$$\text{相对误差}=6\times10^{-3}\times(10^{-1}/10^{-3})\times100\%=60\%$$

11. 某钠电极,其选择性系数 K_{Na^+,H^+}值约为 30。如用此电极测定 pNa 等于 3 的钠离子溶液,并要求测定误差小于 3%,则试液的 pH 必须大于多少?

解:根据相对误差的计算公式,相对误差$=K_{i,j}\times\dfrac{(a_j)^{n_i/n_j}}{a_i}\times100\%$,有

$$30\times(a_{H^+}/10^{-3})\times100\%<3\%$$

得 $a_{H^+}<10^{-6}$

故 pH>6

12. 用标准加入法测定离子浓度时,于 100 mL Cu^{2+}溶液中加入 1.0 mL

0.10 mol·L^{-1} $Cu(NO_3)_2$溶液后，电动势增加 4.0 mV，求 Cu^{2+}的原来浓度。

解：根据标准加入法的计算公式，$c_x = c_\Delta(10^{n\Delta E/S}-1)^{-1}$，其中，

$$c_\Delta = 0.10\times1.0/100 = 1.0\times10^{-3}\ \text{mol}\cdot\text{L}^{-1}$$

$$n=2, S=0.059, \Delta E = 4.0/1\ 000 = 0.004\ 0\ \text{V}$$

$$c_x = [1.0\times10^{-3}(10^{2\times0.004\ 0/0.059}-1)^{-1}]\ \text{mol}\cdot\text{L}^{-1} = 2.7\times10^{-3}\ \text{mol}\cdot\text{L}^{-1}$$

13. 下面是用 0.100 0 mol·L^{-1} NaOH 溶液电位滴定 50.00 mL 某一元弱酸的数据：

V/mL	pH	V/mL	pH	V/mL	pH
0.00	2.90	14.00	6.60	16.00	10.61
2.00	4.50	15.00	7.04	17.00	11.30
4.00	5.05	15.50	7.70	18.00	11.60
7.00	5.47	15.60	8.24	20.00	11.96
10.00	5.85	15.70	9.43	24.00	12.39
12.00	6.11	15.80	10.03	28.00	12.57

(a) 绘制滴定曲线；

(b) 绘制 $\Delta pH/\Delta V-V$ 曲线；

(c) 用二级微商法确定终点；

(d) 计算试样中弱酸的浓度；

(e) 化学计量点的 pH 应为多少？

(f) 计算此弱酸的解离常数（提示：根据滴定曲线上的半中和点的 pH）。

解：(a) 以滴定剂加入体积为横坐标，溶液 pH 为纵坐标，绘制滴定曲线如下：

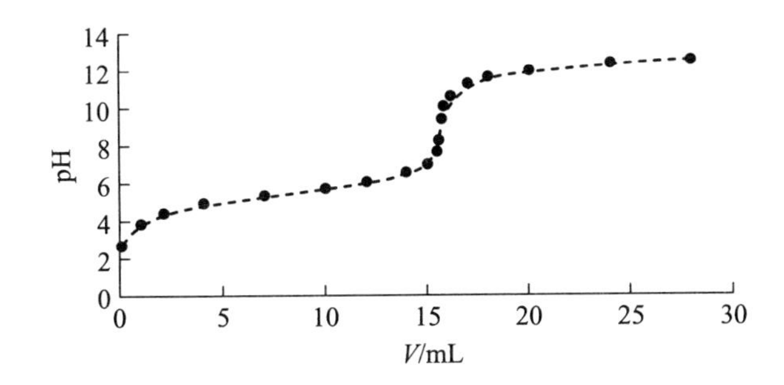

(b) 计算滴定突跃附近的 $\Delta pH/\Delta V$ 和体积平均值,并填入下表中:

$V_{平均}$/mL	$\Delta pH/\Delta V$	$V_{平均}$/mL	$\Delta pH/\Delta V$	$V_{平均}$/mL	$\Delta pH/\Delta V$
11.00	0.130	15.25	1.32	15.75	6.0
13.00	0.245	15.55	5.40	15.90	2.9
14.50	0.440	15.65	11.9	16.50	0.689

以 $V_{平均}$ 为横坐标,以 $\Delta pH/\Delta V$ 为纵坐标,绘制 $\Delta pH/\Delta V-V$ 曲线:

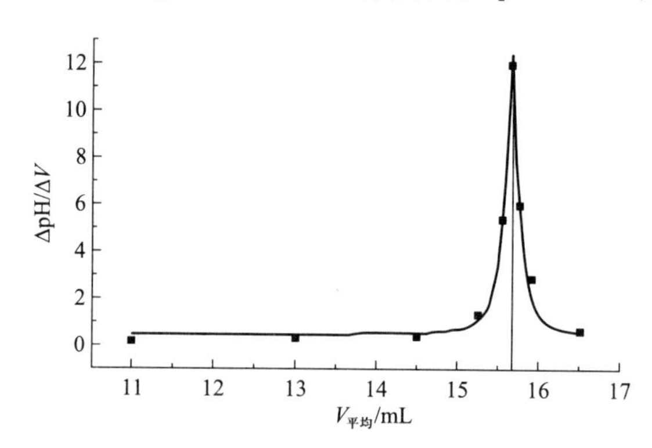

(c) 由(b)表数据计算二级微商,并列于下表中:

$V_{平均}$/mL	$\Delta^2 pH/\Delta V^2$	$V_{平均}$/mL	$\Delta^2 pH/\Delta V^2$	$V_{平均}$/mL	$\Delta^2 pH/\Delta V^2$
12.00	0.058	15.40	16	15.825	-20
13.75	0.13	15.60	65	16.20	-3.7
14.875	1.2	15.70	-59		

由表中数据可见,滴定终点在 15.60~15.70 mL,

$$0.10 : (65+59) = x : 65, x = 0.05\ \text{mL}$$

故终点体积为 15.60 mL+0.05 mL=15.65 mL

(d) 弱酸的浓度 c 为

$$c = (0.100\ 0 \times 50.00/15.65)\ \text{mol} \cdot \text{L}^{-1} = 0.031\ 30\ \text{mol} \cdot \text{L}^{-1}$$

(e) 滴定终点的 pH 介于滴定剂加入量为 15.60~15.70 mL 所对应的 pH 区间,采用内插法计算化学计量点的 pH:

$$\text{pH} = 8.24 + (9.43 - 8.24) \times 65/(65+59) = 8.86$$

(f) 由于,

$$K_a = \frac{[\text{H}^+][\text{A}^-]}{[\text{HA}]}$$

当$[A^-]=[HA]$时

$$pK_a = pH_{1/2}$$

因此,滴定到一半时溶液的 pH 即为该弱酸的离解常数。滴定到一半时,加入的滴定剂体积为 7.825 mL,从 pH−V 曲线查得,此时的 pH 约为 5.60,即离解常数 $pK_a=5.60$。

14. 以 0.033 18 mol · L^{-1}的硝酸镧溶液电位滴定 100.0 mL 氟化物溶液,滴定反应为

$$La^{3+}+3F^- \rightleftharpoons LaF_3\downarrow$$

滴定时用氟离子选择性电极为指示电极(负极),饱和甘汞电极为参比电极(正极),得下列数据:

加入 $La(NO_3)_3$ 的体积/mL	电动势读数/V	加入 $La(NO_3)_3$ 的体积/mL	电动势读数/V
0.00	0.104 5	31.20	−0.065 6
29.00	0.024 9	31.50	−0.076 9
30.00	0.004 7	32.50	−0.088 8
30.30	−0.004 1	36.00	−0.100 7
30.60	−0.017 9	41.00	−0.106 9
30.90	−0.041 0	50.00	−0.111 8

(a) 确定滴定终点,并计算氟化钠溶液的浓度;

(b) 计算加入 50.00 mL 滴定剂后氟离子的浓度;

(c) 计算加入 50.00 mL 滴定剂后游离 La^{3+}的浓度;

(d) 用(c)(b)两项的结果计算 LaF_3的溶度积常数。

解:(a) 列表计算二级微商数据,

V/mL	E/V	$V_{平均}$/mL	$\Delta pH/\Delta V$	$V_{平均}$/mL	$\Delta^2 pH/\Delta V^2$
30.00	0.004 7				
		30.15	−0.029		
30.30	−0.004 1			30.30	−0.06
		30.45	−0.046		
30.60	−0.017 9			30.60	−0.10
		30.75	−0.077		

续表

V/mL	E/V	$V_{平均}$/mL	$\Delta pH/\Delta V$	$V_{平均}$/mL	$\Delta^2 pH/\Delta V^2$
30.90	−0.041 0			30.90	−0.017
		31.05	−0.082		
31.20	−0.065 6			31.20	0.15
		31.35	−0.038		
31.50	−0.076 9				
		32.00	−0.012		
32.50	−0.088 8				

$$0.30 : (-0.017-0.15) = x : (-0.017)$$

$$x = 0.03\ \text{mL}$$

滴定终点为 30.93 mL，

氟化钠溶液的浓度 $c = (3\times0.033\ 18\times30.93/100.0)\ \text{mol}\cdot\text{L}^{-1} = 0.030\ 78\ \text{mol}\cdot\text{L}^{-1}$

（b）本实验采用氟离子选择性电极为指示电极（负极），饱和甘汞电极为参比电极（正极），在活度系数为常数的情况下，电池电动势的计算式为

$E = E_{(+)} - E_{(-)} = E_{SCE} - (K' - S\lg c_{F^-}) = K'' + S\lg c_{F^-}$，　$S = 2.303RT/F = 0.059\ 2$

开始滴定时：$0.104\ 5 = K'' + 0.059\ 2\lg 0.030\ 78$

加入 50.00 mL 滴定剂时：$-0.111\ 8 = K'' + 0.059\ 2\lg c_{F^-}$

计算得 $c_{F^-} = 6.83\times10^{-6}\ \text{mol}\cdot\text{L}^{-1}$

（c）此时，过量的 $c_{La^{3+}}$ 的浓度为

$c_{La^{3+}} = [0.033\ 18\times(50.00-30.93)/(100.0+50.00)]\ \text{mol}\cdot\text{L}^{-1} = 0.004\ 218\ \text{mol}\cdot\text{L}^{-1}$

（d）根据溶度积常数的定义：

$$K_{sp} = [F^-]^3[La^{3+}] = (6.83\times10^{-6})^3\times0.004\ 218 = 1.34\times10^{-18}$$

§4-4　综合练习

一、是非题

1. 电位分析法是通过测定电解池中两电极间的电位差进行分析的方法。

2. 直接电位测定法中，指示电极的电极电位与被测离子活度的关系符合能斯特方程。

3. 将玻璃电极长时间浸泡在水溶液中主要是为了完全消除电极膜两侧间的不对称电位。

4. pH 玻璃电极一般不用于测量高酸度或高碱度试样的 pH。

5. 氟离子选择性电极是一种晶体膜电极，硫化银电极是刚性基质电极。

6. 由于为基于能斯特方程计算所得，电位分析法测定的是离子活度，而非浓度。

7. 标准加入法中，加入的标准溶液具有体积大、浓度低的特性。

8. 电位滴定法是一种将化学分析和仪器分析结合起来的方法，用电位法来确定滴定终点。

二、单项选择题

1. 电位分析法中的参比电极应满足的要求是(　　)

A. 其电位值与温度无关　　B. 其电位值为零

C. 其电位值与待测组分浓度无关　　D. 无液接电位

2. 电位分析法中的指示电极的关键部位是(　　)

A. 内参比电极　　B. 内参比溶液

C. 敏感膜　　D. 电极支持体

3. 在 pH 测量时，常用的指示电极和参比电极分别是(　　)

A. 玻璃电极，银电极　　B. 玻璃电极，银/氯化银电极

C. Pt 电极，甘汞电极　　D. Pt 电极，银/氯化银电极

4. 用银离子选择性电极测定含有 Ag^+，$Ag(NH_3)_4^+$的溶液，测得的是(　　)

A. Ag^+的活度　　B. $Ag(NH_3)_4^+$ 的活度

C. 两者活度之和　　D. 两者活度之差

5. pH 玻璃电极膜电位的产生是由于(　　)

A. H^+透过玻璃膜

B. H^+得到电子

C. Na^+得到电子

D. 溶液中 H^+和玻璃膜水化层中的 M^+的交换作用

6. 导出公式 $E=K'+\frac{2.303RT}{F}pH_{试}$ 的工作电池是(　　)

A. Hg，Hg_2Cl_2 | KCl(饱和) ┆┆ 试液 | 玻璃膜 | AgCl，Ag

B. Ag，AgCl | HCl | 玻璃膜 | 试液 ┆┆ KCl(饱和) | Hg_2Cl_2，Hg

C. Ag，AgCl | HCl | 试液 | 玻璃膜 ┆┆ KCl(饱和) | Hg_2Cl_2，Hg

D. Hg，Hg_2Cl_2 | HCl ‖ 试液 | 玻璃膜 ┆┆ KCl(饱和) | AgCl，Ag

7. 测量溶液 pH 所用的复合电极，复合的是(　　)

A. 参比电极与指示电极　　B. 工作电极与辅助电极

C. 指示电极与工作电极　　D. 辅助电极与参比电极

8. 测定溶液 pH 时,用标准溶液标度,校正项 K 中不包括(　　)

A. 外参比电极电位　　B. 内参比电极电位

C. 膜电位　　D. 液接界电位

9. 关于 pH 玻璃电极,以下说法正确的是(　　)

A. 电极的选择性与玻璃膜的化学组成无关

B. 合适的 pH 测量范围为 1~14

C. 是使用最为广泛的离子选择性电极

D. 不能用于有色溶液的 pH 测定

10. 离子选择电极的选择性系数 $K_{i,j}$越小,表示(　　)

A. j 干扰离子的干扰越小　　B. j 干扰离子的干扰越大

C. 不能确定　　D. 不能用此电极测定 i 离子

11. 关于离子选择性电极的选择性系数,下列叙述中正确的是(　　)

A. 选择性系数 $K_{i,j}$越大,则离子选择性电极的选择性越好

B. 可以用选择性系数 $K_{i,j}$来校正测量误差

C. 可以用选择性系数估量测定过程中由干扰离子引起的误差

D. $K_{i,j}$可通过理论计算得到

12. K^+选择电极对 Mg^{2+}的选择系数 $K_{K^+,Mg^{2+}}=1.8\times10^{-6}$。当用该电极测定浓度为 1.00×10^{-5} mol·L^{-1}的 K^+和 1.00×10^{-2} mol·L^{-1}的 Mg^{2+}溶液时,由于 Mg^{2+}引起的测定误差为(　　)

A. 1.8×10^{-4}%　　B. 134%　　C. 1.8%　　D. 3.6%

13. 离子选择性电极中,氟电极属于(　　)

A. 晶体膜电极　　B. 刚性基质电极

C. 液膜电极　　D. 敏化电极

14. 以下关于液膜电极的载体,正确的说法是(　　)

A. 只能是带有正电荷的有机离子或配离子

B. 只能是带有负电荷的有机离子或配离子

C. 只能是中性载体

D. 载体需分散于有机溶剂相中

15. 直接电位法测定时,为消除待测试样中离子活度系数差异的影响,可采用的方法是(　　)

A. 增大搅拌速率　　B. 加入大量惰性电解质

C. 采用标准溶液校正　　D. 调节溶液 pH

16. 一价离子选择性电极与二价离子选择性电极相比(　　)

A. 直接测量误差更小　　B. 灵敏度更高

C. 响应更快　　　　　　　　　　D. 线性范围更广

17. 使用 Ca^{2+} 离子选择性电极直接测量某未知液时，若电位的测量误差有 ±1 mV，则由此引起的测量误差为(　　)

A. ±4%的绝对误差　　　　　　　B. ±4%的相对误差

C. ±8%的绝对误差　　　　　　　D. ±8%的相对误差

18. 直接电位测定中，标准加入法最适合分析的对象是(　　)

A. 组成简单的大批量试样分析　　B. 组成未知的个别试样分析

C. 组成复杂的大批量试样分析　　D. 组成简单的个别试样分析

19. 有关电位滴定，错误的说法是(　　)

A. 比指示剂终点指示更客观

B. 比指示剂终点指示方法适用试样范围更广泛

C. 比直接电位测定法更快速

D. 比直接电位测定法更准确

20. 电位滴定中，确定滴定终点的正确方法是(　　)

A. 绘制 $E-V$ 曲线，曲线的最高点为滴定终点

B. 绘制一级微商曲线，曲线的拐点为滴定终点

C. 计算二级微商，二级微商零点对应的体积数为滴定终点

D. 以上方法都不正确

三、填空题

1. 电位分析法一般采用两个电极，分别称为________电极和________电极，通过测量两个电极的__________进行分析测定。通常测试在所谓零电流条件下完成，该条件一般通过测试装置中的__________来实现。

2. 测定溶液的 pH 是以__________电极作指示电极，以________电极作参比电极，以参比电极作为正极时，化学电池的电动势与被测体系的 pH 之间的关系为______________________。

3. pH 测定时，若溶液的 pH 很高(如 pH>11)，测得的 pH 将______实际值，称为__________。

4. pH 电极使用前要在水溶液中浸泡 24 h，其目的是__________和__________。

5. 除导线等附属部件外，离子选择性电极的主要部件有________、________和________。

6. 用 K^+ 离子选择性电极测定一含有 K^+ 和 Na^+ 的溶液时，若溶液中 Na^+ 是 K^+ 的 10 倍，已知该电极 $K_{i,j}=10^{-2}$，则测量误差是__________；而 1 mV 的电动势测量误差，将导致 Na^+ 的测定误差达到________。

7. Na^+玻璃膜电极对 H^+的选择性系数 $K_{Na^+,H^+}=1.0\times10^{-2}$，当该电极用于测定 1.0×10^{-5} mol · L^{-1}的 Na^+时，要满足测定的相对误差小于 1%，则应控制溶液的 pH________。

8. 离子选择性电极的种类很多，pH 玻璃电极属于刚性基质电极，氯离子选择性电极属于________电极，钙离子选择性电极属于________电极，氨电极属于________电极。

9. 氟离子选择性电极敏感膜的组成是________，内参比溶液是____________。膜电位和氟离子活度的关系式为______________。

10. 利用氟离子选择性电极进行测定时，需控制试液 pH 在________，若酸度太高，则__________；若酸度太低，则______________。

11. TISAB 的全称是______________。它一般包含__________、__________和__________。

12. 测定水中氟离子的浓度时需要加入 TISAB，其中 NaCl 的作用是________；醋酸-醋酸钠的作用是________；柠檬酸钠的作用是________。

13. 相比于连续标准加入法，单次标准加入法的主要优点是__________，主要缺点是____________。

14. 标准加入法加入的标准溶液具有浓度______，体积________的特点。

15. 影响离子选择性电极响应时间的因素有________、________、________等。

16. 电位滴定时，终点判断的方法除了 $E-V$ 曲线法外，还可以采用__________和__________法。

17. 对电位法测试仪器的要求主要是要有足够高的输入阻抗和必要的测量精度与稳定性。足够高的输入阻抗是为了__________；必要的测量精度是为了________。

18. 电位滴定比用指示剂指示终点的方法更为__________。此外，电位滴定尤为适用于测定__________________的溶液。

19. 采用电位滴定分析测定 Cl^-，参比电极可选用____________________或________________。

20. 用 pH 玻璃电极测定溶液 pH 时，要选用与试液 pH________的标准溶液定位，其目的是____________。

四、计算题

1. 用标准甘汞电极作正极，氢电极作负极，与待测的 HCl 溶液组成电池。在 25 ℃时，测得 $E=0.342$ V。当待测液为 NaOH 溶液时，测得 $E=1.050$ V。取此 NaOH 溶液 20.0 mL，用上述 HCl 溶液中和完全，需用 HCl 溶液多少毫升？

(已知标准甘汞电极的电极电位 $\varphi_{NCE}=0.283$ V)

2. 在 25 ℃时测定以下电池:pH 玻璃电极 | pH = 5.00 的溶液 | SCE,得到电动势为 0.201 8 V;而测定另一未知酸度的溶液时,电动势为 0.236 6 V。计算未知液的 pH。

3. 在 25 ℃时测定以下电池:pH 玻璃电极 | pH = 5.00 的溶液 | SCE,得到电动势为 0.201 8 V;若在浓度为 1×10^{-5} mol · L^{-1}的醋酸溶液中,此电池的电动势是多少?($K_{HAC}=1.8\times10^{-5}$,假设活度系数为 1)

4. 有一氟离子选择性电极,$K_{F^-,OH^-}=0.10$,当$[F^-]=1.0\times10^{-4}$ mol · L^{-1}时,若要求测定误差不大于 5%,则允许溶液的最高 pH 为多少?

5. 用氯离子选择性电极测定溶液中 Cl^-浓度,将它与饱和甘汞电极组成下列电池:

$$\text{氯电极} \mid \text{试液} \ \vdots\vdots \ KCl(\text{饱和}), Hg_2Cl_2 \mid Hg$$

取浓度为 1.00×10^{-3} mol · L^{-1}的标准 Cl^-溶液 20.00 mL,加入 10.00 mL 总离子强度调节缓冲液,稀释至 50 mL,测得电池的电动势为-310 mV。另取 10.00 mL 待测水样,加入 10.00 mL 总离子强度调节缓冲液,稀释至 50 mL,测得电池的电动势为-305 mV,若已知该电极的斜率为 58 mV/pF,求溶液中 Cl^-浓度。

五、简答题

1. 电位分析法中,是否能用普通的电位差计或伏特表测定玻璃电极和参比电极所组成的原电池的电动势?为什么?

2. 在离子选择性电极的使用过程中,是否需要搅拌待测溶液?为什么?

3. 某同学欲用氟离子选择性电极测定牙膏中氟离子的含量,设计的实验方案具体如下:称取一定量的牙膏,用少量 HNO_3溶液和 H_2O_2溶液对试样进行微波消解后,将溶液稀释定容至 100 mL,插入氟离子选择性电极和饱和甘汞电极进行电位测定,将测定值代入标准曲线中进行计算。请指出上述设计中的错误并加以更正。

4. 在电位分析中,何种情况下可以用 pH 玻璃电极作为参比电极?为什么?

5. 直接电位法测定溶液的 pH 时,是否需要用标准 pH 缓冲溶液进行校正(定位)?酸碱电位滴定中,是否需要用标准 pH 缓冲溶液进行校正?为什么?

§4-5 参考答案及解析

一、是非题

1. 解:错。电位分析法测定的是原电池,而非电解池的电位差。

2. 解:对。能斯特方程是电位分析法的理论基础。

3. 解:错。将玻璃电极长时间浸泡在水溶液中主要是为了形成水化层,达到活化电极的目的。长时间浸泡的另一个目的是使不对称电位恒定,但并不能完全消除不对称电位。

4. 解:对。pH 玻璃电极在测量高酸度试样时会产生酸差,在高碱度条件下会产生钠误差,故不宜在高酸、碱度下使用。

5. 解:错。氟离子选择性电极是一种晶体膜电极,硫化银电极也是一种晶体膜电极,而不是刚性基质电极。

6. 解:错。能斯特方程中涉及的是离子活度,但在实际测定过程中,可以通过在待测溶液中加入离子强度调节剂,使活度系数固定,从而将方程中的活度转换成浓度。故电位法可以测定离子的浓度。

7. 解:错。标准加入法中,加入的是浓度高、体积小的标准溶液,这样可以不用考虑所加入标准溶液体积的影响,方便计算。

8. 解:对。电位滴定法将滴定分析和电位分析结合,利用滴定过程中待测离子浓度变化引起的电位变化来确定滴定终点。

二、单项选择题

1. C。参比电极的电位值不随待测组分的浓度变化。其电位值与温度有关,一般不为 0,而且存在液接电位。

2. C。离子选择性电极一般由敏感膜、内参比电极和内参比溶液组成,但其中最关键的部位是敏感膜。在膜两侧形成的电位差,即膜电位与待测离子的活度有关,这是电位分析法可以用于定量分析的根本原因。

3. B。Pt 电极是金属惰性电极,不能指示溶液中 pH 的变化。常用的参比电极是甘汞电极或银/氯化银电极。故 A、C、D 均不正确。

4. A。离子选择性电极的选择性很好,一般只会对一种离子有响应,故银离子选择性电极只能用于测定游离的 Ag^+。

5. D。玻璃电极膜电位的产生是由于溶液中 H^+ 和玻璃膜水化层中的金属离子(如钠离子)的交换作用,这并不是一个电子得失的过程,而是带电荷粒子迁移导致电荷分布变化而产生的相界电位。故 A、B、C 不正确。

6. B。该导出公式表明,玻璃电极为负极,参比电极为正极,故 A 错误。C 和 D 中,内参比溶液 HCl 与试液在玻璃膜的同一侧,显然是错误的。故选 B。

7. A.电位分析法中的两个电极分别称为指示电极和参比电极。工作电极和辅助电极是库仑分析、伏安分析等电化学分析方法中所使用的电极。

8. C。校正项 K 包括一切常数项,但它不包括受离子活度影响的膜电位。

故选 C。

9. C。玻璃电极的选择性取决于玻璃膜的化学组成；pH 高时，pH 电极测量将产生钠误差，故不能测定 pH 达 14 的溶液；pH 电极可用于有色溶液的测定，这正是该方法相比于指示剂法的优点之一。应用最早、最广泛的电位测定法是测定溶液的 pH，故选 C。

10. A。$K_{i,j}$是反映离子选择性电极性能的重要指标。$K_{i,j}$越小，表明 j 离子对 i 离子的干扰越小，电极的选择性越高，故选 A。

11. C。选择性系数 $K_{i,j}$越大，电极的选择性越差，A 错误。$K_{i,j}$只能通过实验测定，不能通过理论计算，D 错误。$K_{i,j}$不能用于校正测量误差，但可以用于估量测量误差，故选 C。

12. C。相对误差 $=K_{i,j}\dfrac{(a_j)^{n_i/n_j}}{a_i}\times100\%=1.8\times10^{-6}\times\dfrac{(1.00\times10^{-2})^{1/2}}{1.00\times10^{-5}}\times100\%=1.8\%$。

13. A。氟电极的敏感膜是氟化镧单晶，故属于晶体膜电极。

14. D。液膜电极的载体可以是带有正、负电荷的有机离子或配离子，也可以是中性载体。这些载体都需要分散在有机溶剂中形成液膜相，故选 D。

15. B。活度系数与溶液的离子强度有关，在溶液中加入大量的惰性电解质，可以使不同浓度试样中的离子强度达到很高而近乎一致，从而使活度系数基本相同。

16. A。由电动势测量误差引起的浓度相对误差的大小与价态成正比关系，价态越低，测量误差越小，故 A 正确。灵敏度、响应更快及线性范围主要取决于电极膜的性能，与价态之间没有必然联系，故 B、C、D 不正确。

17. D。根据相对误差的计算公式，对于两价的钙离子，由 ±1 mV 的电位测量误差引起的浓度相对误差 $=4\%n\Delta E=4\%\times2\times(\pm1\ \mathrm{mV})=\pm8\%$。

18. B。标准加入法适合分析某些成分复杂的试样，这是由于试样的组成未知，难以配制组成相同的标准溶液。但该方法对每一试样至少要分析 2 次（加标前一次，加标后一次），因此，大批量试样测试时，测试工作量加倍，故该方法最适合的分析对象是组成未知的个别试样，即 B 选项。而对于组成简单的大批量试样分析，适合采用标准曲线法进行分析。

19. C。电位滴定法需要连续测定滴定过程中试样的电位变化，测定的时间比直接电位法长，这也是电位滴定法相比于直接电位法的不足之处，故选 C。A、B、D 均是电位滴定法的优点。

20. C。电位滴定中，确定滴定终点的有三种。绘制 $E-V$ 曲线，曲线的拐点（转折点），而非最高点为滴定终点，故 A 错误。绘制一级微商曲线，曲线的最高点，而非拐点为滴定终点，故 B 错误。计算二级微商，二级微商零点对应的体积数为滴定终点。故选 C。

三、填空题

1. 指示，参比；电位差；高阻抗电位差计。

2. pH 玻璃；甘汞或 Ag-AgCl；$E=K'+\frac{2.303RT}{F}\mathrm{pH}_{试}$。

3. 小于；钠误差。这是由于 pH 电极对 Na^+ 也有响应，在 pH 很高，也就是氢离子浓度很低时，Na^+ 的响应就显现出来，所产生的膜电位被当作 H^+ 引起的膜电位，结果使 H^+ 的测量结果偏高，pH 的测量结果偏低。

4. 活化电极，使不对称电位恒定。pH 电极在水溶液中浸泡 24 h 的主要目的是使玻璃产生水化层，以形成膜电位，即活化电极。此外，该操作还可以使不对称电位恒定，并到常数项 K 中，但应注意，该操作并不能完全消除不对称电位。

5. 敏感膜，内参比电极，内参比溶液。

6. 10%；4%。钠离子引起的相对误差 $=K_{i,j}\frac{(a_j)^{n_i/n_j}}{a_i}\times 100\% = 10^{-2}\times 10\times 100\% = 10\%$。电位测量引起的相对误差 $=4\% n\Delta E=4\%\times 1\times(\pm 1\ \mathrm{mV})=\pm 4\%$。

7. >5。由于相对误差 $=K_{i,j}\frac{(a_j)^{n_i/n_j}}{a_i}\times 100\% = 1.0\times 10^{-2}\times\frac{[H^+]}{1.0\times 10^{-5}}\times 100\% < 1\%$，即 $[H^+]<1.0\times 10^{-5}$，故 pH>5。

8. 晶体膜；液膜/活动载体；气敏。

9. 氟化镧（掺入氟化铕）；NaF-NaCl 溶液；$\Delta E_M=K-\frac{2.303RT}{F}\lg a_{F^-}$。掺入微量氟化铕的目的是形成空穴，增加膜的导电性。内参比溶液加入 F^- 是为了形成膜电位，而加入 Cl^- 是为了稳定内参比电极的电极电位。

10. 5~6；由于形成 HF^{-2} 而降低氟离子活度；LaF 水解释放出 F^-，使结果偏高。故通常以缓冲溶液控制待测溶液的 pH 为 5~6，才能进行测定，否则测定结果不准，且有可能影响电极的寿命。

11. 总离子强度调节缓冲液；惰性电解质，缓冲溶液，掩蔽剂。

12. 使活度系数保持恒定；控制溶液的 pH 在适于测定的范围内；掩蔽 Al，Fe 等干扰离子。本题考查 TISAB 的组成和作用。

13. 简便；准确度没有连续标准加入法高。由于连续标准加入法需要连续多次加入标准溶液并进行测量，故操作和计算都比单次标准加入法要烦琐。

14. 高；小。加入的标准溶液浓度高，所需体积就小，对待测试样体积的影响可忽略不计，可简化计算。

15. 搅拌，待测离子的活度，膜的厚度、表面光洁度。搅拌可以提高待测离子到达电极表面的速率;待测离子的活度越低,响应时间越长;膜越薄、表面光洁度越高,响应越快。其余影响因素还有离子强度,干扰离子等。

16. 一级微商,二级微商。

17. 实现零电流;减小直接电位法的测量误差。输入阻抗越高,通过电池回路的电流越小,越接近在零电流下测试的条件,由电池内阻产生的电压降 iR 对电池电动势的贡献才可以忽略不计。在直接电位法中,电动势测量的准确度直接影响浓度测定的准确度。

18. 客观;有色、浑浊。注意,此处是将电位滴定法与指示剂滴定法进行比较,不要与直接电位测定法相比较。

19. 双盐桥甘汞电极,pH 电极。由于常用的甘汞电极漏出的氯离子对测定有干扰,故可以选择不会泄漏氯离子、且电极电位在滴定过程中能保持恒定的电极作为参比电极。

20. 相近;提高测量的准确度。这是由于在整个 pH 测量范围内,玻璃电极的电极系数不一定始终等于理论值,也就是说,电动势与 pH 的线性关系可能会发生偏离。在这种情况下,如果选取与试液 pH 相近的溶液来校正,得到小 pH 范围的标准曲线,则可以提高线性,从而提高测量的准确度。

四、计算题

1. 解:氢电极表达式如下:$\text{Pt} \mid H_2(101.3\text{KPa}) \mid H^+(x\ \text{mol}\cdot\text{L}^{-1})$

氢离子活度为 1 mol·L^{-1}时为标准氢电极,电极电位规定为 $E^{\ominus}_{H_2}=0$。

根据能斯特方程,$E_{H_2}=E^{\ominus}_{H_2}+0.059\lg a_{H^+}=-0.059\ \text{pH}$

电池的电动势为

$$E=E_{\text{NCE}}-E_{H_2}=0.283+0.059\ \text{pH}$$

$$\text{pH}=\frac{E-0.283}{0.059}$$

测 HCl 溶液时 $\text{pH}=\dfrac{0.342-0.283}{0.059}=1.0\quad [H^+]=0.1\ \text{mol}\cdot\text{L}^{-1}$

测 NaOH 溶液时 $\text{pH}=\dfrac{1.050-0.283}{0.059}=13.0\quad [OH^-]=0.1\ \text{mol}\cdot\text{L}^{-1}$

$$c_{\text{NaOH}}=c_{\text{HCl}}$$

20.0 mL 的 HCl 溶液可将 20.0 mL 的 NaOH 溶液中和完全。

2. 解:根据本题原电池的组成可知,

$$E=E_{\text{SCE}}-E_{\text{玻璃电极}}=K''+0.059\text{pH}$$

故两次测量的电动势分别为

$$E_1 = K'' + 0.059\text{pH}_1$$

$$E_2 = K'' + 0.059\text{pH}_2$$

两式相减，消去 K''，得

$$E_2 - E_1 = 0.059(\text{pH}_2 - \text{pH}_1)$$

$$\text{pH}_2 = \text{pH}_1 + \frac{E_2 - E_1}{0.059} = 5.00 + \frac{0.2366 - 0.2018}{0.059} = 5.59$$

3. 解：本题与第 2 题类似，仅将已知参数变为待求参数。

采用一元弱酸 pH 计算的最简式，1×10^{-5} mol · L^{-1} HAc 的

$$[\text{H}^+] = \sqrt{cK_a} = \sqrt{1\times10^{-5}\times1.8\times10^{-5}} = 1.3\times10^{-5}$$

$$\text{pH} = 4.89$$

根据 $E_2 - E_1 = 0.059(\text{pH}_2 - \text{pH}_1)$

$$E_2 = 0.2018 + 0.059\times(4.89 - 5.00) = 0.1953\ \text{V}$$

4. 解：依题意可知，$K_{i,j} = 0.10$，$a_i = 1.0\times10^{-4}$ mol · L^{-1}，$n_i = 1$，$n_j = 1$，误差为 5%

根据由干扰离子引起的误差计算公式，可得

$$K_{i,j}\frac{(a_j)^{n_i/n_j}}{a_i}\times100\% = 0.10\times\frac{[\text{OH}^-]}{1.0\times10^{-4}}\times100\% \leqslant 5\%$$

$$[\text{OH}^-] \leqslant 5\times10^{-5}$$

$$\text{pOH} \geqslant 4.3$$

$$\text{pH} \leqslant 9.7$$

5. 解：根据本题原电池的组成可知，$E = E_{\text{SCE}} - E_{\text{Cl}^-} = E_{\text{SCE}} - (E_{\text{Ag/AgCl}} + \Delta E_{\text{膜}})$

由 $\Delta E_{\text{膜}} = K - S\lg a_{\text{F}^-}$，可得 $E = K'' + S\lg a_{\text{F}^-}$

两次测量的电动势分别为

$$E_s = K'' + S\lg a_s$$

$$E_x = K'' + S\lg a_x$$

已知，电极的斜率 S 为 58 mV/pF，加入 TISAB 后，以浓度代替活度，有

$$c_s = \left(\frac{20.00\times1.00\times10^{-3}}{50.00}\right)\text{mol}\cdot\text{L}^{-1} = 4.00\times10^{-4}\ \text{mol}\cdot\text{L}^{-1}$$

$$-310 = K'' + 58\lg(4.00\times10^{-4})$$

$$-305 = K'' + 58\lg c_x$$

解得

$$c_x = 4.88\times10^{-4}\ \text{mol}\cdot\text{L}^{-1}$$

$$c = \left(\frac{50.00\times4.88\times10^{-4}}{10.00}\right)\text{mol}\cdot\text{L}^{-1} = 2.44\times10^{-3}\ \text{mol}\cdot\text{L}^{-1}$$

五、简答题

1. 答:不能。这是由于玻璃电极的内阻很高,可达 $10^8\ \Omega$,即便是微小电流流经该电极时,都可能产生很大的电压降,引起较大的电动势测量误差。因此要求使用高输入阻抗的精密毫伏计,其输入阻抗不应低于 $10^{10}\ \Omega$。输入阻抗越高,通过电池回路的电流越小,越接近在零电流下测试的条件,由电池内阻产生的电压降 iR 对电池电动势的影响才可以忽略不计。普通伏特表的内阻一般只有几千欧姆,不满足高阻抗要求。

2. 答:在利用离子选择性电极进行直接电位测定时,可以搅拌,也可以不搅拌,此时搅拌可以加快电极响应速率,但并不影响测定结果。而在利用离子选择性电极进行电位滴定时,则需要搅拌溶液,此时搅拌的目的是实现滴定反应,并使溶液中待指示的组分分布均匀。

3. 答:实验方案中的问题有(1) 在进行电位测定前,溶液中需要加入足够量的 TISAB,也就是总离子调节缓冲溶液,该溶液包括氯化钠 $0.1\ mol \cdot L^{-1}$,醋酸$0.25\ mol \cdot L^{-1}$,醋酸钠 $0.75\ mol \cdot L^{-1}$,柠檬酸钠 $0.001\ mol \cdot L^{-1}$,使待测溶液的离子强度稳定,$pH = 5 \sim 6$,并消除其他离子的干扰;(2) 应选用标准加入法进行测定,以减免复杂试样的基质干扰。

4. 答:只要在测量过程中,溶液 pH 不会随试样的改变或滴定剂的加入而发生变化时,就可以用 pH 玻璃电极作为参比电极。这是由于 pH 玻璃电极的电极电位在测定条件下,仅与溶液的 pH 有关,若试液的 pH 能保持恒定不变,pH 电极的电极电位也就能保持不变,因此可以作为参比电位,为指示电极电极电位的测量提供电位标准。

5. 答:直接电位法测定溶液的 pH 时,必须用标准 pH 缓冲溶液进行校正。这是由于电池电动势计算公式中的 K''未知,因此在实际测定中,需通过已知 pH 的标准缓冲溶液的电动势来计算 K''值。而酸碱电位滴定中,无需用标准 pH 缓冲溶液进行校正,这是由于电位滴定是以测量电位的变化情况(ΔE)为基础的,ΔE 值与 K''值无关,故无须校正。

第5章

伏安分析法

§5-1 内容提要

伏安分析法是以测定电解过程中的电流-电压曲线(伏安曲线)为基础的一大类电化学分析方法,是一类应用广泛而重要的电化学分析法。本章以伏安分析的起源方法——极谱分析法作为切入点,解释伏安分析的基本原理、仪器结构、定性定量依据,以及测定过程中遇到的干扰问题和消除方法。这是由于经典极谱法的相关理论成熟,易于理解。然而,经典极谱法在近年来的生产实践中基本被淘汰,因此,本章在了解极谱分析基本概念的基础上,重点介绍了新的伏安分析方法,如目前运用广泛的循环伏安法、脉冲极谱及伏安法等,以开拓学习者的思路,理解仪器分析中的创新思想、方法和策略。

一、极谱及伏安分析的基本原理

本节以极谱分析为例,让学习者理解极谱分析与伏安分析之间的关系,极谱分析的定义、仪器组成、测量过程、基本原理。重点解释了伏安和极谱分析的理论基础——浓差极化现象,极谱分析的定量依据——极限扩散电流的产生过程,极谱分析的定性依据——半波电位的概念。以上内容为极谱分析相关理论的介绍奠定了基础。

二、扩散电流方程式——极谱定量分析基础

极谱分析的主要目的是进行目标组分的定量分析。本节以 Cd^{2+} 的测定为例,推导了极谱分析中的扩散电流方程,也就是尤考维奇公式,并探讨了影响极限扩散电流 i_d 的因素。本节还简要介绍了极谱/伏安分析中的定量方法。

三、半波电位——极谱定性分析原理

本节仍以 Cd^{2+} 的测定为例,从能斯特方程出发,推导了极谱波方程。基于极

谱波方程,论证了半波电位的大小与浓度无关,可作为极谱定性的依据。然而,由于极谱分析中的电压窗口范围只有 2~3V,利用极谱半波电位进行定性分析并不常见。因此,本节还介绍了半波电位的实用意义。

四、干扰电流及其消除方法

各种分析方法中的干扰问题是需要学习者特别关注的问题之一,它将直接影响分析结果的可靠性。本节介绍了在极谱分析过程中的 5 大类干扰电流,分别是残余电流、迁移电流、极谱极大、氧波和氢波,并提出了消除干扰的方法和思路。

五、极谱分析的特点及其存在的问题

对极谱分析法的特点进行小结,提出问题,为后几节中新极谱和伏安分析法的引出提供了铺垫。

六、极谱催化波

新极谱技术种类繁多,由于我国科技工作者在极谱催化波领域开展了一系列创新研究,且该方法提出了一种提高灵敏度和选择性的新策略,故被选入本章加以介绍。极谱催化波巧妙地将化学动力学引入极谱法,利用化学反应和电极反应的平行性,提高待测物质的检测灵敏度和选择性。本节主要介绍了极谱催化波的测定原理、影响因素和应用。

七、单扫描极谱法和线性扫描伏安法

单扫描极谱法又称为示波极谱法,其主要特征是加在电解池两电极上的电压扫描速率远高于经典极谱法,在一滴汞的形成过程中就能完成电压扫描,并由此带来了极谱波形状的巨大变化——峰形曲线,峰电流和峰电位分别可用于定量和定性分析。提高电压扫描速率这一策略大大改善了经典极谱分析方法的灵敏度和分辨率。在此基础上发展起来的线性扫描伏安法和循环伏安法,是现今科学研究中一种很有用的电化学表征方法。本节重点介绍了单扫描极谱法的方法、原理和特点,及由此衍生出来的线性扫描伏安法和循环伏安法。

八、方波极谱

在经典极谱的扫描电压上,叠加一个振幅很小的交流电压是极谱分析中提高灵敏度、降低检测限的另一个重要策略,这类极谱分析法称为交流极谱法。本节以交流极谱中的方波极谱(叠加方型波)为例,重点介绍此类极谱法消除电容

电流干扰的机理，同时还讨论了方波极谱法的主要优点和存在的问题。交流极谱的思路较好地解决了充电电流的干扰问题，为第 9 节脉冲极谱法的理解奠定了基础。

九、脉冲极谱

脉冲极谱法解决了方波极谱法中存在的问题，同时保留方波极谱的优势。本节在上一节的基础上，以微分脉冲极谱法为例，介绍了该方法施加的扫描电压的特点，及其解决方波极谱法局限性的原因。并以实例说明脉冲极谱法是目前最灵敏的一种极谱方法。

十、溶出伏安法

溶出伏安法提出了一种提高极谱和伏安分析测定灵敏度的新策略，它将电极上的预富集操作与伏安法相结合，通过预富集进一步提高检测的灵敏度。本节结合几个应用实例，介绍了溶出伏安法的基本原理、类型、特点及所使用的电极等。

十一、安培滴定

与电位滴定法中用指示电极电位的变化来确定滴定分析的终点类似，安培滴定是利用伏安曲线的原理，根据恒定电位下两电极间电流的变化来确定滴定终点的容量分析方法。本节介绍了安培滴定中的两种方法——单指示电极安培滴定法和双指示电极安培滴定法的原理、特点和应用范围。

§5-2 知识要点

一、极谱及伏安分析的基本原理

伏安法——以测定电解过程中的电流-电压曲线（伏安曲线即 I-E 曲线）为基础的一大类电化学分析法。

极谱法——使用滴汞电极作为工作电极的伏安法。

极化现象——电极电位偏离其原来的平衡电位的现象。

浓差极化——由于电解时在电极表面浓度的差异而引起的极化现象。

极限扩散电流——扩散电流不再随外加电压的增加而增加，而受待测组分从溶液本体扩散到达电极表面的速率控制时所达到的电流极限值，是极谱定量分析的依据。

工作电极——在分析过程中可引起试液中待测组分浓度明显变化的电极。

滴汞电极——极谱分析中的工作电极。即不断下滴的汞滴，电极表面始终是新鲜的。

极化电极——发生浓差极化的电极。

极谱波——根据滴汞电极（极化电极）在改变电位时相应的电流变化情况绘制的电流-滴汞电极电位曲线。

半波电位 $E_{1/2}$——电流等于扩散电流一半时的滴汞电极的电位。是极谱定性分析的依据。

二、扩散电流方程式——极谱定量分析基础

极谱定量分析依据——$i_d = Kc$。

尤考维奇常数——$K = 607nD^{1/2}m^{2/3}t^{1/6}$

扩散电流方程——或称为尤考维奇公式，$i_d = 607nD^{1/2}m^{2/3}t^{1/6}c$。

影响极限扩散电流 i_d 的因素——影响扩散系数 D 的因素，如离子的淌度、离子强度、溶液的黏度、介电常数和温度等。影响 m 及 t，即毛细管特性的因素，如毛细管的直径、汞压和电极电位等。

极谱定量方法——直接比较法、标准曲线法、标准加入法。

直接比较法——是标准曲线法的一种特例。将浓度为 c_s 的标准溶液及浓度为 c_x 的未知液在同一实验条件下，分别测得其极限扩散电流（极谱波波高）h_s 和 h_x，则 $c_x = \frac{h_x}{h_s} \cdot c_s$。

标准曲线法——先用不同浓度 c 的标准溶液在同一条件下分别测出波高 h，以 h 及 c 绘制标准曲线，测定未知液时，可在同样条件下测定其波高，再在标准曲线上找出其浓度。

标准加入法——先测定体积为 V 的未知液的极谱波高 h_x，然后加入一定体积（V_s）的相同物质的标准溶液（c_s），在同一实验条件下再测定其极谱波高 H，则 $c_x = \frac{c_s V_s h_x}{H(V+V_s) - h_x V}$。

三、半波电位——极谱定性分析原理

半波电位的最重要特征——大小与被还原离子的浓度无关（如果支持电解质的浓度与溶液的温度保持不变），$E_{1/2} = E^{\ominus} + \frac{0.059}{n} \lg \frac{\gamma_A k_B}{\gamma_B k_A}$。

极谱波方程——$E_{de}=E_{1/2}+\frac{0.059}{n}\lg\frac{(i_d)_c-i_c}{i_c}$。

可逆波——电极反应速率很快，极谱波上任何一点的电流都受扩散速率控制。

不可逆波——指电极反应缓慢，极谱波上的电流不完全由扩散速率控制，还受电极反应速率控制。表现出明显的超电势，波形较差，延伸较长，不利于定性及定量测定。

半波电位的作用——作定性分析的实际意义不大，但可用于选择合适的分析条件，避免共存物质的干扰，以利于定量分析的进行。

四、干扰电流及其消除方法

极谱分析中干扰电流的种类——残余电流、迁移电流、极大、氧波、氢波。

1. 残余电流

残余电流——在进行极谱分析时，外加电压虽未达到被测物质的分解电压，但仍有微小的电流通过电解池，这种电流称为残余电流。

残余电流产生的原因——(1) 由于溶液中存在微量易在滴汞电极上还原的杂质；(2) 由于存在电容电流，或称充电电流。

电容电流——由于汞滴表面与溶液间形成了双电层(其电学性质类似平板电容器)，随着汞滴表面的周期性变化及外加电压的持续改变而发生的充电现象所引起的电流。

残余电流的消除方法——(1) 通氮除氧，使用高纯度的溶剂和试剂等方法可减小由杂质引起的残余电流；(2) 采用新极谱技术消除电容电流的干扰。

2. 迁移电流

迁移电流——由于静电吸引力而产生的电流称为迁移电流，它与被分析物质的浓度之间并无一定的比例关系。

迁移电流产生的原因——待测离子受电场的库仑引力作用，使得在一定时间内，有更多的待测离子趋向滴汞电极表面被还原，因而观察到的电流比只有扩散电流时为高。

支持电解质——能导电，但在测定条件下不能起电解反应的高浓度惰性电解质。

迁移电流的消除方法——加入大量的支持电解质。

3. 极大

极大——也称为畸峰，是指在电解开始后，电流随电位的增加而迅速增大到一个很大的数值，当电位变得更负时，电流趋于正常。

极大产生的原因——由于汞滴上、下部电荷分布不均匀引致汞滴表面张力的不均匀,表面张力小的部分向表面张力大的部分运动,这种切向运动会搅动汞滴附近的溶液,加速被测离子的扩散和还原而形成极大电流。

极大的消除方法——在溶液中加入少量极大抑制剂。如动物胶、聚乙烯醇、羧甲基纤维素等表面活性剂。

4. 氧波

氧波及其产生的原因——试液中的溶解氧在滴汞电极上被还原而产生的两个极谱波。这两个波覆盖在一个较广的电压范围内,故为干扰电流。

氧波的消除方法——通常可向试液中通入惰性气体(如 N_2 等)10~20 min 以驱尽氧气。在中性和碱性溶液中,可加入少量亚硫酸钠。

5. 氢波

氢波及其产生的原因——溶液中的氢离子在足够负的电位时,会在滴汞电极上还原而产生极谱波,即氢波。

氢波的消除方法——对于半波电位很负的金属离子,在中性或碱性溶液中进行测定。

五、极谱分析的特点及其存在的问题

极谱分析的特点——检测灵敏度较低,相对误差 2%,在合适条件下可以进行几种物质的同时测定,溶液可重复使用,测定对象可以是无机离子,也可以是有机化合物。

经典极谱分析的局限——由于电容电流的存在,灵敏度及检出限受到限制,前波干扰严重,方法分辨力低,滴汞带来严重的毒性及环境污染问题。

六、极谱催化波

极谱电流的分类——(1) 受扩散控制的极谱电流(扩散电流、可逆波);(2) 受电极反应速率控制的极谱电流(扩散电流、不可逆波);(3) 受吸附作用控制的极谱电流(吸附电流);(4) 受化学反应速率控制的极谱电流(动力波、催化波)。

极谱催化波——一种提高极谱分析灵敏度的方法,其特征是电极反应与化学反应相平行。通过化学反应产生的电活性物质在电极上被还原,成为化学反应的反应物。这样形成了一个循环,电活性物质在电极反应中被消耗,又在化学反应中得到补偿,类似催化反应的催化剂。因催化反应而增加了的电流称为催化电流,它与催化剂的浓度成正比,故可用于定量分析,且其数值要比单纯只是扩散电流时大很多倍。

催化电流公式——$i_1 = 0.51nFD^{1/2}m^{2/3}t^{2/3}k^{1/2}c_X^{1/2}c_A$,是极谱催化波的定量依据。

催化电流的特征——与扩散电流不同,催化电流与汞柱高度 h 无关,催化电流的温度系数高。

极谱催化波的特点和应用——方法的灵敏度高、选择性好、仪器简单,主要用于分析具有变价性质的高价离子。

七、单扫描极谱法和线性扫描伏安法

单扫描极谱法——旧称示波极谱法。在一滴汞的形成过程中(尤其是汞滴寿命的后期)完成外加电压的快速线性扫描的极谱法。

单扫描极谱法的电流-电压曲线——由于单扫描极谱法外加电压变化速率很快,电极表面附近的被测物在电极上迅速起电化学反应,因此电流急剧增加。当电压再增加时,由于扩散层厚度增加而使电流又迅速下降。因而所得电流-电压曲线呈现峰形。

峰值电流——电流-电压曲线中电流的最大值称为峰值电流,以 i_p表示。对于可逆电极反应,$i_p = 2.69\times10^5 n^{3/2}D^{1/2}v^{1/2}Ac$,是单扫描极谱法的定量依据。

峰值电位——电流-电压曲线中峰值电流所对应的电位称为峰值电位,以 E_p表示。对于可逆电极反应,$E_p = E_{1/2} - \frac{0.028}{n}$ V,是单扫描极谱法的定性依据。

三电极体系——由工作电极、参比电极和辅助电极(对电极)三个电极组成的电化学测量系统。在三电极体系中,电流在工作电极与辅助电极间流过,参比电极(电极电位恒定)与工作电极组成一个电位监控回路,以确保工作电极的电位完全受外加电压控制。

线性扫描伏安法——将电压快速施加于化学电池上,使固体或静态汞工作电极的电位随外加电压快速线性变化,并记录电流-电压曲线,称为线性扫描伏安法。

单扫描极谱法和线性扫描伏安法的特点——(1) 电压扫描速率快,电解电流大,灵敏度高;(2) 测量峰高比测量波高易于得到较高的精密度;(3) 方法快速、简便;(4) 峰形曲线的分辨率高;(5) 对不可逆的反应灵敏度低,由于氧波为不可逆波,因此分析前可不除去溶液中的溶解氧。

循环伏安法——在线性扫描伏安法的基础上,以等腰三角形脉冲电压代替单向线性扫描电压,施加于电解池的工作电极上,即为循环伏安法。

八、方波极谱

方波极谱法——在向电解池均匀而缓慢地加入直流电压的同时,再叠加一个 225 Hz 的振幅很小(≤30 mV)的交流方形波电压(交流成分)。可通过测量不同外加直流电压时交变电流的大小，得到交变电流-直流电压曲线以进行定量分析。

方波极谱法消除电容电流的原理——脉冲电解电流的衰减程度与方波持续时间 t 的 $\frac{1}{2}$ 次方成正比，衰减较慢。而电容电流随着时间按指数规律 $i_c = \frac{U_s}{R} e^{-\frac{t}{RC}}$ 衰减，因此只要满足方波的半周期远大于电解池的时间常数 RC，就可以把电容电流衰减到可以忽略的程度，而扩散电流仍较高。这就较好地解决了电容电流的影响，使灵敏度大为提高。

方波极谱的优点——脉冲电解电流大，且消除了电容电流的干扰，灵敏度高，检出限低；极谱波呈峰形，具有较强的分辨能力，前极化电流（前波）影响亦较小。

毛细管噪声——由毛细管引致的噪声。这是由于每滴汞落下时，毛细管汞线收缩，在靠近溶液的毛细管管壁上引进溶液，溶液与汞线形成一层很薄的不规则的液层，因而产生不规则的电解电流和电容电流，即毛细管噪声。

方波极谱中存在的问题——(1) 由于叠加较高频率的电压，电极反应的可逆性对测定的灵敏度有很大影响；(2) 为了有效地消除电容电流，需要采用高浓度的支持电解质以减小 RC 值，这将引入更多的杂质，对痕量测定不利；(3) 毛细管噪声影响了方法灵敏度的提高。

九、脉冲极谱

脉冲极谱法——一般指微分脉冲极谱法，也称为差分脉冲极谱法，或称为示差脉冲极谱法。在每一滴汞滴增长到一定时间（如 3 s）时，在直流线性扫描电压上叠加一个 10~100 mV 的脉冲电压，脉冲持续时间 4~80 ms（如 60 ms）。在脉冲电压叠加前先测一次电流，在脉冲叠加后并经适当延时再测一次电流，将这两次电流进行差分，得到的 Δi 就是扣除了电容电流后的纯的脉冲电解电流。

脉冲极谱的优点——叠加的脉冲电压振幅大，电解电流大，灵敏度极高；持续时间长，电容电流和毛细管噪声衰减充分，检出限低，同时允许支持电解质的浓度低，有利于降低空白值，适合于痕量分析；对于不可逆电对，测量灵敏度亦有所提高，故可用于有机化合物的测量。

常规脉冲极谱法——采用振幅随时间增加而增加的脉冲电压作为扫描电压的极谱分析法。该方法对前波的分辨力较差。

脉冲伏安法——采用固体电极或静态汞滴电极（悬汞电极）作工作电极，在电极上施加脉冲电压的伏安分析法，则称为脉冲伏安法。

十、溶出伏安法

溶出伏安法——又称反向溶出极谱法。使被测定的物质在适当的条件下电解一定的时间,然后改变电极的电位,使富集在该电极上的物质重新溶出,根据溶出过程中所得到的伏安曲线来进行定量分析。

阳极溶出伏安法——应用阳极溶出反应进行测定的溶出伏安法。

阴极溶出伏安法——应用阴极溶出反应进行测定的溶出伏安法。

溶出伏安法突出的优点——由于经过长时间的预先电解,将被测物质富集浓缩,灵敏度高。

十一、安培滴定

安培滴定——亦称为电流滴定。是利用伏安曲线的原理,根据恒定电位下两电极间电流的变化来确定滴定终点的容量分析方法。

安培滴定的分类——单指示电极法和双指示电极法。

单指示电极安培滴定——应用极谱分析原理来进行滴定的一种分析方法,故又称为极谱滴定法。极化电极使用滴汞电极或固体微电极,参比电极使用甘汞电极或汞池电极,在固定外加电压下,以滴定过程中的电流变化来确定滴定终点。

单指示电极安培滴定主要缺点——操作烦琐,选择性差,易受其他物质干扰,故在实际工作中的运用远不及电位滴定法。

双指示电极安培滴定法——又称为永停滴定法,双电流或双安培滴定法。在试液中浸入两个相同的微铂电极,电极间施加一个恒定的低电压,滴定时观察电流的变化来确定终点。

永停滴定法的特点——装置简单,终点可直接根据电流的突然偏转而确定,方法快速而准确。

参考答案

§5-3 思考题与习题解答

1. 产生浓差极化的条件是什么?

答:产生浓差极化的条件有两个:一是电极的表面很小(使得电流密度较大);二是溶液保持静止(不搅拌)。

2. 在极谱分析中所用的电极,为什么一个电极的面积应该很小,而参比电极则应具有大面积?

答:经典极谱分析是利用电解池中工作电极完全浓差极化时,极限扩散电流与待测组分浓度成正比进行定量分析的。故工作电极的面积应该很小,电流密度才能较大，以保证浓差极化的产生。而参比电极正好相反，应具有大面积，使电流密度很小，几乎不发生浓差极化，电极电位才能基本保持不变。参比电极电位保持恒定，从而使工作电极（极化电极）的电位完全由外加电压控制。

3. 在极谱分析中，为什么要加入大量支持电解质？加入电解质后电解池的电阻将降低，但电流不会增大，为什么？

答：在极谱分析中，加入大量支持电解质是为了消除迁移电流的干扰。加入电解质后电解池的电阻将降低，但电流不会增大，这是由于极谱分析中电流的大小只受待测组分从溶液本体扩散到达电极表面的速率控制，与溶液的电阻大小无关。

4. 当达到极限扩散电流区域后，继续增加外加电压，是否还引起滴汞电极电位的改变及参加电极反应的物质在电极表面浓度的变化？

答：极谱分析中，外加电压 $U=(E_{参比}-E_{滴汞})+iR$，电解电流一般很小，电解线路的总电阻 R 也不会太大，iR 值可忽略。又由于参比电极的电位不变，滴汞电极的电位仅受外加电压控制。因此，当达到极限扩散电流区域后，继续增加外加电压，会引起滴汞电极电位的改变。另一方面，当到达极限扩散电流区域后，参加电极反应的物质在滴汞电极表面的浓度已经降低到几乎为零，且仅受该物质从溶液本体扩散到达电极表面的速率控制，不再随外加电压的增加而变化。

5. 残余电流产生的原因是什么？它对极谱分析有什么影响？

答：残余电流产生的原因有两个：(1) 溶液中存在微量易在滴汞电极上还原的杂质；(2) 存在电容电流（充电电流）。

它会影响极谱分析的灵敏度和检测限。

6. 极谱分析用作定量分析的依据是什么？有哪几种定量方法？如何进行？

答：略。

7. 极谱分析的定性依据是什么？除用于定性之外它还有何用途？

答：极谱分析的定性依据是半波电位。了解在某种溶液体系下各物质极谱波的半波电位，对于选择合适的极谱定量分析条件，避免共存物质的干扰是十分有用的。

8. 经典极谱法有哪些局限性？应从哪些方面来克服这些局限性？

答：经典极谱分析最主要的局限性是由于电容电流的存在，灵敏度及检出限受到限制。为克服这一局限性，需要发展新的极谱及伏安分析技术，以增大电解电流，消除电容电流。另外，经典极谱法前波干扰严重，方法分辨力低，滴汞带来严重的毒性及环境污染问题也是其不容忽视的缺陷。形成峰形曲线可提高分辨率，减少前波干扰；采用固体电极、汞膜电极、悬汞电极等可以不用汞或减少汞用量，克服污染局限。

9. 举例说明产生平行催化波的机制。

答:以过氧化氢与铁离子共存的溶液体系为例,电极和溶液反应如下:

$$Fe^{3+}+e^{-} \longrightarrow Fe^{2+}（电极反应）$$

$$Fe^{2+}+H_2O_2 \longrightarrow OH^{-}+\cdot OH+Fe^{3+}$$

$$Fe^{2+}+\cdot OH \longrightarrow Fe^{3+}+OH^{-}$$

Fe^{3+}在滴汞电极还原成Fe^{2+},溶液体系中的H_2O_2通过化学反应将Fe^{2+}氧化而再生Fe^{3+},同时产生的自由基·OH也能氧化Fe^{2+}生成Fe^{3+},再生的Fe^{3+}又在电极上被还原,从而形成电极反应—化学反应—电极反应的循环。在整个循环中,Fe^{3+}是不消耗的,可以称为催化剂。虽然电流是由Fe^{3+}还原而产生的,但实际消耗的是氧化剂H_2O_2。因催化反应增加了的电流称为催化电流,它与Fe^{3+}的浓度成正比,其数值要比单纯只是扩散电流时大很多倍。这就是平行催化波的产生机制。

10. 方波极谱为什么能消除电容电流?

答:略。

11. 比较方波极谱及脉冲极谱的异同点。

答:(1) 施加电压的方式。

相同点:都是施加交流电压。

不同点:脉冲极谱法减低了方波频率,改变了叠加电压的方式。在方波极谱中,方波电压是连续的,而脉冲极谱是在每一滴汞滴增长到一定时间时,在直流线性扫描电压上叠加一个脉冲电压,且脉冲的振幅更高,持续时间更长。

(2) 提高灵敏度的策略。

相同点:都是利用持续的交流脉冲电压增大电解电流,消除电容电流,以提高灵敏度,降低检出限。

不同点:脉冲极谱法中的脉冲电压持续时间比方波电压长,毛细管噪声也得到了充分衰减,检出限比方波极谱更低;允许支持电解质的浓度低(允许 RC 大),有利于降低空白值,更适合于痕量分析;不可逆电对的电极反应时间增长,测量灵敏度亦有所提高,故可用于有机化合物的测量。

12. 在 0.1 $mol\cdot L^{-1}$氢氧化钠溶液中,用阴极溶出法测定S^{2-},以悬汞电极为工作电极,在−0.4 V 时电解富集,然后溶出。

(1) 分别写出富集和溶出时的电极反应式;

(2) 画出它的溶出伏安图。

解:(1) 富集阶段的电极反应式:$S^{2-}+Hg \longrightarrow HgS+2e$

溶出阶段的电极反应式:$HgS+2e \longrightarrow S^{2-}+Hg$

(2) 溶出伏安图示意如下：

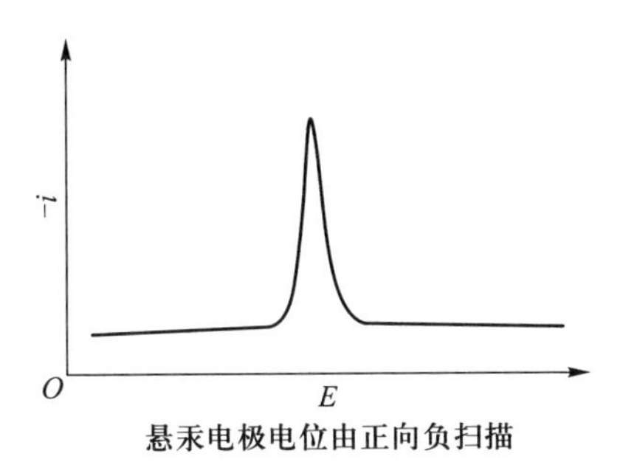

悬汞电极电位由正向负扫描

13. 在 0 V(对饱和甘汞电极)时,重铬酸根离子可在滴汞电极上还原而铅离子不被还原。若用极谱滴定法以重铬酸钾标准溶液滴定铅离子,滴定曲线形状如何？为什么？

答:以重铬酸钾标准溶液滴定铅离子的滴定曲线形状如下图所示：

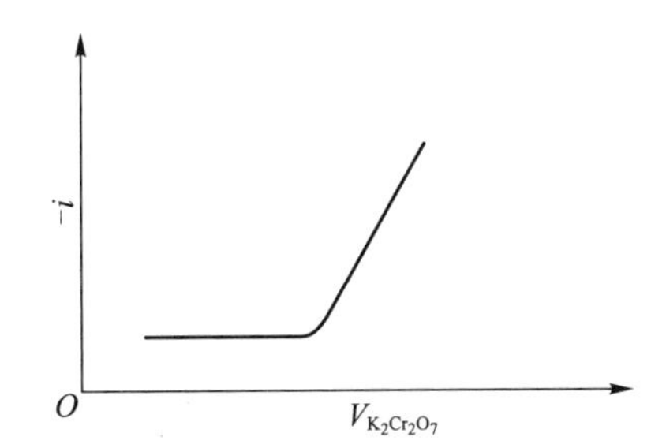

这是由于在化学计量点之前,溶液中的氧化态物质只有铅离子,而在测定条件下(0 V 时),铅离子不能在滴汞电极上被还原,因此,在化学计量点之前,极谱体系中通过的电流几乎为 0。而化学计量点之后,重铬酸根过量,由于重铬酸根离子可在滴汞电极上还原(0 V 时),故体系电流迅速上升。

14. 3.000 g 锡矿试样以 Na_2O_2 熔融后溶解之,将溶液转移至 250 mL 容量瓶中,稀释至刻度。吸取稀释后的试液 25 mL 进行极谱分析,测得扩散电流为 24.9 μA。然后在此液中加入 5 mL 浓度为 6.00×10^{-3} $mol\cdot L^{-1}$ 的标准锡溶液,测得扩散电流为 28.3 μA。计算矿样中锡的质量分数。

解:本题采用标准加入法进行锡含量的测定。设加入标准溶液之前,待测溶液中的锡浓度为 c_x。

加入标准溶液之后,待测溶液中的锡浓度为 $(25.00\times c_x+5.00\times6.00\times10^{-3})/(25.00+5.00)$

根据极谱定量分析公式 $i_d=Kc$ 有

$$24.9=Kc_x \tag{1}$$

$$28.3=K(25.00\times c_x+5.00\times6.00\times10^{-3})/(25.00+5.00) \quad (2)$$

由(1)(2)得

$$c_x=3.30\times10^{-3}\ \text{mol}\cdot\text{L}^{-1}$$

$$w=(c_x\times0.250\times118.3/3.000)\times100\%=3.25\%$$

15. 溶解 0.20 g 含镉试样,测得其极谱波的波高为 41.7 mm,在同样实验条件下测得含镉 150 μg,250 μg,350 μg 及 500 μg 的标准溶液的波高分别为 19.3 mm,32.1 mm,45.0 mm 及 64.3 mm。计算试样中的质量分数。

解:本题采用标准曲线法测定镉试样中的镉含量。绘制标准曲线如下:

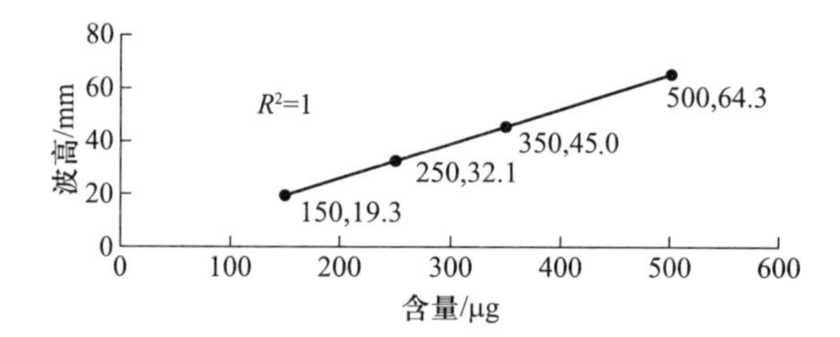

标准曲线方程为 $y=0.1286x-0.0178$

将试样的波高 41.7 mm 代入方程中,计算得试样中的含镉量为 324 μg,

$$w=324\times10^{-6}/0.20\times100\%=0.16\%$$

16. 用下列数据计算试样中铅的质量浓度,以 $\text{mg}\cdot\text{L}^{-1}$表示。

溶液	在-0.65 V 测得电流/μA
25.0 mL 0.040 $\text{mol}\cdot\text{L}^{-1}$ KNO_3稀释至 50.0 mL	12.4
25.0 mL 0.040 $\text{mol}\cdot\text{L}^{-1}$ KNO_3加 10.0 mL 试样溶液,稀释至 50.0 mL	58.9
25.0 mL 0.040 $\text{mol}\cdot\text{L}^{-1}$ KNO_3加 10.0 mL 试样,加 5.0 mL 1.7×10^{-3} $\text{mol}\cdot\text{L}^{-1}$ Pb^{2+},稀释至 50.0 mL	81.5

解:由题中数据可见,在测定条件下,KNO_3电解质溶液存在较高的本底电流(残余电流),故试样的电流值均需扣除本底电流。

设试样中铅的摩尔浓度为 c_x,则

加标前,$i_1=58.9-12.4=46.5=Kc_x\times10.0/50.0$

加标后,$i_2=81.5-12.4=69.1=K(c_x\times10.0+5.0\times1.7\times10^{-3})/50.0$

由 i_2/i_1得 $c_x=1.75\times10^{-3}\ \text{mol}\cdot\text{L}^{-1}$

质量浓度为 $c_x\times M_{Pb}\times1000=(1.75\times10^{-3}\times207\times1000)\ \text{mg}\cdot\text{L}^{-1}=362\ \text{mg}\cdot\text{L}^{-1}$

§5-4 综合练习

一、是非题

1. 伏安分析法是建立在原电池上的一种电化学分析方法。

2. 极谱分析法是伏安分析法的一种特例，该方法以滴汞电极作为工作电极。

3. 伏安分析法测定时，溶液必须处于搅拌的状态，以使其均匀。

4. 不同的物质具有不同的半波电位，这是极谱定性分析的依据。

5. 电容电流又称为充电电流，该电流可以通过加快电压扫描速率加以消除。

6. 方波极谱法的检测限比经典极谱法低的原因之一是消除了电容电流的干扰。

7. 催化极谱法中需要在待测溶液中加入合适的催化剂以加速反应。

8. 极谱分析较少应用于有机化合物的分析，其原因是有机化合物不会在滴汞电极上发生氧化还原反应。

二、单项选择题

1. 关于极谱分析法，以下说法错误的是(　　)

A. 该方法以测定电解过程中的电流-电压曲线为基础

B. 其工作电极为去极化电极

C. 其参比电极通常用甘汞电极

D. 该方法的定量参数是极限扩散电流

2. 滴汞电极的主要缺点是(　　)

A. 汞滴的表面是不断更新的，重复性不好

B. 汞滴很小，容易产生浓差极化

C. 汞有毒，环境污染严重

D. 汞不易提纯

3. 极谱分析中，尤考维奇公式未涉及的参数是(　　)

A. 扩散系数　　B. 滴汞周期　　C. 组分浓度　　D. 半波电位

4. 与极谱分析半波电位大小无关的参数是(　　)

A. 底液的种类　　B. 底液的浓度

C. 组分的浓度　　D. 组分的种类

5. 限制经典极谱法检测下限的主要原因是存在(　　)

A. 极限电流　　B. 电容电流

C. 迁移电流　　　　D. 杂质引起的电流

6. 在极谱分析中,消除迁移电流的方法是(　　)

A. 在试液中加入大量惰性电解质　　B. 选用小面积的电极

C. 搅拌试液　　D. 对溶液进行通氮操作

7. 在极谱分析中,在试液中加入表面活性剂的主要作用是消除(　　)

A. 氧波　　B. 残余电流　　C. 迁移电流　　D. 极大

8. 用伏安法进行定量分析时,若溶液中含有未知的复杂基质,应采用(　　)

A. 标准曲线法　　B. 标准溶液比较法

C. 标准加入法　　D. 内标法

9. 关于单扫描极谱法,以下说法错误的是(　　)

A. 在一滴汞生长的前期完成整个电压施加过程

B. 电压是以线性的扫描方式施加的,速率比经典极谱法快得多

C. 灵敏度比经典极谱法高的主要原因是电解电流大

D. 由于得到的是峰形曲线,测量的精密度比经典极谱更好。

10. 单扫描极谱法采用三电极系统是为控制(　　)

A. 体系电流　　B. 工作电极电位

C. 参比电极电位　　D. 辅助电极电位

11. 关于循环伏安法,以下说法正确的是(　　)

A. 主要用于电极反应过程和机理的研究

B. 循环的意思是待测溶液可以反复使用

C. 是一种交流伏安法

D. 对于不可逆体系,$\Delta E_p < 56.5/n$

12. 线性扫描伏安法中,峰电流 i_p 与电压扫描速率 v 的关系是(　　)

A. $i_p \propto v$　　B. $i_p \propto v^2$　　C. $i_p \propto v^{1/2}$　　D. i_p 与 v 无关

13. 方波极谱法中,在直流电压上所施加的方波电压对电解电流影响较大的区域是(　　)

A. 残余电流区　　B. 起波区

C. 极限扩散电流区　　D. 以上都不对

14. 关于方波极谱法,以下说法错误的是(　　)

A. 不需要借助表面活性剂来抑制极谱极大

B. 电极反应的可逆性对测定的灵敏度影响很大

C. 可以使用低浓度的电解质溶液

D. 毛细管噪声是影响灵敏度进一步提高的主要因素

15. 脉冲极谱法中所施加脉冲电压与方波极谱法中所施加的方波电压相比(　　)

A. 频率更高　　B. 持续时间更长

C. 振幅更大　　D. 以上都正确

16. 脉冲极谱法成为最灵敏极谱分析方法的原因中,不包括(　　)

A. 电容电流衰减充分

B. 毛细管噪声衰减充分

C. 允许的时间常数大,因此可以减少电解质溶液的加入量,溶液空白值减少

D. 电解电流衰减充分

17. 阳极溶出伏安法分析中,不能作为工作电极的是(　　)

A. 滴汞电极　　B. 悬汞电极　　C. 汞膜电极　　D. 玻碳电极

18. 关于溶出伏安法,以下说法不正确的是(　　)

A. 是将预电解富集和伏安分析相结合的一种方法

B. 由于阴离子溶出时不能形成难溶性固体单质,故该方法不能测定阴离子

C. 溶出伏安法的主要特点是灵敏度高

D. 反向溶出时施加的电压种类可以是多样化的,如方波、脉冲等

19. 以下参数中,不会影响溶出伏安法灵敏度的是(　　)

A. 预富集时间　　B. 溶出时电位的变化速率

C. 电极的表面积　　D. 富集时工作电极电位的大小

20. 关于安培滴定法,以下说法正确的是(　　)

A. 该方法利用两电极间的电位变化来确定滴定的终点

B. 方法的实质是利用恒定电位下两电极间电流的变化来确定滴定的终点

C. 其中的单指示电极滴定法又称为永停滴定法

D. 永停滴定法中,若以不可逆体系滴定可逆体系,当到达滴定终点时,电流将突然增大

三、填空题

1. 极谱分析以________电极为工作电极,其面积很______,电解电流密度很______,容易发生________极化。

2. 经典极谱法中,与工作电极共同组成测量体系的是________电极,该电极的面积较______,不容易发生__________极化,称为__________电极。

3. 经典极谱分析中的 $i\text{-}E$ 曲线称为__________,曲线上可用于定性分析的参数是__________,定量的参数是____________。

4. 极谱扩散电流方程又称为__________________公式,根据该公式,组分的扩散系数越________,测量的灵敏度越高。

5. 可逆波是指极谱波上的任何一点的电流都受__________速率控制;而不

可逆波的电流主要受______________速率控制。

6. 极谱分析中,不同的离子具有不同的分解电压,但该电压随待测离子浓度的增大而变______,而半波电位随待测离子浓度的增大而________。

7. 极谱分析的半波电位与底液的性质有很大关系,若底液中配位物与金属的配位稳定常数越________,半波电位越正。

8. 经典极谱法中的残余电流包括______________电流和__________电流。其中,________电流是影响经典极谱法灵敏度提高的主要因素。

9. 极谱分析中,由于工作电极对待测离子的库仑引力所引起的干扰电流被称为____________电流,该干扰可以通过加入______________消除。

10. 经典极谱法除了灵敏度低,另一个缺点是______低,因此最多只能同时测定 4~5 种物质。

11. 极谱催化波是一种________反应和________反应平行的极谱波,其中待测组分(Fe^{3+})可以看作________剂,实际消耗的是氧化剂,如________。

12. 极谱催化波中的催化电流与汞柱高度________;而经典极谱中的扩散电流与汞柱高度的平方根成________比。

13. 极谱分析测量前通入 N_2的目的是__________,而在单扫描极谱中无需此步操作是由于______________________。

14. 线性扫描伏安法中,电压的扫描形状为______________。循环伏安法中,电压的扫描形状为______________。

15. 循环伏安分析时,若发现还原波和氧化波呈现对称状态,且两者的峰电位之差为________,则表明____________________。

16. 单扫描极谱分析中的定量参数是________,定性参数是__________。

17. 方波极谱法和脉冲极谱法之所以能提高灵敏度,降低检出限,共同的原因是____________________和____________________。

18. 方波极谱法中,电解电流的衰减程度与方波持续时间 t 的关系是________,电容电流 i_C与 t 的关系是______________。

19. 常规脉冲伏安法得到的极谱图是________形的,对前波的分辨率较差。

20. 溶出伏安法包括______________和________________两个过程。

四、计算题

1. 在 0.10 $mol \cdot L^{-1}$的 KCl 介质中,CrO_4^{2-}在滴汞电极上产生一极谱波,极限扩散电流为 37 μA。若汞流速率为 3.3 $mg \cdot s^{-1}$,滴汞周期为 4.5 s,CrO_4^{2-}的浓度为 2.2×10^{-3} $mol \cdot L^{-1}$,在介质中的扩散系数为 1.0×10^{-5} $cm^2 \cdot s^{-1}$,根据以上实验结果,推测 CrO_4^{2-}在滴汞电极上的电极反应式。

2. 某金属离子在滴汞电极上产生了可逆性良好的极谱波。当电极的汞柱高度为 50.0 cm 时,测得的极限扩散电流为 1.52 μA,随着测定过程中汞滴的滴落,汞柱高度降为 45.0 cm,此时,测得的极限扩散电流将为多大?该结果说明什么问题,如何解决?

3. 已知 Sn^{2+} 在酸性介质中还原时得到的极谱波的半波电位为-0.476 V,在滴汞电极电位为-0.445 V 处测得的扩散电流为 2.35 μA,试预测该极谱波的极限扩散电流的大小。

4. 在 pH = 4 的缓冲溶液中,IO_3^- 还原成 I^- 的极谱波半波电位是-0.44 V (SCE),请根据能斯特方程判断此极谱波的可逆性。已知 $E^{\ominus}_{IO_3^-,I^-} = 1.09$ V

五、简答题

1. 经典极谱分析的工作电极是什么?它的哪些特点适于定量分析?

2. 分别采用电位分析法和极谱分析法测定 Cu^{2+} 时,测试液中都有可能加入大量 KCl,两者作用是否相同?请简要说明。

3. 为什么经典极谱分析中,最适宜的测定浓度范围为 $10^{-4} \sim 10^{-2}$ mol · L^{-1}?

4. 如何用循环伏安图来判断电极过程的可逆性?

5. 极谱分析中,对于电极反应较缓慢的有机化合物进行测定,灵敏度最高的方法是哪一种?为什么?

§5-5 参考答案及解析

一、是非题

1. 解:错。伏安分析法是建立在电解池上的一种电化学分析方法,而非原电池。

2. 解:对。

3. 解:错。发生浓差极化是进行伏安分析法的前提,在测定时,溶液必须处于静止状态,而非搅拌状态,才能发生浓差极化。在测定前,可以搅拌溶液,以使其均匀。

4. 解:对。半波电位是极谱定性分析的依据。

5. 解:错。所谓电容电流是由于汞滴表面与溶液间形成的双电层随着汞滴表面的周期性变化及外加电压的持续改变而发生的充电现象所引起的,因此,加快电压扫描速率,电容电流会随之增大,不能消除。

6. 解:对。方波极谱法消除了电容电流的干扰,检出限较经典极谱法低。

7. 解:错。催化极谱法中,需要在待测溶液中加入合适的氧化剂以进行平行化学反应,而非催化剂。该方法中的催化剂是指待测物质。

8. 解:错。极谱分析较少应用于有机化合物的分析,其主要原因是大多数有机化合物在工作电极上发生氧化还原反应的速率慢,产生的极谱波多为不可逆波,测定灵敏度低,甚至无法测定。

二、单项选择题

1. B。极谱分析中的工作电极为滴汞电极,其表面积很小,容易发生浓差极化,因此为极化电极,而非去极化电极,故 B 选项错误。A、C、D 选项均描述正确。

2. C。A、B、D 选项均为滴汞电极的主要优点,由于表面不断更新,故定量重复性好。汞滴的表面积很小,容易发生浓差极化,为极谱分析提供的必要条件。汞容易提纯。C 选项才是滴汞电极的主要缺点,故选 C。

3. D。尤考维奇公式的表达式为 $i_d = 607nD^{1/2}m^{2/3}t^{1/6}c$,其中,$D$ 为组分的扩散系数,t 为滴汞周期,c 为组分浓度,表达式中没有半波电位,故选 D。

4. C。根据极谱波方程 $E_{1/2} = E' = E^{\ominus} + \frac{0.059}{n}\lg\frac{\gamma_A k_B}{\gamma_B k_A}$可知,在一定的底液及实验条件下,某一组分的半波电位 $E_{1/2}$ 为一常数,与浓度无关,正因为如此,半波电位可作为定性分析的依据,故选 C。

5. B。A 选项是定量参数,不是干扰电流。C、D 两种干扰电流可以通过添加惰性电解质和预电解等方法加以消除。只有电容电流在经典极谱法中无法消除,且电流值较大,使微量组分的测定发生困难,故选 B。

6. A。如果在电解池中加入大量电解质,作为负极的滴汞电极对所有电解质解离出来的阳离子都有静电吸引力,因此作用于被分析离子的静电吸引力就大大地减弱了,从而达到消除迁移电流的目的。B、C、D 选项均无法消除迁移电流。

7. D。在试液中加入表面活性剂可以改变滴汞表面张力,从而消除汞滴表面张力的不均匀而引起的极大现象,但表面活性剂浓度不能太高,否则会影响扩散电流。

8. C。当试样组成复杂时,常应用标准加入法进行定量分析,通过加标后响应信号的增值来计算未知液的浓度,即可消除本底信号的影响,A、B、D 均不能达到此目的,故选 C。

9. A。单扫描极谱法的定量依据是 $i_p = 2.69\times10^5 n^{3/2}D^{1/2}v^{1/2}Ac$,由此可见,峰电流值受到滴汞电极面积的影响。如果在汞滴寿命的后期施加扫描电压,电极面积大且基本不变,便可消除由于电极面积变化引起的峰电流改变,且灵敏度最高。故在汞滴生长的前期施加扫描电压是错误的。B、C、D 均为单扫描极谱法的特点。

10. B。单扫描极谱法采用三电极系统是为了使工作电极电位完全受外加电压 U 的控制,起到消除电位失真的作用,故选 B。极谱电流在工作电极与辅助电极间流过,参比电极与工作电极组成一个电位监控回路,参比电极电位保持恒定,辅助电极和参比电极电位均不受外加电压控制;极谱电流受扩散过程控制;故 A、C、D 均不正确。

11. A。循环伏安法的"循环"是指电压的循环扫描,而不是指溶液的循环使用,故 B 不正确。循环伏安法施加的是线性扫描电压,不属于交流伏安法,故 C 不正确。对于不可逆体系,$\Delta E_p > 56.5/n$,故 D 错误。循环伏安法作为一种重要的表征手段,主要用于电极反应过程和机理的研究,很少用于定量分析,故选 A。

12. C。线性扫描伏安法中,峰电流 $i_p = 2.69\times10^5 n^{3/2} D^{1/2} v^{1/2} Ac$,与电压扫描速率 v 的关系是 $i_p \propto v^{1/2}$,故选 C。

13. B。在残余电流区,即使叠加方波电压,此时的工作电极电位仍不足以使待测组分还原,故对电流不产生影响。在极限扩散电流区,电流大小受扩散控制,所叠加的方波电压对电流亦无影响。而在起波区,电解电压的大小对电解电流影响很大,故选 B。A、C、D 均不正确。

14. C。在方波极谱法中,为了有效地消除电容电流,应使电解池回路的 RC 值远小于方波半周期的数值,一般要求 R 值不大于 100 Ω,需要采用高浓度的支持电解质,故选 C。A、B、D 选项均为方波极谱法的特点,说法正确。

15. B。脉冲极谱法中所施加脉冲电压与方波极谱法中所施加的方波电压相比,持续时间更长,这是脉冲极谱法最主要的特点,并由此带来了一系列的优势。脉冲电压的频率比方波电压低,振幅也不一定比方波电压大,故只有 B 选项正确。

16. D。脉冲极谱法成为最灵敏极谱分析方法都是由于脉冲电压的持续时间长,使得电容电流衰减充分,毛细管噪声衰减充分,允许的时间常数大,可以减少电解质溶液的加入量,溶液空白值减少。而电解电流的衰减较慢,脉冲电压持续时间长也不会使其完全衰减。故其原因不包括 D。

17. A。由于溶出伏安法分析包括预电解富集和伏安分析两个过程,这两个过程需要在同一个电极上完成,因此,不能使用会周期性生长和滴落的滴汞电极。B、C、D 三者都是状态稳定的电极,在溶出伏安分析中都可以使用。故选 A。

18. B。在阴极溶出法中,被测离子在预电解的阳极过程中形成一层难溶化合物,然后当工作电极向负的方向扫描时,这一难溶化合物被还原而产生还原电流的峰,因此,溶出伏安法可用于卤素、硫、钨酸根等阴离子的测定,故选 B。其余选项的说法均正确。

19. D。溶出伏安分析中,电解富集时间、电解时溶液的搅拌速率、电极的大小及溶出时的电位变化速率等因素都会影响测定的灵敏度。只有富集时工作电极电位的大小不会影响组分的富集量,故选 D。

20. B。安培滴定法的实质是利用恒定电位下两电极间电流的变化来确定滴定的终点,而并非电位的变化来确定终点,故 A 选项不正确。其中的双指示电极滴定法又称为永停滴定法,而非单指示电极滴定法,故 C 选项不正确。永停滴定法中,若以不可逆体系滴定可逆体系,当到达滴定终点时,电流将一直保持在最低值不动,而不会突然增大,故 D 选项不正确。正确的选项为 B。

三、填空题

1. 滴汞电极;小;大;浓差。发生浓差极化的必要条件是:(1) 电流密度大(电极面积小);(2) 溶液静止。滴汞电极面积小,故容易发生浓差极化。

2. 甘汞电极;大;浓差;去极化。经典极谱法中,为了让滴汞电极的电位完全受外加电压所控制,阳极的电极电位需基本保持不变,因此,一般采用大面积的甘汞电极作阳极。此时,电解过程中阳极产生的浓差极化很小,电极电位基本保持不变。

3. 极谱波;半波电位;极限扩散电流。

4. 尤考维奇;大。根据尤考维奇公式:$i_d = 607nD^{1/2}m^{2/3}t^{1/6}c$,极限扩散电流与 $D^{1/2}$成正比,故 D 越大,i_d越大,测量灵敏度越高。

5. 扩散;电极反应。

6. 大(正);不变。不同金属离子具有不同的分解电压,但分解电压随离子浓度而改变,所以极谱分析不用分解电压来作定性分析。半波电位的大小与被还原离子的浓度无关,故可作为极谱定性依据。

7. 小。金属配离子的半波电位要比简单金属离子的半波电位负,半波电位向负的方向移动多少,取决于配离子的稳定常数。稳定常数越大,半波电位越负,因此同一物质在不同的底液中,其半波电位常不相同。

8. 由杂质引起的,充电/电容;充电/电容。

9. 迁移;支持电解质。

10. 分辨率。经典极谱法的另一个缺点是它的分辨力低,除非两种被测物的半波电位相差 100 mV 以上,否则要准确测量各个波高会有困难。而极谱分析的电位窗口不大(~1 V),故最多只能同时测定 4~5 种物质。

11. 电极,化学;催化;H_2O_2。极谱催化波测定过程中需要形成了一个电极反应-化学反应-电极反应的循环,也就是电极反应与化学反应相平行。由于待测组分在电极反应中消耗的，又在化学反应中得到了补偿，其反应前后的浓度几乎不变，因此可以称为催化剂。在化学反应中，需要一种氧化剂将待测组分的还原产物再氧化，过氧化氢是很好的氧化剂，它在电极上还原时有很大的超电势。

12. 无关；正。催化电流 $i_1 = 0.51nFD^{1/2}m^{2/3}t^{2/3}k^{1/2}c_X^{1/2}c_A$，由于汞流速度 m 与汞柱高度 h 成正比，滴汞周期 t 则与 h 成反比，故催化电流与汞柱高度 h 无关。而经典极谱中的扩散电流 $i_d \propto m^{2/3}t^{1/6} \propto h^{2/3}h^{-1/6} \propto h^{1/2}$，与汞柱高度的平方根成正比。

13. 消除氧波的干扰；氧波是不可逆波，其干扰作用大为降低。这是由于单扫描极谱法的电压扫描速率很高，对于可逆性差或不可逆反应，由于其电极反应速率较慢，跟不上电压扫描速率，所得图形的尖峰状不明显，甚至没有尖峰，故氧波在单扫描极谱法中不干扰测定。

14. 锯齿形；等腰三角形。线性扫描伏安法在电解池两个电极上加一个随时间作线性变化的直流电压 U，电压的扫描形状呈锯齿形。循环伏安法中，施加于工作电极上的电压由起始电压开始按一定方向作线性扫描达到终止电压后，再反向扫描，以相同的扫描速率回到原来的起始扫描电压，电压的扫描形状呈等腰三角形。

15. 56.5/n(mV)；电极体系为可逆体系。故利用循环伏安法可以判别电极体系的可逆性。

16. 峰电流；峰电位。与经典极谱法的电流-电压曲线形状不同，单扫描极谱法的电流-电压曲线出现峰形，其峰值电流与组分浓度成正比，是定量分析的依据，峰电位是组分的特征数据，为定性依据。

17. 电解电流大，电容电流可忽略。两种方法都是在直流电压的基础上叠加交流电压，脉冲电解电流值大大超过同样条件下经典极谱的扩散电流值；又由于交流电压持续的时间足够长，电容电流得到了充分的衰减，故在交流电压施加的后期记录，电容电流可以忽略不计。

18. 与 t 的 1/2 次方成正比；$i_C = \frac{U_s}{R}e^{-\frac{t}{RC}}$。

19. 波。由于常规脉冲极谱法所得的极谱图与经典极谱图相同，因此分辨能力不如峰形曲线，尤其对前波的分辨力较差。

20. 富集，反向溶出。

四、计算题

1. 解题思路：CrO_4^{2-} 在滴汞电极上的电解产物、电极反应式与电极反应的电子转移数相关。而利用极谱分析中的尤考维奇公式，不仅能测量待测组分的浓度，还可以使用已知浓度的溶液来测定物质的相关物理化学参数，如组分在电极上所发生反应的电子转移数、组分在介质中的扩散系数等。还可以通过尤考维奇公式来预测汞流速率、滴汞周期、甚至汞柱高度等测定条件变化时极限扩散电流的变化情况。

解:根据尤考维奇公式,

$$i_d = 607nD^{1/2}m^{2/3}t^{1/6}c$$

将题中的数据代入公式中,得

$$n = \frac{i_d}{607D^{1/2}m^{2/3}t^{1/6}c}$$
$$= \frac{37}{607\times(1.0\times10^{-5})^{1/2}\times(3.3)^{2/3}\times(4.5)^{1/6}\times2.2\times10^{-3}\times10^{3}}$$
$$\approx 3$$

因此,CrO_4^{2-}在滴汞电极上发生 3 个电子的转移,故其电极反应式为

$$CrO_4^{2-}+H_2O+3e^- \longrightarrow CrO_3^{3-}+2OH^-$$

在计算时需要注意的是:尤考维奇公式中,i_d的单位是 μA,而不是 A。浓度 c 的单位是 $mmol\cdot L^{-1}$,而不是 $mol\cdot L^{-1}$。

2. 解题思路:尤考维奇公式中并没有汞柱高度这一参数,然而,汞流速率和滴汞周期显然与汞柱压力/高度有关。因此可以根据尤考维奇公式推导 i_d与汞高 h 的数学关系,再进行计算。

解:由于汞流速率 m 与汞柱高度 h 成正比,滴汞周期 t 则与 h 成反比,根据尤考维奇公式有

$$i_d \propto m^{2/3}t^{1/6} \propto h^{2/3}h^{-1/6} \propto h^{1/2}$$

因此

$$\frac{i_{d_1}}{i_{d_2}} = \left(\frac{h_1}{h_2}\right)^{1/2}$$

$$i_{d_1} = \left(\frac{h_1}{h_2}\right)^{1/2}\times i_{d_2} = \left[\left(\frac{45.0}{50.0}\right)^{1/2}\times1.52\right]\ \mu A = 1.44\ \mu A$$

由计算结果可见,汞柱高度下降,极限扩散电流变小。因此,在测定过程中需要保持汞柱高度基本不变方可。为此,滴汞电极内的汞应加到储汞瓶的横截面最大处,以减小因汞滴持续滴落导致的汞柱高度下降。

3. 解题思路:利用极谱波方程式可以计算极谱波上任意一点的电位值,同样的,利用极谱波上任意一点的电位值,亦可以计算其对应的扩散电流,甚至可以计算电子转移数等相关参数。

解:根据极谱波方程式,

$$E_{de}=E_{1/2}+\frac{0.059}{n}\lg\frac{i_d-i}{i}$$

$$-0.445=-0.476+\frac{0.059}{2}\lg\frac{i_d-2.35}{2.35}$$

解得$i_d=28.7\ \mu A$

4. 解:电极反应为

$$IO_3^-+6H^++6e^-\longrightarrow I^-+3H_2O$$

根据能斯特方程

$$E=E^{\ominus}+\frac{RT}{nF}\lg\frac{[IO_3^-][H^+]^6}{[I^-]}$$

当扩散电流达到极限电流一半(半波电位处)时,电极反应进程达到一半(可自行证明一下),$[IO_3^-]=[I^-]$,此时的电极电位为

$$E_{1/2}=E^{\ominus}+\frac{RT}{nF}\lg[H^+]^6=\left(1.09+\frac{0.059}{6}\lg[10^{-4}]^6\right)\ V=0.854\ V$$

由以上数据可见,理论半波电位远大于实际半波电位是-0.44 V(SCE),故该极谱波为不可逆波。

五、简答题

1. 答:经典极谱分析的工作电极是滴汞电极。它的主要特点是电极面积小,属于极化电极,有利于形成浓差极化,当达到完全浓差极化时,极限扩散电流 i_d 与待测组分浓度成正比,故该特点使极谱定量分析成为可能。它的另一个特点是电极表面不断更新,这使得定量结果的重现性好。

2. 答:两者作用不同。电位分析法测试液中加入大量 KCl 的作用是提高并稳定试液的离子强度,使试液和标准溶液中被测离子的活度系数保持一致,此时,能斯特方程中的活度转换成浓度,因此可用于测定和计算离子浓度。极谱分析法中加入大量 KCl 的作用是为了消除干扰电流——迁移电流的影响。

3. 答:经典极谱分析的前提条件是在电解过程中发生浓差极化,若待测组分浓度过高,如高于 10^{-2} mol · L^{-1},则组分的浓度梯度大,扩散通量高,不易形成浓差极化,故组分浓度不宜过高。另一方面,经典极谱法中的电容电流(干扰电流)约为 0.1 μA,相当于浓度为 5×10^{-5} mol · L^{-1}的一价金属离子所产生的扩散电流,因此,对于微量组分,电容电流的存在将使测定发生困难。综上,经典极谱分析中,最适宜的测定浓度范围为 $10^{-4}\sim10^{-2}$ mol · L^{-1}。

4. 答:循环伏安法常用于判断电极过程的可逆性。若电极反应是可逆的,则循环伏安曲线上下部基本上是对称的,氧化峰电流和还原峰电流的大小基本一

致，且阳极峰电位和阴极峰电位之差应为 $\Delta E_p = 56.5/n$ (mV)。对于不可逆体系，则，$i_{pa}/i_{pc}<1$，$\Delta E_p>56.5/n$。峰电位相距越远，阳极、阴极峰电流比值越小，则该电极体系越不可逆。

5. 答：脉冲极谱法。这是由于脉冲极谱法中叠加脉冲电压的持续时间(60 ms)比方波极谱(2 ms)长十倍以上，这为电极反应速率较缓慢的不可逆电对，如大多数有机化合物的测定，提供了更充分的电极反应时间，使电流信号大幅增加，故其测定灵敏度可显著提高。

第6章

库仑分析法

§6-1 内容提要

库仑分析法是基于法拉第电解定律建立起来的一类电化学分析方法,是一种定量分析方法。其原理是测量电解时通过电解池的电荷量,再由电荷量计算反应物质的量。该方法是为数不多的绝对定量方法之一,即定量过程中无须使用基准物或标准溶液,且方法的精密度和准确度都很高,在分析化学中有着特殊的地位。本章从法拉第电解定律出发,提出了库仑分析法的前提条件、实现方法等。重点介绍了控制电位库仑分析法和恒电流库仑法的原理、仪器和特点。

一、法拉第电解定律及库仑分析法概述

本节介绍了库仑分析法的基本依据和前提条件,并讨论了库仑分析法和电重量分析法的区别。

二、控制电位电解法

以电解浓度分别为 0.01 $mol \cdot L^{-1}$ 及 1 $mol \cdot L^{-1}$ 的 Ag^{+} 和 Cu^{2+} 的硫酸盐溶液为例,探讨电解时控制工作电极电位的意义,以及如何控制工作电极的电极电位。其目的是让学习者理解为什么控制电位库仑法能够实现100%的电流效率。

三、控制电位库仑分析法

保证电流效率100%是库仑分析的关键和前提条件,控制电位库仑分析法是满足该条件的方法之一。本节介绍了控制电位库仑分析法的仪器装置,重点介绍了用于电荷量测定的部件——库仑计的测量原理和结构,同时还探讨了该方法的特点。

四、恒电流库仑法（库仑滴定）

恒电流库仑法（库仑滴定）是满足电流效率 100%这一前提条件的另一种方法。本节以酸性介质中二价铁离子的恒电流库仑法为例阐明库仑滴定能实现100%的电流效率的原理。本节还介绍了库仑滴定分析的装置——四电极体系。

五、库仑滴定的特点及应用

库仑滴定法是一种相当具有实用价值的方法。本节列举了库仑滴定的部分实例，并由此引出库仑滴定法的优点。

六、自动库仑分析

库仑分析仪器发展迅速。目前库仑滴定法一般都可以在自动库仑滴定仪（微库仑仪）上完成，这也是库仑分析法的发展方向。本节以钢铁中含碳量测定，大气中的硫化氢测定为例，介绍了自动库仑滴定的反应原理与仪器结构，以拓宽视野。

§6-2 知识要点

一、法拉第电解定律及库仑分析法概述

法拉第电解定律——(1) 于电极上发生反应的物质的质量与通过该体系的电荷量成正比；(2) 通过同量的电荷量时，电极上所沉积的各物质的质量与该物质的 M/n 成正比。即 $m=\frac{MQ}{96\ 485n}=\frac{M}{n}\cdot\frac{it}{96\ 485}$。该定律是库仑分析的基本依据。

电重量分析法——电解分析法的一种，通过称量在电极上析出物质的质量进行定量，故称为电重量分析法。

库仑分析法——库仑分析法也是一种电解分析法，但它与电重量分析法不同，分析结果是通过测量电解反应所消耗的电荷量来求得的，计算依据是法拉第电解定律。

100%的电流效率——通过电解池的电流必须全部用于电解被测的物质，且被测物质的电极反应式是唯一的。

库仑分析的关键及前提条件——保证电流效率为 100%。

100%电流效率的实现方法——控制电位库仑分析及恒电流库仑滴定。

二、控制电位电解法

控制电位电解法——通过控制电解池的外加电压来控制合适的工作电极电位以实现组分的分离，这种方法称为控制电位电解法。

工作电极（阴极）电位的控制——利用三电极体系实现，该体系包括工作电极、辅助电极和参比电极。

三、控制电位库仑分析法

控制电位库仑分析法——通过控制工作电极的电极电位实现100%电流效率的库仑分析法。

库仑计——能精确测量电解池中所通过的电荷量的部件。早期有银库仑计（重量库仑计）、滴定库仑计、气体库仑计（氢氧库仑计、氢氮库仑计）等，现在一般使用电流积分库仑计（电子式库仑计）。

控制电位库仑分析法的优点——可同时测定含有几种可还原物质的试样。

四、恒电流库仑滴定（库仑滴定）

库仑滴定——在试液中加入适当物质后，以一定强度的恒定电流进行电解，使之在工作电极（阳极或阴极）上电解产生一种试剂，此试剂与被测物发生定量反应，当被测物作用完毕后，用适当的方法指示终点并立即停止电解。由电解进行的时间 t(s)及电流 i(A)，按法拉第电解定律计算出被测物的质量 m(g)。

库仑滴定终点的确定——可根据测定溶液的性质选择适宜的方法确定。如各种伏安法、电位法、电导法及比色法等，甚至化学指示剂都可应用。

库仑滴定的（四）电极系统——工作电极一般为产生试剂的电极，直接浸于溶液中；辅助电极则经常需要套一多孔性隔膜（如微孔玻璃），以防止由于辅助电极所产生的反应干扰测定。如果应用电化学分析法确定终点，则需要在溶液中再浸入一对电极用作终点指示。

五、库仑滴定的特点及应用

库仑滴定的应用范围——凡与电解时所产生的试剂能迅速反应的物质，都可用库仑滴定测定，故能用容量分析的各类滴定，如酸碱滴定、氧化还原法滴定、容量沉淀法、配合滴定等测定的物质都可应用库仑滴定测定。

库仑滴定的特点——(1) 精密度及准确度都很高；(2) 可以使用很不稳定的某些试剂作为标准溶液；(3) 分析结果是客观地通过测量电荷量而得，无须基准物质或标准溶液，可避免使用基准物及标定标准溶液时所引起的误差；(4) 易于实现自动滴定。

六、自动库仑分析

微库仑法——是一种动态库仑滴定技术,它与恒电流库仑滴定原理相似,不同之处在于,测定过程中微库仑法的电流不是恒定的,而是随被测物的浓度而变化。

微库仑分析仪的组成——一般由裂解炉(燃烧炉)、滴定池、微库仑放大器、进样器、电子积分仪等部件构成。滴定池是微库仑仪的核心部件,由一对电解电极和一对指示电极浸入电解液中构成,电解电极对用于产生滴定剂,指示电极对用于指示滴定终点。

参考答案

§6-3 思考题与习题解答

1. 以电解法分离金属离子时,为什么要控制阴极的电位?

答:在电解分析中,金属离子大部分在阴极上析出。根据能斯特方程,不同种类、不同浓度的金属离子具有不同的析出电位,因此,要达到分离金属离子的目的,就需要控制阴极电位。

2. 库仑分析法的基本依据是什么?为什么说电流效率是库仑分析的关键问题?在库仑分析中用什么方法保证电流效率达到100%?

答:(1) 库仑分析法的基本依据是法拉第电解定律;(2) 根据法拉第电解定律,库仑分析法是通过电解反应所消耗的电荷量来计算试样的量,因此,应使工作电极上只发生单纯的电极反应,而此反应又必须以100%的电流效率进行。若通过电解池的电流有部分由其他因素导致(电流效率$<100\%$),将使测得的电荷量和定量结果偏高,故电流效率是库仑分析的关键问题;(3) 在库仑分析中,可以通过控制电位库仑分析和恒电流库仑滴定两种方法保证电流效率达到100%。

3. 电解分析与库仑分析在原理、装置上有何异同之处?

答:相同之处:电解分析与库仑分析都是利用电解过程进行分析,其装置的基本组成都是一个电解池。

不同之处:电解分析是通过称量在电极上析出物质的质量来进行定量分析,而库仑分析是通过测量电解时通过的电荷量来进行定量测定。在装置上,控制电位库仑分析需要在电解电路中串联一个能精确测量电荷量的库仑计,恒电流库仑滴定需要在测量体系中增加一路终点指示装置。

4. 试述库仑滴定的基本原理。

答:略。

5. 在控制电位库仑分析法和恒电流库仑滴定中,是如何测得电荷量的?

答:控制电位库仑分析法中,是在电解电路中串联一个能精确测量电荷量的库仑计来测得电荷量的。而恒电流库仑滴定中,电荷量是通过时间 t 乘以电流 i 计算得到,故只需用计时器准确测定电解时间。

6. 微库仑分析仪一般由哪几部分组成?其中的滴定池又包含哪些部件?

答:略。

7. 在库仑滴定中,$1\ mA \cdot s^{-1}$ 相当于下列各物质多少克?(1) OH^-;(2) Sb(Ⅲ~Ⅴ价);(3) Cu(Ⅱ~0价);(4) As_2O_3(Ⅲ~Ⅴ价)。

解题思路:根据法拉第电解定律,$m=\frac{M}{n}\cdot\frac{it}{96\ 485}$,可计算 $1\ mA \cdot s^{-1}$ 相当于不同物质的量。需注意的是,电流的单位 mA 要换算成标准单位 A;不同的测定对象,其对应的电子转移数关系不一样,应根据电极反应和滴定反应加以推导。

解:(1) 阳极反应:$H_2O \longrightarrow 2H^+ + \frac{1}{2}O_2\uparrow + 2e^-$

滴定反应:$H^+ + OH^- \longrightarrow H_2O$

故 $1\ mol\ OH^- \sim 1\ mol\ e^-$,$n=1$

$$m_{OH^-}=\frac{M}{n}\cdot\frac{it}{96\ 485}=\left(\frac{17.01}{1}\cdot\frac{1\times10^{-3}}{96\ 485}\right)\ g=1.76\times10^{-7}\ g$$

(2) 阳极反应:$2Br^- \longrightarrow Br_2 + 2e^-$

滴定反应:$Br_2 + Sb^{3+} \longrightarrow 2Br^- + Sb^{5+}$

故 $1\ mol\ Sb^{3+} \sim 2\ mol\ e^-$,$n=2$

$$m_{Sb(Ⅲ)}=\frac{M}{n}\cdot\frac{it}{96\ 485}=\left(\frac{121.76}{2}\cdot\frac{1\times10^{-3}}{96\ 485}\right)\ g=6.31\times10^{-7}\ g$$

(3) 同理,Cu(Ⅱ~0价),$n=2$

$$m_{Cu(Ⅱ)}=\frac{M}{n}\cdot\frac{it}{96\ 485}=\left(\frac{63.54}{2}\cdot\frac{1\times10^{-3}}{96\ 485}\right)\ g=3.29\times10^{-7}\ g$$

(4) 同理,As(Ⅲ~Ⅴ价),$n=2$

$$\frac{m_{As}}{M}=\frac{1}{n}\cdot\frac{it}{96\ 485}=\left(\frac{1}{2}\cdot\frac{1\times10^{-3}}{96\ 485}\right)\ mol=5.182\times10^{-9}\ mol$$

$$m_{As_2O_3}=5.182\times10^{-9}\times\frac{M_{As_2O_3}}{2}=\left(5.182\times10^{-9}\times\frac{197.84}{2}\right)\ g=5.13\times10^{-7}\ g$$

8. 在一硫酸铜溶液中,浸入两个铂片电极,接上电源,使之发生电解反应。这时在两铂片电极上各发生什么反应?写出反应式。若通过电解池的电流强度为 24.75 mA,通过电流时间为 284.9 s,在阴极上应析出多少毫克铜?

解:阴极反应:$Cu^{2+}+2e^- \longrightarrow Cu$

阳极反应:$4OH^- - 4e^- \longrightarrow 2H_2O+O_2\uparrow$

根据法拉第电解定律,

$$m_{Cu}=\frac{M}{n}\cdot\frac{it}{96\ 485}=\left(\frac{63.54}{2}\cdot\frac{24.75\times284.9}{96\ 485}\right)\ mg=2.322\ mg$$

9. 10.00 mL 浓度约为 0.01 mL · L^{-1}的 HCl 溶液,以电解产生的 OH^-滴定此溶液,用 pH 计指示滴定时 pH 的变化,当到达终点时,通过电流的时间为 6.90 min,滴定时电流强度为 20.0 mA,计算此 HCl 溶液的浓度。

解:阴极反应:$2H_2O+2e^- \longrightarrow 2OH^- +H_2\uparrow$

滴定反应:$H^+ +OH^- \longrightarrow H_2O$

故 1 mol H^+ ~1 mol e^- =1∶1,$n=1$

$$\frac{m}{M}=\frac{1}{n}\cdot\frac{it}{96\ 485}=\left(\frac{1}{1}\cdot\frac{20.0\times10^{-3}\times6.90\times60}{96\ 485}\right)\ mol=8.58\times10^{-5}\ mol$$

$$c_{HCl}=\frac{m}{M}/V=\left(\frac{8.58\times10^{-5}}{10.00\times10^{-3}}\right)\ mol\cdot L^{-1}=8.58\times10^{-3}\ mol\cdot L^{-1}$$

10. 以适当方法将 0.854 g 铁矿试样溶解并使转化为 Fe^{2+}后,将此试液在 -1.0 V(vs.SCE)处,在 Pt 阳极上定量地氧化为 Fe^{3+},完成此氧化反应所需的电荷量以碘库仑计测定,此时析出的游离碘以 0.019 7 mol · L^{-1} $Na_2S_2O_3$标准溶液滴定时消耗 26.30 mL。计算试样中 Fe_2O_3的质量分数。

解:滴定 I_2的化学反应式:$I_2+2S_2O_3{}^{2-} \longrightarrow S_4O_6{}^{2-}+2I^-$

碘库仑计的电极反应式:$2I^- \longrightarrow I_2+2e^-$

工作电极上的电极反应式:$Fe^{2+} \longrightarrow Fe^{3+}+e^-$

故有:$\frac{1}{2}$ mol Fe_2O_3 ~1 mol Fe^{2+} ~1 mol e^- ~$\frac{1}{2}$ mol I_2 ~1 mol $S_2O_3{}^{2-}$

$$w_{Fe_2O_3}=\frac{m_{Fe_2O_3}}{m}\times100\%=\frac{0.019\ 7\times26.30\times10^{-3}\times159.69/2}{0.854}\times100\%=4.84\%$$

11. 上述试液若改为以恒电流进行电解氧化,能否根据在反应时所消耗的电荷量来进行测定?为什么?

答:不能。这是由于随着电极反应的进行,阳极表面上 Fe^{3+}浓度不断增加,Fe^{2+}浓度降低,阳极电位逐渐向正的方向移动。最后,溶液中 Fe^{2+}还没有全部氧化为 Fe^{3+},阳极电极电位已达到了水的分解电位,故无法保证 100% 的电流效率。

§6-4 综合练习

一、是非题

1. 库仑分析法是以库仑定律为理论基础的定量分析方法。

2. 在利用库仑分析法对物质进行分析的过程中,需要用基准物质或标准溶液做对照。

3. 电解分析法是以测量沉积于电极表面的物质的量为基础的。

4. 采用控制电位库仑法进行分析时,控制的是电解池的外加电压。

5. 采用库仑滴定分析时,滴定剂是用滴定管滴加至待测溶液中的。

二、单项选择题

1. 库仑分析用于定量计算的公式是(　　)

A. 能斯特方程　　B. 尤考维奇公式

C. 法拉第电解定律　　D. 朗伯-比尔定律

2. 法拉第电解定律的数学表达式中,若质量 m 的单位为 g,则电流 i 的单位和时间 t 的单位分别是(　　)

A. A,min　　B. μA,min　　C. A,s　　D. μA,s

3. 关于库仑分析法,下列说法中错误的是(　　)

A. 利用电解池进行分析　　B. 以电流为定量参数

C. 电流效率要求 100%　　D. 适用于微量成分的分析

4. 在控制电位库仑分析方法中,随着测量过程的进行(　　)

A. 体系电流不断减小　　B. 工作电极电位不断减小

C. 体系电流不断增大　　D. 工作电极电位不断增大

5. 控制电位库仑分析采用三电极体系时,装置中增加的电极是(　　)

A. 工作电极　　B. 参比电极　　C. 辅助电极　　D. 指示电极

6. 气体库仑计是根据电解时产生的气体体积直接读出电量,气体体积是指(　　)

A. 氢气的体积　　B. 氧气的体积

C. 氢气和氧气体积之差　　D. 氢气和氧气体积之和

7. 关于控制电位库仑分析法,以下说法错误的是(　　)

A. 方法的选择性较好,可以同时测定几种物质

B. 测定速率比库仑滴定法快

C. 能用于研究电极反应中的电子转移数

D. 无须基准物质或标准溶液

8. 库仑滴定分析时,工作电极的作用是(　　)

A. 稳定电位　　B. 指示滴定终点

C. 电解待测组分　　D. 产生滴定剂

9. 以下部件中,不属于恒电流库仑滴定仪组成部件的是(　　)

A. 电解池　　B. 库仑计

C. 电解电极对　　D. 终点指示电极对

10. 以下何者不是影响库仑滴定分析准确度的主要因素(　　)

A. 终点指示灵敏度　　B. 终点指示的准确度

C. 电流效率　　D. 滴定时间的测定误差

11. 以下选项中,不属于库仑滴定分析特点的是(　　)

A. 可采用 Cu^{+}、Br_2等不稳定的滴定剂

B. 可避免标准溶液本身引起的误差

C. 适用于微量分析

D. 无须判别滴定终点

12. 关于微库仑法,以下说法错误的是(　　)

A. 与库仑滴定的原理相似,通过电解产生滴定剂

B. 在滴定过程中电流是恒定的

C. 易于实现自动及连续测量

D. 滴定池是微库仑仪的核心部件

三、填空题

1. 法拉第电解定律的表达式是________________,表达式中每个参数的物理含义是______________________________。

2.库仑分析的关键和前提条件是保证____________________________。可以采用________________和________________两种方法实现。

3. 库仑分析法中,100%的电流效率即通过电解池的电流必须全部用于电解__________,且其电极反应式是__________。

4. 控制电位库仑分析中,控制电位的目的是________________________,一般通过____________装置来实现。控制电位库仑分析与控制电位电解分析在装置上最大的不同是________________。

5. 三电极体系中的三个电极分别是__________、________和__________,其中的______电极是用来监控在电解过程中________电位的变化的。

6. 对于氢氧库仑计，在标准状态下，若每库仑电荷量产生的气体体积为 V_1，某物质电解后产生的气体体积为 V_2，则电解产物的质量为________。

7. 在控制电位库仑分析法中，往往需要向电解液中通几分钟惰性气体，以除去________，其目的是________。

8. 库仑滴定是通过________产生滴定剂，与待测物进行化学反应，达到终点后，根据________定律来计算滴定剂用量。

9. 库仑滴定一般不需要基准物质或标准溶液，这是由于组分含量是通过精确测量________和________来获得。

10. 相比于其他滴定方法，库仑滴定法可以使用________的滴定剂，从而扩大了应用范围。

四、计算题

1. 在 0.1 mol·L^{-1}的盐酸介质中，加入浓度为 0.030 0 mol·L^{-1}的某硝基化合物溶液 10.0 mL，采用控制电位库仑分析法进行测定，消耗电荷量 175 C，试计算该化合物的电极反应的电子转移数。

2. 采用控制电位库仑分析法测定某含氯离子的试样，称取试样 1.572 g，用合适溶剂溶解后，控制工作电极电位为+0.3 V，Cl^-在银电极上沉积为 AgCl。测定结束后，氢氧库仑计的体积读数为 50.4 mL（25 ℃，100 kPa）。计算试样中氯离子的质量分数（$M_{Cl}=35.45$）。

五、简答题

1. 在本教材介绍的三类电化学分析方法中，测量时电流最小的方法是哪一种？为什么？

2. 在利用电化学分析方法进行测量时，什么方法需要边测量边搅拌溶液，而什么方法不能搅拌，为什么？

3. 控制电位库仑分析法的实际测定一般需要按以下步骤操作：(1) 向电解液中通几分钟惰性气体（如氮气）；(2) 在比测定时小 0.3~0.4 V 的阴极电位下进行电解至本底电流；(3) 将阴极电位调整至对待测物质合适的电位值，在不切断电流的情况下加入一定体积的试样溶液；(4) 接入库仑计，电解至本底电流，读取整个电解过程中消耗的电荷量并计算。试解释每个步骤的目的是什么？

§6-5 参考答案及解析

一、是非题

1. 解：错。库仑分析法是以法拉第电解定律为理论基础的定量分析方法，而非库仑定律。

2. 解:错。库仑分析法是以电解反应所消耗的电荷量来求得,不需要基准物质或标准溶液做对照。

3. 解:对。因此电解分析也称为电重量分析。

4. 解:错。根据能斯特方程,不同种类、不同浓度的金属离子具有不同的析出电位,因此,控制电位库仑法控制的是工作电极的电位。

5. 解:错。采用库仑滴定分析时,滴定剂是通过电极反应产生的,所以该方法不需要标准溶液。

二、单项选择题

1. C。能斯特方程是电位分析法的定量公式,尤考维奇公式是极谱分析的定量公式,朗伯-比尔定律是吸光光度法的定量公式,故 A、B、D 均不对。正确选项为 C。

2. C。利用法拉第电解定律计算时,应注意每个参数的单位。

3. B。库仑分析法以电荷量而不是电流为定量参数,故选 B。

4. A。在控制电位库仑分析方法中,工作电极的电位需控制在某一固定值,故 B、D 选项错误。随着测量过程的进行,试样中待测组分的浓度降低,体系电流相应减小,故应选 A。

5. B。A 工作电极和 B 辅助电极是电解池的组成电极。C 指示电极是电位分析中的电极。只有参比电极是增加的电极,用以监控在电解过程中工作电极电位的变化,故选 B。

6. D。气体库仑计是利用水电解时在阳极上析出氧,在阴极上析出氢,两种气体一起进入电解管,根据最终得到的气体体积计算电荷量,故选 D。

7. B。控制电位库仑分析法的测定过程中,随着电解的进行,组分浓度降低,电极反应速率下降,电流密度小,要达到反应完全(电流降至背景电流),所花费的时间就比较长。但库仑滴定法中,由于用于电解产生试剂的物质大量存在,使测定可以在较高的电流密度下进行,因此分析时间短。故选 B。

8. D。库仑滴定中,首先通过电解产生滴定剂,该滴定剂再与溶液中的待测组分发生化学反应。故选 D。

9. B。由于库仑滴定法的电流是由恒电流源产生,其值可设定且恒定不变,因此只要用计时器测量滴定时间,就能通过 $i \cdot t$ 计算电解池中通过的电荷量,无须库仑计,故选 B。

10. D。在现代技术条件下,电流和时间都可精确地测量,通常影响测定精确度的主要因素是终点指示方法的灵敏度和准确性及电流效率。故选 D。

11. D。库仑滴定要用适当的方法指示终点并立即停止电解，由电解进行的时间 t(s)及电流 i(A)，按法拉第电解定律计算出被测物的质量，故选 D。

12. B。微库仑法是一种动态库仑滴定技术，它与恒电流库仑滴定原理相似，不同之处在于测定过程中，微库仑法的电流不是恒定的，而是随被测物的浓度而变化。故选 B。

三、填空题

1. $m=\frac{MQ}{96\,485n}=\frac{M}{n}\cdot\frac{it}{96\,485}$；$m$ 为电解时于电极上析出物质的质量，M 为析出物质的摩尔质量，Q 为通过的电荷量，n 为电解反应时电子的转移数，i 为电解时的电流，t 为电解时间，96 485 为法拉第常数。

2. 100%的电流效率；控制电位库仑分析，恒电流库仑滴定。

3. 待测物质；唯一的。这句话解释了 100%电流效率的实际含义。

4. 实现 100%的电流效率；三电极；库仑分析仪装有库仑计。控制工作电极电位可以防止干扰物质在工作电极上发生电极反应，使电极上只发生待测物的电极反应，实现 100%的电流效率。

5. 工作电极，辅助电极，参比电极；参比；工作电极。三电极体系中每个电极的名称和作用都是库仑分析法中需要掌握的基本内容。

6. $m=\frac{M}{n}\cdot\frac{V_2/V_1}{96\,485}$。控制电位库仑分析法所消耗的电荷量可根据氢氧库仑计电解时产生的气体体积 V_2 与标准状态下每库仑电量产生的气体体积 V_1 的比值求得。

7. 溶解氧；实现 100%的电流效率。溶解在溶液中的氧气会在阴极上还原为过氧化氢或水，影响电流效率，故应除去。

8. 电解；法拉第电解。

9. 电流，时间。这两个参数可以通过恒电流源设定，或计时器测定，故不需要基准物质或标准溶液。

10. 不稳定。某些试剂如 Cu^+，Br_2，Cl_2 等由于很不稳定，所以在一般的容量分析中不能作为标准溶液，但在库仑滴定中却可应用，因此可以拓展其滴定范围。

四、计算题

1. 解题思路：法拉第电解定律中的参数 n 为电子转移数，因此，通过库仑分析法，利用法拉第电解定律可以测定电极反应的电子转移数。

解:根据法拉第电解定律,

$$\frac{m}{M}=\frac{1}{n}\cdot\frac{Q}{96\ 485}$$

$$0.030\ 0\times10.0\times10^{-3}=\frac{1}{n}\cdot\frac{175}{96\ 485}$$

$$n=\frac{175}{96\ 485\times0.030\ 0\times10.0\times10^{-3}}\approx6$$

该硝基化合物电极反应的电子转移数为6。

2. 解:在标准状态下,混合气体的体积为

$$V_s=\frac{T_s}{T}V=\left(\frac{273.15}{298.15}\times50.4\right)\ \text{mL}=46.2\ \text{mL}$$

在标准状态下,每库仑电荷量析出0.174 1 mL氢、氧混合气体,

且1 mol Cl^-~1 mol Ag~1 mol e^-,故

$$m_{Cl}=\frac{M}{n}\cdot\frac{it}{96\ 485}=\left(\frac{35.45}{1}\cdot\frac{46.2}{0.174\ 1\times96\ 485}\right)\ \text{g}=0.097\ 5\ \text{g}$$

$$w_{Cl}=0.097\ 5/1.572\times100\%=6.20\%$$

五、简答题

1. 答:测量时电流最小的方法是电位分析法。这是由于电位分析要在零电流的情况下进行,只有这样,由电池内阻产生的电压降对电动势的贡献才可以忽略不计,电动势的测量结果才能反映待测组分的实际浓度。极谱和伏安分析法中,电解池中通过的电流通常是μA级,其大小由组分的扩散所控制。而库仑分析法中,电解池中通过的电流通常是mA级,以缩短电解时间,加快分析速率。

2. 答:极谱和伏安分析法的测定过程中,溶液是不能搅拌的,否则无法形成浓差极化。而库仑分析法的测定过程中,溶液必须搅拌,以防止浓差极化的产生,实现快速测定。电位分析法的直接电位测定过程中,如果搅拌溶液,有可能加速电极响应,但并不影响测定结果,所以既可以搅拌溶液,也可以使其静止;如果是电位滴定,搅拌是必需的,这是为了让滴定剂和待测组分充分快速反应,使电位值的变化得到实时地反映。

3. 答:(1) 以除去溶解氧,防止溶解在溶液中的氧气在阴极上还原为过氧化氢或水,影响电流效率;(2) 除去所用电解液中可能存在的还原性较强的杂质;(3) 将阴极电位调整至合适的电位值,是为了通过控制电位法,使待测组分能够发生完全的电解反应,同时又防止难还原的杂质在电极上发生反应而产生干扰

电流。在不切断电流的情况下加入试样溶液是为了消除充电电流的干扰；(4) 在加入试样瞬间接入库仑计,用于准确地测定待测组分电解过程中所消耗的电荷量。最后,待电解至本底电流,停止电解,读取整个电解过程中消耗的电荷量,用于计算组分的含量。以上步骤的主要目的都是为了实现 100%的电流效率,提高控制电位库仑分析法的准确度。

第 7 章

原子发射光谱分析

§7-1 内容提要

原子发射光谱分析是最早建立的光谱分析方法,目前仍然是一种最常用的无机元素分析方法。该方法自建立以来随着分析仪器技术的发展不断更新换代,但其基本原理、仪器结构和分析性能等方面具备独特之处而使之得以重用。本章首先简要介绍了原子发射光谱分析的基本原理,随后在仪器方面着重从光源、分光系统和检测系统三个方面介绍并比较了不同年代、各种类型的仪器。最后,从目前常见商品化仪器使用情况考虑,着重介绍了相应的定性、定量方法,对经典的现已较少使用的仪器及定性和定量方法作摘要介绍,目的是让学习者在掌握原子光谱分析方法特点的同时,体会各学科技术交叉运用及相互促进发展。

一、光学分析法概要

作为原子发射光谱分析的相关背景知识,本节概要介绍了光学分析的分类,以及各种光学分析方法的概念、相互区别与联系。

二、原子发射光谱分析的基本原理

原子发射光谱分析方法是原子发射光谱在分析化学中的应用,本节首先介绍了原子光谱产生所依据的物质形态、能量来源、理论公式,将其与分析化学中定性与定量目标结合,作为后续开发仪器、实现各种分析功能的理论基础,同时明确作为一种仪器分析方法的原子发射光谱分析的基本概念。

三、光谱分析仪器

原子发射光谱分析仪器一般属于大型精密仪器,历经一百多年的发展变化,种类多样,学习时可分为光源、分光系统和检测系统三个部分,各部分有其明确的功能和历经数代发展的多种产品，作为一种光学仪器，这些产品与其他光学分析方法中的内容相通，有的就是其他光学领域发展成果的直接应用。本节对这些产品作选择性的介绍，其中，光源部分保留较多的经典光源内容，目的是对原子发射光谱相对较长的发展历史进行了解，同时也是凸显新型光源的优良特性。最后综合各种元件组合，归纳总结现市场上常见的原子发射光谱分析仪器类型。

四、光谱定性分析

原子发射光谱分析历史上主要用于定性分析，随着仪器分析技术和分析要求的发展，定量分析成为其主要内容，但定性分析涉及的一些术语和概念在定量分析中也有应用，本节重点介绍这些术语和概念，对一些目前已较少使用的传统仪器及相应定性分析内容则作了概要介绍。

五、光谱定量分析

原子发射光谱定量分析依据的公式直接给出，应用时详细介绍内标法的原因、原理、操作方法和应用特点及注意事项；对另外两种方法——标准曲线法和标准加入法进行简要介绍。

六、光谱半定量分析

原子发射光谱分析在定量分析准确度要求不高时，可采用半定量分析方法，方便实用。尤其在摄谱仪器上应用较多，这是与原子发射光谱分析方法本身特点相关的，本节摘要介绍其中两种方法。

七、原子发射光谱分析的特点和应用

原子发射光谱分析之所以历经多年，始终是一种最为实用的元素分析方法，这与其具备的分析特点和应用领域较广相关，无论是定性分析还是定量分析，该方法能满足元素周期表中绝大多数元素的分析需要，在当今社会生活、生产、科学研究涉及化学学科的众多领域有着广泛的用途；并且随着其他领域科学技术的发展，原子发射光谱分析不断融入新的内容，至今仍然是分析化学学科中最具发展潜力的方向之一。

§7-2 知识要点

一、光学分析法概要

光学分析——根据物质与电磁波（辐射）相互作用建立的分析方法，分为光

谱分析与非光谱分析。

光谱分析——分析时一般涉及电磁波波长及强度，通常波长与定性分析相关，强度与定量分析相关。

非光谱分析——分析时一般涉及电磁波辐射方向改变或物理性质的变化。

光谱分析分类——按电磁波范围、物质的种类、两种相互作用时能量传递情况、光谱的形状等有不同分类方式。

二、原子发射光谱分析的基本原理

原子发射光谱的产生——原子外层电子获得能量后跃迁至激发态，激发态不稳定，从激发态回到基态或其他低能态时释放能量，该能量若以电磁波形式发射就产生原子发射光谱。

原子发射光谱定性分析——上述能量的波长与电子能级差相关，能级取决于原子核外电子的排布，具有特征性，进而产生各种元素的特征光谱。

原子发射光谱定量分析——上述能量的强度与激发态原子数目相关，也与一定实验条件下待测量元素的含量相关。

原子发射光谱分析过程——(1) 激发。高能量使试样分解产生原子气体，并进一步激发该原子的外层电子；(2) 分光及检测。通过各种光学元件和检测器记录各元素谱线位置及强度；(3) 定性或定量分析。用具体方法完成分析任务。

原子光谱也包括元素电离后的离子外层电子产生的光谱。

三、光谱分析仪器

1. 光源

光源的作用——提供足够能量，用于分解试样产生气态原子，再进一步激发外层电子跃迁，产生特征光谱。

光源的要求——满足实际试样分析，包括灵敏度、稳定性、安全性等。而实际试样基体和性质的多样性和复杂性决定其分解、形成原子、外层电子激发过程都不相同，进而对光源提出更高的要求。

光源的种类——包括直流电弧、交流电弧、高压火花和电感耦合等离子体光源等。其中，前三种为经典光源。

直流电弧——在阴阳两个电极间持续施加稳定的高密度放电电流。该光源的特点是盛试样的阳电极头温度高，蒸发能力强，定性分析较好；但电弧本身变动和光源强度变化大，定量分析受影响。

交流电弧——两电极间采用高频引燃装置，在每一交流半周时引燃一次维持电弧。光源的特点是电极头温度偏低,蒸发能力偏弱,但弧焰温度高且较稳定,因而与直流电弧相比,两者优缺点相互弥补。

高压火花——电极间电压差达到一定高度时瞬间放电。特点是瞬间温度极高,激发能力强,稳定性好,适合固体试样;缺点是电极温度低,蒸发能力弱,灵敏度差。

等离子体——一定程度电离的、宏观上仍然是电中性的气体。

电感耦合等离子体——目前最常见的原子发射光谱分析仪器光源。它是由高频发射器通过电感耦合作用产生并维持的高温等离子体。感应线圈、等离子矩管、氩气供应等是等离子体形成的基本条件。其复杂构造是经过长期摸索反复实验的结果,最终目的是提高分析特性。该光源特点和进样方式等方面不同于经典光源。

电感耦合等离子体的特点——(1) 温度高、惰性气体氛围、原子化条件好,有利于试样的分解和原子激发,因而测定灵敏高;(2) 特殊的环形加热方式有利于减小自吸效应,大大扩展了定量分析的线性范围;(3) 试样基体效应小,光源背景干扰和电离干扰小,测量信号稳定等。

2. 分光系统

分光系统的作用——将光源中各个波长的光在空间上散开,并按波长顺序排列,一般由色散元件组合完成该功能。

棱镜光谱仪——利用棱镜对不同波长的光折射率不同进行分光,早期较多采用,现已少用。

光栅光谱仪——光栅由大量等宽等间距的平行狭缝构成的光学器件,它是利用光的衍射和干涉现象进行分光,是目前大多数光学仪器采用的分光元件,用于原子发射光谱分析仪器的又有平面光栅、凹面光栅、中阶梯光栅三种类型。

3. 检测系统

检测系统的作用——将经过分光系统已经色散开来的光谱记录下来,便于后续的分析处理。主要有二种形式:拍片记录和光电转换,又称摄谱法和光电法。

摄谱法——用感光板记录谱线,包括谱线的位置与强度,再用专门的仪器读取,是早期原子发射光谱分析的主要手段,现已很少采用。

光电法——由光电转换元件(也称光电转换器)完成光信号记录。一般原子发射光谱分析仪器采用的光电转换元件有光电倍增管(PMT)、光电二极管阵列(PDA)、电荷耦合器件(CCD)、电荷注入器件(CID)。这些元件在光电转化时的灵敏度、信噪比、速率或是响应波长范围、响应动态范围等方面各有千秋,并且随着加工技术、材料科学的发展,其性能也在不断完善。

4. 光谱仪

测量光谱的仪器可以分为光源和光谱仪两大部分，即这里的光谱仪不包括光源。根据分光和检测光的情况，现有的光谱仪主要分为以下三种：

单道扫描式光谱仪——一个通道，按顺序扫描光谱，分析速度较慢。

多道直读式光谱仪——多个通道同时记录，分析速度快，准确度高，但测定波长受限。

全谱直读式光谱仪——采用高分辨色散系统，高检测能力的 CCD 或 CID 检测，具备前面两种光谱仪的优点。

四、光谱定性分析

原子发射光谱定性分析原理——通过查找特征光谱，确认相应元素的存在与否。具体做法是：针对目标元素，先确定 2 条以上分析线，一般是灵敏线或特征线，在试样光谱中若得到确认，则可判断试样中存在该元素。

原子发射光谱法（摄谱法）的定性方法——原子发射光谱分析的历史较长，其中很长一段时间用感光版记录试样的光谱图片，图片中谱线的波长定位可采用铁光谱作为标尺，这是由于铁光谱谱线多而准；或是采用平行测量的“标准试样光谱比较”。这两种方法在光电记录光谱的仪器中多已不用。

共振线——原子发射线与原子外层电子能级跃迁相关，其中由激发态直接跃迁到基态（最低能级）时发射的谱线称为共振线。

灵敏线——原子发射谱线中强度较大的谱线称为灵敏线，一般是比较容易激发的谱线，与光源、分光与检测光系统也有关。

最后线——原子含量越低，发射谱线数目越少，当含量减小至只剩下一条时，这条谱线称为最后线。在低含量时也是最灵敏线，即强度最大；但在高含量时，由于自吸效应，强度会降低。在一般原子发射光谱分析的条件下，多数元素的最后线由第一激发态跃迁至基态产生，又称“第一共振线”。

分析线——原子发射光谱定性分析时，需要选择 2~3 条谱线作为判断线；定量分析时，也要确定一条作为强度测量对象。用作分析时的谱线因此称为分析线。分析线一般选择灵敏线，提高测定灵敏度，但若存在干扰，或是存在自吸，则应另外选择谱线作为分析线。

五、光谱定量分析

原子发射光谱分析定量分析的依据——元素谱线强度与待测原子浓度成正比，公式表达为 $I=ac^{b}$。I 是光谱强度，经光电转换，实际是检测器检测的电信号大小；发射光强度与激发原子浓度成正比，在一定光源条件下，激发原子浓度与待测元素在试样中的浓度 c 成正比，因此这里的 a 是与实验条件相关的常数。b 称为自吸系数，等于1时，没有自吸；有自吸时，b 小于1。

内标法——影响原子发射光谱线强度的因素较多，为减小这些影响可采用内标法。内标法用相对强度代替绝对强度，即将待测元素谱线与一个参照元素(内标元素)的谱线强度对比，该相对强度与 c 也成正比，而且由于内标元素与待测元素同步进行各种变化，从而抵消了实验条件波动造成的影响。

内标元素要求——含量在各标样和试样中完全相同，从而起到参比作用。可以是定量外加的，此时要求试样中不得含有；也可以是试样中含有，但含量稳定不变的元素。此外，内标元素的挥发性质、化学性质等也要与待测元素相近。

内标线的选择——内标元素确定后，要选择一条谱线与待测元素分析线做对比，这两条谱线要求随实验条件的变化做相同变化，包括激发电位、波长、强度、受干扰等情况都应尽量相近。

标准曲线法——先配待测元素的标准系列溶液 c_i，测量分析线强度 I_i，绘制 I-c 标准曲线，再测量试样的 I_x，在标准曲线上查的 c_x。

标准加入法——标准曲线法未考虑试样基体对标准溶液和试样差异的影响，标准加入法能弥补这个不足，它是在试样中加入一定量待测元素(标样)，通过谱线强度的增加计算未加标样前试样中原来待测元素的含量。

六、光谱半定量分析

光谱半定量分析——原子发射光谱分析有时需要知道的是元素大致含量，即对定量的要求不高，也称为光谱半定量分析。

光谱半定量分析方法——一种是配制含待测元素的若干份标准溶液，测量分析线光谱强度后，直接与待测试样强度比较，根据最为接近的标准溶液浓度估计待测试样含量，这种方法称为谱线强度比较法。另一种是谱线呈现法，根据试样中待测元素谱线出现的多少，通过已有资料(含量-谱线数目对应表)大致判断目标元素的含量。

光谱半定量分析的优点——半定量分析一般方法简便快速，尤其在用感光版记录谱线时一目了然。

七、原子发射光谱分析的特点和应用

原子发射光谱分析法的特点——(1) 具有多元素同时检测能力；(2) 灵敏度高；(3) 试样用量少；(4) 测量速率快；(5) 干扰小；(6) 准确性高。原子发射光谱分析不能用于有机化合物分析，大部分非金属元素的测量灵敏度也较低。仪器属于大型光谱仪器，价格一般较贵。

原子发射光谱分析的应用范围——能够完成的分析任务是 70 多种元素的定性分析和定量分析。因此在诸多与化学相关的领域有广泛的用途。作为一种最早的光谱分析方法,原子发射光谱分析技术随着科学技术的发展不断提高,始终是分析化学学科最重要的内容之一。

参考答案

§7-3 思考题与习题解答

1. 光谱仪由哪几个部分组成？各组成部分的主要作用是什么？

答:原子发射光谱仪器分为光源、分光系统、检测系统三大部分。

各部分作用为光源:提供待测试样蒸发和激发所需要的能量;分光系统:将光源发射出的光色散开来,按波长顺序排列、聚焦成像;检测系统:将光信号转化为可以记录的方式,一般为电信号。

2. 原子发射光谱的光源有哪些？其中 ICP 光源为何具有灵敏度高、线性范围广的特点？

答:有直流电弧、交流电弧、高压火花、电感耦合等离子体(ICP)等。

ICP 光源温度高,加上试样在光源中停留时间长,能够充分的受热,使光源具有良好的蒸发和激发效果,因此对多数元素有较高的灵敏度。

原子发射光谱发射光强度与待测元素含量成简单的正比关系,但在高浓度时,由于自吸效应,强度降低而偏离线性。ICP 的加热方式为中间是试样,周围是高温环境,不会存在中心热原子发射光通过四周冷原子云被吸收的自吸现象,因此线性范围较广。

3. 何谓元素的共振线、灵敏线、最后线、分析线？它们之间有何联系？

答:共振线:原子发射的特征谱线与原子外层电子能级跃迁相关,可达数百、数千条。其中,由激发态直接跃迁到基态(最低能级)时发射的谱线称为共振线。

灵敏线:原子发射谱线的强度相差很大,其中强度较大的称为灵敏线。

最后线:原子含量越低,发射谱线数目越少,当含量少至只有 1 条时,这条谱线称为最后线。

分析线:原子发射光谱定性分析时,需要选择 2~3 条谱线作为判断线;定量分析时,也要确定一条作为强度测量对象。用作分析时的谱线称为分析线。

最后线通常是最灵敏的谱线,是第一激发态回到基态发射的谱线,也是第一共振线,因为该谱线能量最低,最容易产生,用作分析时可以提高测定灵敏度,一般也选为分析线。但若该谱线附近有干扰线,或是背景过高,则可另选灵敏线为分析线;此外,高浓度试样测试时强度大的最后线容易产生自吸现象,成为自吸线或自蚀线,不利于定性及定量分析,也应避免用作分析线。总而言之,这些谱线是从不同角度定义的原子发射谱线,相互之间有联系也有区别。

4. 何谓自吸收?它对光谱分析有什么影响?

答:原子发射的谱线被同种元素的其他原子吸收,称为自吸收。原子发射光谱分析时,自吸收现象的产生与光源是不等温体相关。例如,在直流电弧中,中间温度高,含有的原子发射光通过四周相对较低温的原子云时,被后者吸收,检测到的光强度相对降低,这就是自吸收。一般含量越高,原子云越厚,自吸越严重,造成定量分析线性范围降低。自吸严重时,谱线会产生分裂,也不利于定性分析。

5. 多道直读光谱仪与全谱直读光谱仪有何不同?

答:两种光谱仪的分光系统和检测器有较大的不同,多道直读光谱仪采用凹面光栅和多个光电倍增管,全谱直读光谱仪采用中阶梯光栅加棱镜及电荷转移器件。多道直读光谱仪可以一次完成多个波长的检测,而全谱直读光谱仪则可使一定范围内的所有谱线得以检测,功能更强。

6. 原子发射光谱定性分析及定量分析的基本原理是什么?

答:定性分析的原理是每种元素都有其特征谱线,原子发射光谱的定性分析就是根据特征谱线确认元素的存在与否。

定量分析基本原理是罗马金公式:$I=ac$,即发射光强度 I 与待测元素在试样中的含量 c 成正比。若考虑自吸效应则修正为 $I=ac^b$,b 称为自吸系数,其值小于等于 1。

7. 原子发射光谱定量常用的方法有哪几种?简述其中内标法的原理。

答:有内标法、标准曲线法、标准加入法。

内标法原理:选择两条分析谱线,一条是待测元素的,另一条是固定含量的元素谱线,以两条谱线强度的比值,即谱线的相对强度代替谱线的绝对强度完成定量分析,这种方法称为内标法,它可以克服光源波动等实验条件变化产生的不利影响,提高分析准确度。

8. 原子发射光谱定量分析采用内标法时,内标元素和分析线对应具备哪些条件?为什么?

答:内标元素若是外加的,需要含量固定,因此要求试样中不得含有;或者试样中本身含有,含量固定,则无须外加。内标元素的物理、化学性质应尽量与待测元素相近。

组成分析线对的两条谱线有尽可能相近的波长、强度、激发电位,自吸效应小。这样才能保证在实验条件变化时,两条谱线受到影响相同,相对强度变化最小。

9. 什么是光谱半定量分析？

答：略。

10. 用 ICP-AES 测量某水样中 Ca 和 Mg 元素含量，先配制含 1% HNO_3 的混合标准溶液三个，再吸取待测试样 5.00 mL，用 1% HNO_3 稀释至 50 mL，在选定分析线下测得光谱线强度如下：

试样名	空白溶液（1% HNO_3）	混合标准溶液 1（Ca：0.100 μg · mL^{-1} Mg：0.100 μg · mL^{-1}）	混合标准溶液 2（Ca：1.00 μg · mL^{-1} Mg：1.00 μg · mL^{-1}）	混合标准溶液 3（Ca：10.0 μg · mL^{-1} Mg：10.0 μg · mL^{-1}）	待测试样
Ca 396.8 nm	15.5	131.2	716.3	6 850	5 204
Mg 285.2 nm	1.1	10.8	89.2	768.6	62.3

根据以上数据，计算未知水样中两个待测元素的含量，结果用 μg · mL^{-1} 表示。

解题思路：本题为标准工作曲线法定量测定两种元素。用表中数据分别绘制 Ca 和 Mg 谱线强度-浓度曲线，未知试样在工作曲线上查得并换算。最后结果 Ca 约 76 μg · mL^{-1}，Mg 约 7.4 μg · mL^{-1}。

11. 用内标法测定试液中镁的含量。用蒸馏水溶解 $MgCl_2$ 以配制标准镁溶液系列。在每一标准溶液和待测溶液中均含有 25.0 ng · mL^{-1}的钼。钼溶液用溶解钼酸铵而得。测定时吸取 50 μL 的溶液于铜电极上，溶液蒸发至干后摄谱，测量 279.8 nm 处的镁谱线强度和 281.6 nm 处的钼谱线强度，得下列数据。试据此确定试液中镁的质量浓度。

ρ_{Mg} / (ng · mL^{-1})	相对强度		ρ_{Mg} / (ng · mL^{-1})	相对强度	
	279.8 nm	281.6 nm		279.8 nm	281.6 nm
1.05	0.67	1.8	1 050	115	1.7
10.5	3.4	1.6	10 500	739	1.9
105.0	18	1.5	分析试样	2.5	1.8

解题思路：首先对表中数据进行处理，将各个浓度镁（279.8 nm）标准溶液对应光谱相对强度除以钼（281.6 nm）的相对强度，得到 I_{Mg}/I_{Mo} 5 个相对强度比，由于浓度范围广，将浓度和相对强度比取双对数，完成 lg I_{Mg}/I_{Mo}-lg c_{Mg}工作

曲线(5个点),最后分析试样 x 的 $\lg I_{Mg}/I_{Mo}$ 在工作曲线上查得 $\lg c_x$,进而换算得到 c_x,最后结果约为 6 $ng \cdot mL^{-1}$。

本题注意不要被题目中的诸多数据干扰,钼浓度、进样体积、波长等数据解题时并没用到。

§7-4 综合练习

一、是非题

1. 原子发射光谱定性分析时,只要检测到一条灵敏线就可判断目标元素存在。

2. 原子发射光谱定量分析时,内标元素的含量与待测元素含量应基本相同。

3. 原子发射光谱定量分析采用内标法时,分析线和内标线的波长应接近。

4. 原子发射光谱分析的光源中,直流电弧蒸发能力强,适合于定性分析。

5. 高压火花光源具有很高的温度,因此定量分析测定的灵敏度较高。

6. 元素的最后线也是最容易产生自吸的谱线。

7. 用原子发射光谱法可以确定分子中的化学键信息。

8. 光谱分析一般涉及电磁波的能量和物质内部能级的跃迁。

9. ICP 中由于温度较高,因此电离干扰相对其他光源更为严重。

10. 多道直读原子发射光谱仪可以检测任何波长的光谱强度。

11. 全谱直读光谱仪一般配有的检测器是 CCD 或 CID。

12. 原子发射光谱分析适用大多数非金属元素的测定。

二、单项选择题

1. 有关原子发射光谱分析中的自吸现象,下列说法错误的是(　　)

A. 强度大的共振线更容易产生自吸

B. 直流电弧比 ICP 光源更容易产生自吸

C. 自吸与检测器有关

D. 自吸与浓度有关

2. 原子发射光谱定性分析时用作波长标尺的是(　　)

A. H 光谱　　　　B. C 光谱

C. Fe 光谱　　　　D. 待测元素光谱

3. 原子发射光谱定量分析采用内标法的目的是(　　)

A. 提高测定灵敏度　　　　B. 提高测定准确度

C. 减小测量时间　　D. 减少背景干扰

4. 原子发射光谱分析时,交流电弧与直流电弧相比(　　)

A. 蒸发能力较弱,稳定性较好

B. 激发能力更强,适合于定性分析

C. 温度较高,测量精度差

D. 以上都不对

5. 原子发射光谱分析涉及的波谱区域和粒子跃迁是(　　)

A. 可见光/内层电子　　B. 紫外-可见光/外层电子

C. 红外/内层电子　　D. 紫外/外层电子

6. 与棱镜相比,光栅的特性是(　　)

A. 利用干涉与衍射的现象　　B. 色散率与波长无关

C. 可用波长范围广　　D. 以上都是

三、填空题

1. 原子发射光谱定量分析的罗马金公式是_______,其中,b 称为_______,当 $b=1$ 时,表示________。

2. 原子发射光谱分析中,光源的高温让试样大致经历两大步,首先是试样________,然后________并产生原子光谱辐射。

3. 原子发射光谱仪一般由__________、_________、__________三个主要部分组成。

4. ICP 光源分析中,使用的工作气体是________,该装置中感应线圈的作用是________,测试试样的状态一般为________。

5. 原子发射光谱仪器中检测器的作用是________,具体的检测方式传统上采用的是________,而现在仪器多采用更为方便的________。

6. 光谱分析仪器中检测器用到的光电转化元件有______、______、______等。

四、简答题

1. 原子发射光谱是如何产生的?为什么它是线状光谱?

2. 原子发射光谱分析中的检测元件或设备有哪些?

3. 原子发射光谱分析中,ICP 光源采用氩气作为工作气体具有哪些优点?

4. 等离子体的组成是什么?它有何特性?原子发射光谱分析中,等离子体的作用是什么?

5. 原子发射光谱定性分析时,若没有检测出选定分析线,则试样中一定不含目标元素吗?若要进一步确认可采用哪些方法。

§7-5 参考答案及解析

一、是非题

1. 解:错。一条谱线有可能是干扰线,一般要求2条以上。

2. 解:错。内标元素的含量要求是固定不变。

3. 解:对。

4. 解:对。直流电弧电极温度高,蒸发力强,对大多数元素有较高的灵敏度。但电弧不稳定,不适合定量分析。

5. 解:错。高压火化虽然温度高,试样受热时间短,蒸发力较弱,灵敏度较低。

6. 解:对。强度大的谱线容易产生自吸。

7. 解:错。原子发射光谱测量的是分子解离后原子的数目,不能提供解离前分子结构信息。

8. 解:对。

9. 解:错。虽然温度高,原子容易电离,但ICP中由于大量电子的存在可以抑制电离,因此电离干扰较小。

10. 解:错。多道原子发射光谱仪一般是固定检测位置,测量一些特定的波长。

11. 解:对。全谱直读一般配有强大分辨率的色散系统及多点检测能力的电荷转移检测器件CCD或CID。

12. 解:错。原子发射光谱分析适用于大多数金属元素,大多数非金属元素灵敏度低而不适用。

二、单项选择题

1. C。自吸与谱线、光源及原子浓度都有关。

2. C。铁元素的光谱线多且都有测量记录,可以作为标尺。

3. B。内标法的作用是消除实验条件波动的影响。

4. A。交流电弧电极通电间断,蒸发力较弱,外部控制放电,稳定性较好。

5. B。

6. D。

三、填空题

1. $I=ac^b$;自吸系数;没有自吸。

2. 蒸发并解离成原子;进一步激发原子。

3. 光源,分光系统,检测系统。

4. 氩气;产生交变磁场提供能量;溶液。

5. 将光转化为电信号;感光板;光电法。

6. 光电倍增管(或光电二极管阵列),CCD(电荷耦合检测器),CID(电荷注入检测器)。

四、简答题

1. 答:原子核外电子是处于不同的能级状态,受到外界能量激发时,会从低能态跃迁至高能态,在高能态不稳定,会跃迁到各种低能态,并释放能量,若这种能量以光辐射的形式释放,就会产生原子发射光谱。由于能级是不连续的、量子化的,能级差对应谱线波长,因此光谱具有非常特征的波长特性,称为线性特征光谱。

2. 答:一类是感光版记录谱线,需要投影仪、黑度计等辅助设备配合查谱,现很少使用。

另一大类是光电转换元件,具体有光电倍增管、光电二极管阵列、电荷耦合器件、电荷注入器件等。

3. 答:首先,氩气是惰性气体,能够保证试样分解时受到的化学干扰最小。其次,氩气是单原子分子,光谱简单,光谱背景低,也不会因分解吸收能量。最后,氩气具有的电离性能使之在特定装置中能够形成需要的等离子体。

4. 答:等离子体是部分电离的气体,由中性原子、分子和自由电子、正电荷离子组成,整体上呈电中性。其特性是可以“导电”,外加磁场后,促使运动的电荷形成电流。

在原子发射光谱分析中,利用等离子体形成的强大电流和高温,充分蒸发和激发试样,是一种理想的光源。

5. 答:不能说试样中不含目标元素,因为有可能是含量较低,低于分析检测灵敏度。所以一般只能说试样中待测元素低于一个检出限。

进一步确认可以采用另外选择更灵敏的谱线,增加试样浓度,改变光源和检测条件等方法。

第 8 章

原子吸收光谱分析

§8-1 内容提要

原子吸收光谱分析是原子光谱分析的重要方法之一,本章首先介绍该方法的原理,强调使用特殊光源实现原子吸收峰值吸收测量的必要性。进而介绍原子吸收光谱分析的仪器,最后介绍该方法在实际应用时需注意的问题,包括定量方法、干扰及消除方法、测试条件的选择和本身方法的特点等。最后对原子荧光分析方法也作一简要介绍。

原子吸收光谱分析既是一种吸收光谱,也是一种原子光谱,因此,这种方法与光谱分析中已学过的分光光度分析和原子发射光谱分析有许多相同和不同之处,学习时应注意对照比较。

一、原子吸收光谱分析概述

原子吸收分析的基本原理是:待测试样中元素经原子化后产生基态原子,基态原子吸收特殊光源的共振辐射,该吸收符和一般光吸收定律——比尔定律,测量其吸光度,从而可进行试样中元素含量的定量分析。

原子吸收光谱分析是一种出现较晚的光谱分析方法,但发展很快,这是由其可预期的优良分析特性决定的,包括抗干扰性强、准确度和灵敏度高。

二、原子吸收光谱分析基本原理

本节主要阐述原子吸收分析方法是建立在采用特殊的锐线光源,完成对基态原子峰值吸收测量的基础上。实际分析时需要将待测试样进行原子化,随后完成光吸收。定量公式:$A=kc$,其中 A 为吸光度,c 为待测元素浓度,k 为与实验条件相关的常数。

原子吸收光谱分析的理论涉及一些专业术语和基本概念,如共振线、谱线轮廓、多普勒变宽、压力宽度、积分吸收与峰值吸收、锐线光源、基态原子数目等，这些概念多来自其他学科领域，如量子力学、光谱学，有些是已有结论或公式的直接应用，学习时应注意将其与分析化学中定量分析目标结合，体会仪器分析作为应用学科的特点。

三、原子吸收分光光度计

原子吸收分光光度计由四个部分组成，其中光源和原子化系统是学习重点，分光与检测部分内容较简单。光源部分承接上一节的峰值吸收测量及锐线光源概念，介绍具体了空心阴极灯；原子化系统则从其功能目标出发，要求掌握火焰原子化器的工作过程和重要的参数条件。石墨炉原子吸收的原理和特性不同于火焰燃烧法，但目的相同，完成待测元素的原子化，是前者的重要补充。单色器和检测器在光谱仪器中都是必不可少的，在原子吸收仪器中要求不高，主要与光源特点相关。另外仪器测量时要考虑一些实际干扰问题，如光源的稳定性、原子化器的发射背景等，分别采用双光束设计、光源调制等对应措施。

四、定量分析方法

本节学习定量分析的具体做法：标准曲线法和标准加入法。两种方法的特性、优缺点截然不同，可以说是相互弥补，学习时应避免硬记，而应是了解两种做法，体会相关做法带来的后果。此外，原子吸收工作曲线的线性范围相对较窄，从理论上和实验上都可得到一定程度的解释，也可以理解成前面原理与仪器知识的应用。

五、干扰及其抑制

本节学习原子吸收分析时产生各种干扰的原因和抑制方法。也是前面学习的理论、仪器知识的综合应用。为方便系统学习，将各种干扰分为光谱干扰、物理干扰和化学干扰三大类。学习时应抓住各种干扰的原因、表现特征及对应消除或减小方法的“三维立体图像”，而不仅仅是记住一个个抽象的干扰名称。有时一个原因会造成不同干扰或者相同特征是不同原因导致，学习时还要加以比较区分，避免产生混淆。

六、原子吸收光谱分析法的评价指标及测定条件的选择

原子吸收光谱分析可用于约 70 种元素的定量分析，各种元素的灵敏度存在差异，并且因仪器、分析条件的不同而不同，应用时涉及的概念，包括灵敏度、特征浓度、检出限在此给出严格定义。此外，分析条件在本节集中讨论，仍然是综

合了原子吸收分析原理和仪器的内容。

七、原子吸收光谱分析法的特点及其应用

概括评价原子吸收分析方法测试应用范围。

八、原子荧光光谱法

介绍原子荧光产生的原因和基本概念,根据荧光强度与试样浓度成正比的简单关系,完成定量分析任务。通过与原子吸收分析仪器的比较,概要介绍原子荧光分光光度计,最后对原子荧光分析方法做一综合评价。

§8-2 知识要点

一、原子吸收光谱分析概述

原子吸收测定的基本过程——空心阴极灯发射出待测元素的特征谱线,经过原子化器,被其中经原子化处于基态的待测元素原子吸收,再经分光和测量光强度后转为吸光度,吸光度与试样中待测元素含量成正比。

原子吸收光谱分析与原子发射光谱分析的比较——从定量分析应用来看,原子吸收测定时元素处于基态,数目更多,温度影响较小,相对而言灵敏度更高,信号更稳定;另外由于吸收线比发射线少,且原子吸收仪器光源发射的谱线单一,因此该方法选择性更高,抗干扰性也更强。

二、原子吸收光谱分析基本原理

原子核外电子的跃迁和电磁波谱——原子核核外电子有不同能级,受光、热等激发电子会从低能态跃迁至高能态(激发态),跃迁时吸收的能量对应量子化的两个能级差,即一定波长的光,反之,从激发态回到低能态会以一定波长的形式释放这部分能量,这些波长都是具有元素特征性的。

共振线——一般情况下,原子外层电子绝大多数处于基态,受激发后最容易跃迁至第一激发态,将第一激发态和基态能量差对应的光谱线定义为共振线,根据该能量是被吸收的还是发射的,共振线又可分为吸收共振线和发射共振线。

吸收线——这里是指原子吸收分析时使用的分析线,一般是共振吸收线,具有元素特征,对应待测元素处于基态,即原子蒸气状态。

谱线轮廓——原子谱线不是没有宽度的几何线,无论是发射线还是吸收线,都是以一个中心频率为最大值,两边降低的峰形,称为谱线轮廓。只不过该峰形

的半峰宽一般在 $10^{-3} \sim 10^{-2}$ nm，与分子吸收带宽度几个或几十纳米相比非常狭窄，以至成为“线”。

谱线变宽因素——原子吸收谱线变宽的因素十分复杂，可以分为两个大的方面：一是原子本身性质决定的自然宽度；再有就是外界因素引起，如热运动、与其他原子碰撞、磁场等。

自然宽度——与激发态原子寿命相关，根据计算在 10^{-5} nm 数量级。

多普勒变宽——与原子的无规则热运动相关，由公式可得该宽度除了与原子的相对原子质量相关外，还取决于环境温度，温度越高，宽度越大，在一般原子吸收情况下为 $10^{-3} \sim 10^{-2}$ nm，是影响原子吸收光谱线宽度的主要因素。

压力变宽——原子间相互碰撞引起能量的变化。又分为两类：一是待测元素和其他元素原子的碰撞，随压力、温度增加而增大，又称为劳伦兹变宽，是原子吸收谱线变宽的另一主要因素；二是待测元素原子之间的碰撞，又称赫鲁兹马克变宽，原子吸收测量时，只有浓度较高时，该因素才起作用。

原子吸收与分子吸收的不同——分光光度计测量分子吸收时采用连续光源，经狭缝和色散元件后，得到单色光，再进行吸收测量；而原子吸收由于谱线宽度只有上述方法得到光谱宽度的 0.5%，理论上这样的测量误差极大，不能满足定量分析的要求。

积分吸收及其测量——原子吸收符合朗伯定律：$I_v = I_{o,v} e^{-k_v L}$。这里吸收系数随原子吸收轮廓的变化而变，用整个峰形的面积计算吸收情况称为“积分吸收”，理论上可以证明，积分吸收与单位体积原子蒸气中原子数呈线性关系。所以若能用仪器测得积分吸收，就可以完成待测元素含量的测定。但实际上用仪器完成宽度极窄的积分吸收需要分辨率极高的单色器，一般难以做到。

峰值吸收与要求——若以锐线光源$\left(宽度仅为吸收峰宽度的\dfrac{1}{10} \sim \dfrac{1}{5}\right)$为激发光，测量峰值系数 K_0 来代替积分吸收，这就是峰值吸收，理论上可以证明，峰值吸收在一定实验条件下与单位体积内原子数目也呈简单的正比关系。对仪器来说，测量峰值吸收可以不需要高分辨率的单色器，但需要激发光源中心频率与吸收线重合，并且宽度更窄。

锐线光源——发射线半宽度远小于吸收线半宽度的光源。

基态原子数——原子吸收测量的温度在 3 000 K 以下，通过计算可以得知，绝大多数原子在此条件下，可以用基态原子数代替原子总数，即激发态原子数目很少，可以忽略。实际分析时，需要通过控制原子化条件，让试样中的待测元素按一定比例关系转化为原子，再通过标准溶液的校正，就可以完成原子吸收光谱的定量分析。

三、原子吸收分光光度计

仪器结构——学习时一般将原子吸收仪器分为四个具有独立功能的部分，按光路顺序分别为光源、原子化系统、分光系统、检测系统。如果对分光光度法印象较深，将两者比较学习是较好的方法。商用仪器还包括一些更实用、更复杂的配置，不作为学习重点。

光源的调制——原子吸收光谱分析中由于原子化器温度一般在 2 000 K 以上，会产生一定强度的辐射背景干扰，为将其与光源的辐射区分开，采用调制光源的方法，目的是让光源的光变为交流（脉冲）信号，检测时再利用交流放大与原子化器的直流背景信号区分开来。具体调制方法分为机械方法（光源后加斩光器）和光源脉冲供电两种方式。

两种类型的仪器——单光束和双光束仪器。前者构造简单，但光源不稳定对检测信号的影响较大；后者将光源的光分为两束，其中一束作参比，因此可以消除光源漂移的影响，缺点是光源能量损失、灵敏度有所降低。

光源——原子吸收分析法的光源可以实现原子吸收的峰值测量，为此要满足的条件一是锐线光源，二是光谱中心频率与吸收线一致，或者说是待测元素的特征光谱。此外，还应具备强度大、稳定性好、背景低等特点。具体种类有空心阴极灯、无极放电灯等。

空心阴极灯——空心阴极灯又称元素灯，灯内充一定压力的惰性气体，其构造的关键部分是阴极，为含待测元素的金属桶。工作过程为，施加电压产生快速运动的电子撞击惰性气体使之电离，电离后的正电荷离子运动加速撞击阴极，产生待测元素蒸气（溅射），并进一步被撞击激发，从而发射待测元素的特征谱线。

原子化系统——是产生原子吸收不可或缺的部件，其作用是将待测元素转变为基态原子，实现这个作用的过程称为“原子化”。具体方法分为火焰法和无（非）火焰法，后者又分为电热原子化法（石墨炉电热原子化）及低温原子化法（化学还原）。其中，火焰法最常用，是学习的重点。

火焰原子化——火焰原子化是一个相当复杂的过程，包括一系列的物理、化学变化，如溶液的吸取、喷雾、脱溶剂、熔融、分解、激发等，这又和试样基体、燃烧器设计、燃气和助燃气种类、比例、流量大小等因素相关，经过反复实践，人们总结出一些规律和理论，对完成实际试样测试具有指导意义。具体内容包括火焰原子化装置、火焰的温度和类型三方面。

火焰原子化装置——可以分为雾化器、雾化室、燃烧器三部分。试样原子化流程为：液体试样经雾化器提升并喷散成小液滴（雾化），经雾化室形成均匀的分散体系，随后在燃烧器中受热，完成干燥、熔化、解离等，产生连续、稳定的基态原子。

火焰温度——火焰温度应适中，温度过低一是会使待测元素不能充分原子化，二是会使未分解的其他物质产生干扰；温度过高则待测元素原子被激发，基态原子减少，测定灵敏度降低。火焰温度主要取决于燃气/助燃气类型，同时受到燃气/助燃气比例、流量和火焰高度的影响。最常用的是空气-乙炔，可测定三十多种元素；而氧化亚氮-乙炔火焰温度更高，能使难解离元素的氧化物原子化，但操作难度较大。

火焰的类型——也称为火焰的性质。燃气和助燃气的比例也会影响原子化过程，根据两者比例大小一般分为三种：富燃焰、化学计量焰、贫燃焰。富燃焰燃烧时，燃气过量，又称还原焰；贫燃焰反之，又称氧化焰。化学计量焰燃烧最充分、温度最高，又称中性焰。各种性质的火焰适合于不同元素的分解，即根据物质分解的能力和速度进行选择。例如，容易形成难分解氧化物的元素（Cr 等）宜选择还原焰，借助其中的还原性物质促进氧化物分解。

石墨炉原子化——采用电加热代替火焰的方式提供能量，即在一石墨管两端通电流，将管内的微量液体试样干燥、灰化、原子化，由于各步的电流大小和时间可控，完成上述步骤可以专门设计，称为原子化程序，完整的原子化程序还包括一个更高温度的“净化”处理。这个程序因待测元素、试样基体等的不同而异。

氢化物原子化——测量 As、Sb、Bi、Sn、Se、Pb、Ge 这些元素可以通过简单的化学反应和 H 形成气态共价化合物，并且在较低温度分解产生自由原子，原子化效率高，又因基体分离而干扰小，是测定这类元素特殊的原子化方法。测量汞则可以在室温下用还原剂完成原子化。

分光系统——主要由狭缝、光栅、反射镜等组成，作用是将待测元素的共振线与邻近谱线分开。这部分的仪器条件选择时，需要控制的是狭缝宽度。狭缝过窄，光源强度不够；狭缝过宽，干扰线不能得到有效分离。实际分析时，要综合考虑待测元素的谱线特征（是否有邻近线）、空心阴极灯的电流、原子化器中的背景干扰等因素。

光谱通带——简称通带或带宽，是指由光栅色散能力与狭缝宽度组合形成的实际谱线范围。具体公式为 $W=D\cdot S$。式中 W 为单色器的通带宽度（单位为 nm）；D 为光栅色散率倒数（单位为 $nm\cdot mm^{-1}$）；S 为狭缝宽度（单位为 mm）。由于原子吸收的发射线是锐线光，谱线比较简单，对分光系统的色散率和分辨率要求不高。

光电倍增管——作用是将光信号转化为电信号。是检测系统的主要元件，主要利用光敏材料的光电效应及电路设计上的物理放大作用。使用仪器时控制的“增益”就是该放大倍数，光电转化能力除了和材料本身性质有关外，还与响应时间相关，使用时会产生所谓“疲劳”现象。

四、定量分析方法

标准曲线法——又称工作曲线法，与紫外-可见分光光度法的标准曲线法类似，需要绘制一条标准曲线（工作曲线）。方法是先配制一组已知浓度的标准溶液 c_i，由低到高依次测定其原子吸收信号 A_i，然后以 c 为纵坐标，A 为横坐标绘制标准曲线。相同实验条件下测得未知试样 A_x，在标准曲线上可以查得 c_x。

标准加入法——在试样中加入待测元素的标准溶液，通过吸收信号的增加与原始试样信号比较就可以计算出 c_x。具体运用时可以是两点法和多点法。两点法用公式计算，多点法一般绘制曲线倒推。前者简单，但偶然误差大，后者反之。

标准曲线法和标准加入法的比较——标准曲线简单，适用大量试样的快速测定；但若试样基体成分复杂、影响较大时，该方法误差较大；而标准加入法则始终在同一试样基体中完成测试，这种影响大大降低，但测试与计算较为烦琐。

线性范围——原子吸收吸光度与浓度关系的线性范围一般需要通过实验确定，在高浓度时容易向浓度轴弯曲，偏离线性。原因一是浓度增加时吸收线由于压力变宽，中心波长与发射线错位，灵敏度下降；二是高浓度时原子化效率会降低。

五、干扰及其抑制

光谱干扰——光谱干扰包括多种，可以按产生部位（如光源、原子化器）来分，也可以按发射和吸收来分，还可以按分子和原子来分。不管如何分类，最终都是指与待测原子吸收在相同波长位置上的干扰光辐射。这部分内容较繁杂，包括较多篇幅涉及其减免方法。

光源发射光谱干扰——理想光源发射的是一条共振线，实际可能有邻近“伴线”，造成工作曲线偏离线，可以通过减小狭缝消除。

光谱线重叠——原子吸收由于光源发射的是特征谱线，一般情况下，试样中其他元素的原子不会吸收，但极端情况下，个别元素测定时例外，即共存元素吸收线重叠，产生假吸收信号，此时可另选分析线，或将干扰元素进行适当分离。

背景吸收——一是来源于火焰成分中一些基团和分子，二是试样基体、各种试剂在原子化过程中形成的分子和基团，三是固体颗粒对光的散射造成的假吸收。这些吸收一般都是宽带吸收，与原子化方法与条件，如温度、燃助比等相关，可以调整这些参数部分克服。也有用专门装置和技术，即各种“背景校正”方法进行扣除。

氘灯背景校正——也称连续光源背景校正。使用连续光源如氘灯测量分析线处的背景吸收,此时原子吸收信号相对很小可以忽略不计,用空心阴极灯测量原子吸收信号和背景信号之和,两者交替通过原子化器,所得信号相减就可以完成“背景校正”。

塞曼效应背景校正——塞曼效应是指在磁场作用下谱线分裂的现象,分裂后谱线具有不同偏正光特性。利用谱线的分裂可以在空间上区分分析线处的总吸收和邻近的背景吸收,再用偏振器提取这两种吸收,总吸收中减去背景吸收得到原子吸收,实现“背景校正”。这种方法需要在仪器上增加磁场和偏振测量装置,具体又分为恒定磁场法和交变磁场法两类。

物理干扰——原子化过程中,溶液的提升、雾化、蒸发等过程也会影响最终吸收信号的大小,这些过程可以归结为“物理变化”,并与试样的黏度、含盐量、表面张力等因素相关,这些因素的不同造成对测定的影响称为“物理干扰”。消除这种干扰的方法是尽量保证标准溶液与待测样基体一样,或是稀释试样减小与标准溶液基体差异,而标准加入法是更有针对性的方法。

化学干扰——原子化过程中,待测元素的原子与共存物质可能发生多种化学反应,若其中一些反应生成更稳定的化合物,必将影响原子化效率,这种影响称为“化学干扰”。与物理干扰不同,这种干扰具有元素特性的,称为“选择性的”,消除方法也较多样。具体来说,一是提高原子化温度,有利于各种化合物分解,降低干扰,该方法具有普遍性;再有就是根据化学反应或化合物特性加入辅助试剂,保证原子化效率的提高及稳定。辅助试剂可以分为消电剂、释放剂、保护剂、缓冲剂等。这些试剂的作用从化学反应平衡基础理论上都可以得到解释。

电离干扰——基态原子若电离失去外层电子后,就不会产生原子吸收,导致信号降低,这对于电离电位较低的元素,如碱金属、碱土金属测定产生干扰。若采用加入其他更容易电离的元素可以抑制待测元素原子的电离。电离干扰本质上可以算是化学干扰中的一种,也可以另列出来。

六、原子吸收光谱分析法的评价指标及测定条件的选择

灵敏度——分析方法的重要指标,定义为待测元素的浓度或质量变化一个单位时吸光度的变化大小。计算式为 $S=\frac{\mathrm{d}A}{\mathrm{d}c}$或 $S=\frac{\mathrm{d}A}{\mathrm{d}m}$。

特征浓度——原子吸收测量的灵敏度有时也用特征浓度来表示,其定义为产生 1%吸收时对应待测溶液的浓度。计算式为$\frac{w}{A}\times 0.004\ 4$。

检出限——定义为产生一个确定元素信号所需要的最小待测物含量。计算式为 $D_{c}=\frac{\rho}{A}\cdot 3\sigma$ 或 $D_{m}=\frac{m}{A}\cdot 3\sigma$。

分析线——一般选择待测元素共振线,此时,灵敏度最高。但有干扰或无法检测时可另选分析线。

空心阴极灯电流和狭缝宽度的选择——两者应配合使用,既保证一定入射光通量,又要兼顾灯寿命、光源稳定性、干扰线、灵敏度等因素。

火焰原子化条件——包括火焰的种类、燃助比、测量高度(燃烧器高度)等都随元素、基体、干扰等的不同而变化,没有一个简单的固定条件,应是前面原子吸收理论和仪器知识的综合应用。

石墨炉原子化条件——主要是原子化时的升温程序。

七、原子吸收光谱分析法的特点及其应用

原子吸收分析法特点——方法灵敏度高、抗干扰性强,用于约 70 种元素的定量分析,主要是金属元素。与之相关的应用领域十分广泛,仪器相对简单,操作方便,在工厂、科研单位普及程度较广。但不能用于大多数非金属、有机化合物的分析测定。

八、原子荧光光谱法

原子荧光的产生——气态原子受到光照射作用时,吸收特征光由基态跃迁到激发态,激发态不稳定,再跃迁态回到基态,发射出与吸收波长相同或不同的光,这种光随照射停止而终止,称为原子荧光。

原子荧光的类型——荧光本身是一种发射光,该发射光与其吸收的光,或是激发光相同或不同,这涉及多种能量传递与物质的各个能级,因此,根据物质跃迁前后所处能级的差别及不同能量的作用,又将原子荧光细分为共振荧光、非共振荧光、敏化荧光等。非共振荧光再细分为阶跃线荧光、直跃线荧光、反斯托克斯荧光。对于原子荧光分析,主要涉及共振荧光,即发射波长与吸收波长相同的荧光。

原子荧光分析的原理——$I=Kc$。上式为最简形式,K 与激发光强度成正比,这是与原子吸收在理论上最大的不同之处,即可以通过增加入射光强度来提高分析信号灵敏度。

原子荧光光度计——四个部分与原子吸收仪器相同,分别为光源、原子化器、分光系统(单色器)、检测系统。这里的光源也称激发光源,显然与荧光的原理相关,一般通过增加其强度来提高测量灵敏度;荧光原子化器与原子吸收类

似,但应考虑荧光猝灭效应的影响;分光系统较为简单,这是由于荧光的谱线更为简单,光谱干扰少,可采用非色散型的滤光器,使仪器结构更为精简。检测系统重点是理解荧光系统在空间排列上的特点:检测器与发射光源成直角,减小后者的干扰。

§8-3 思考题与习题解答

1. 简述原子吸收分光光度分析的基本原理,并从原理上比较原子发射光谱法和原子吸收分光光度法的异同点及优缺点。

答:待测试样经原子化后形成基态原子,基态原子对特殊光源(共振辐射)吸收产生原子吸收现象,利用峰值吸收完成吸光度和待测试样元素含量的正比关系完成定量测试。

原子吸收分光光度分析与原子发射光谱法同属于原子光谱分析方法,涉及的都是原子外层电子在其不同能级上的跃迁过程,不同之处是前者由基态跃迁到激发态,需要吸收共振辐射;而后者是由激发态(不稳定的状态)跃迁至基态或低能态时释放出来的能量。

原子吸收线数目较少,并且光源简单,因此测量时共存元素的干扰要比原子发射小;此外,由于通常实验条件下,基态原子的数目比激发态更多,所以理论上说原子吸收分光光度分析的灵敏度更高;再有就是基态比激发态温度低且更稳定,信噪比也就更好;但原子发射光谱分析可以同时完成多元素测定,这是原子吸收分光光度分析无法做到的。

2. 何谓锐线光源? 在原子吸收分光光度分析中为什么要用锐线光源?

答:发射光谱线轮廓半宽度很窄的光源称为锐线光源。

原子吸收分光光度分析中,需要完成原子吸收的测量,由于原子吸收线很窄,完成其整个面积的积分吸收测量需要高分辨率的单色器,一般难以做到。而采用锐线光源,其发射宽度远小于吸收宽度,且原子吸收的锐线光源中心频率与吸收频率一致,这样就可以完成峰值吸收测量,避免高分辨率单色器的要求,理论上也可以证明该峰值吸收与待测元素含量的正比关系,最终实现定量分析的目标。

3. 在原子吸收分光光度计中为什么不采用连续光源(如钨丝灯或氘灯),而在分光光度计中则需要采用连续光源?

答:原子吸收的吸收光谱是原子光谱,为线状光谱,分光光度计测量的分子光谱,为带状光谱;连续光源的光经狭缝、单色器等光学元件得到单色光可以完成带状光谱的分子吸收测量的需要,而目前的技术条件,其分辨率还达不到谱线宽度远小于分子的原子吸收测量的需要,因此原子吸收分光光度计不用连续光源,代之以锐线光源。

4. 原子吸收分析中,若产生下述情况而引致误差,此时应采取什么措施来减免之。

(1) 光源强度变化引起基线漂移;

(2) 火焰发射的辐射进入检测器(发射背景);

(3) 待测元素吸收线和试样中共存元素的吸收线重叠。

答:(1) 对于单光束仪器,一般需要较长的稳定时间,而双光束仪器,可以较好地克服光源不稳定引起的基线漂移;

(2) 采用对光源进行调制的方法,包括使用机械的斩光器或是采用脉冲式的光源的供电;

(3) 分离干扰元素或者另选分析线。

5. 原子吸收分析中,若采用火焰原子化方法,是否火焰温度越高,测定灵敏度就越高?为什么?

答:不是。原子吸收测量时,待测元素处于基态,火焰温度过高,有可能使基态原子转变为激发态,测量信号反而降低,因此,温度不宜过高。

6. 石墨炉原子化法的工作原理是什么?与火焰原子化法相比较,有什么优缺点?为什么?

答:在石墨管中,通过大电流形成高温对试样进行原子化的方法。这种方法与火焰原子化方法相比,试样在测量区停留时间长,原子化效率较高,因此试样用量少,灵敏度较高;但共存物干扰大,测量精密度不如火焰原子化法高。

7. 说明在原子吸收分析中产生背景吸收的原因及影响,如何减免这一类影响?

答:原子吸收分析中产生背景吸收的原因可以归结为

(1) 火焰成分,包括火焰燃气和助燃气产生的一些化学基团和分子;

(2) 试样基体或各种化学试剂在原子化过程中生成的分子;

(3) 未分解的固体颗粒造成的散射。

采用适当的原子化方法或条件可以减小背景吸收;再有就是采用氘灯、塞曼效应等特殊装置来进行背景校正。

8. 背景吸收和基体效应都与试样的基体有关,试比较它们的区别处。

答:首先,两者原因不同。背景吸收是指基体中分子吸收或燃烧不充分的颗粒散射引起的光谱干扰,物理干扰是指基体的黏度、表面张力等会影响溶液提升量、雾化率等,最终影响原子吸收信号;其次,前者对不同元素测定的影响是不同的,是选择性的,后者则一般没有这种选择性;最后,减少或消除方法不同,前者一般采用调整原子化条件或借助仪器背景校正扣除,后者采用稀释试样、标准加入法等方法。

9. 应用原子吸收分光光度法进行定量分析的依据是什么？进行定量分析有哪些方法？试比较它们的优缺点。

答：吸光度和待测元素含量成正比，即 $A=kc$。

定量分析的方法有：标准曲线法和标准加入法。

标准曲线法：简便、快速，但试样基体组成复杂，对原子化效率影响较大时不宜采用。

标准加入法：可以克服基体效应对测定产生的干扰，但实验操作步骤较多，计算也较复杂。

10. 要保证或提高原子吸收分析的灵敏度和准确度，应注意哪些问题？怎样选择原子吸收分光光度分析的最佳条件？

答：应注意选择合适的分析测试条件，如分析波长、狭缝、灯电流、火焰原子化条件、或石墨炉原子化参数等。具体选择时需考虑的因素见本章第6节。

11. 从工作原理，仪器设备上对原子吸收法及原子荧光法做比较。

答：在原理上，原子吸收法与原子荧光法都是基于待测元素基态原子的外层电子吸收光源共振辐射后跃迁的现象，前者是测量光源光被吸收后减弱的程度，即吸光度；后者是测量吸收光后原子再发射光的强度，两者依据的物理量和定量公式不同。

在仪器设备上，两者都有相同的光源、原子化系统、分光系统和检测系统四个部分。不同的是原子吸收中，光源与检测器呈直线排列，而原子荧光为避免光源的影响，两者成直角组合；此外，一般原子荧光的光源要求更强、更稳定。原子荧光谱线更为简单，对分光系统要求不高，单色器甚至可采用滤光片代替，因而价格较低。

12. 在波长为 213.8 nm，用浓度为 0.010 $\mu g \cdot mL^{-1}$ 的 Zn 标准溶液和空白溶液交替连续测定 10 次，用记录仪记录的格数如下。计算该原子吸收分光光度计测定 Zn 元素的检出限。

测定序号	1	2	3	4	5
记录仪格数	13.5	13.0	14.8	14.8	14.5
测定序号	6	7	8	9	10
记录仪格数	14.0	14.0	14.8	14.0	14.2

解题思路：由表中 10 次数据代入标准偏差计算公式计算出 σ，再根据 $D_c=\frac{c}{A}\cdot 3\sigma$，算出最后结果，答案为 1 $ng \cdot mL^{-1}$。

13. 测定血浆试样中锂的含量，将三份 0.500 mL 血浆试样分别加至 5.00 mL 水中，然后在这三份溶液中加入（1）0 μL；（2）10.0 μL；（3）20.0 μL

0.050 0 mol · L^{-1} LiCl 标准溶液,在原子吸收分光光度计上测得读数(任意单位)依次为(1) 23.0;(2) 45.3;(3) 68.0。计算此血浆中锂的质量浓度。

解:本题为标准加入法,以吸光度 A 对标准 Li^+溶液加入体积作图得

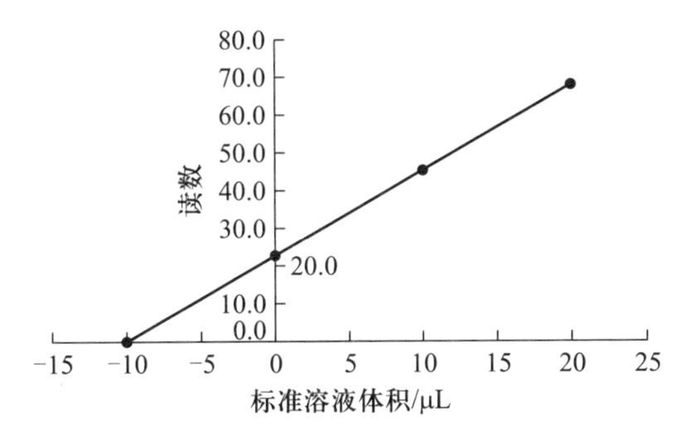

反推得 $V_x = 10.2\ \mu L$

$$c_x = 10.2\ \mu L \times 0.050\ 0\ mol \cdot L \times 10^{-6} \times 6.94\ g \cdot mol^{-1} / 0.500\ mL$$
$$= 7.08\ \mu g \cdot mL^{-1}$$

14. 以原子吸收光谱法分析尿试样中铜的含量,分析线 324.8 nm。测得数据如下表所示,计算试样中铜的质量浓度($\mu g \cdot mL^{-1}$)。

加入 Cu 的质量浓度 / ($\mu g \cdot mL^{-1}$)	吸光度	加入 Cu 的质量浓度 / ($\mu g \cdot mL^{-1}$)	吸光度
0(试样)	0.28	6.0	0.757
2.0	0.44	8.0	0.912
4.0	0.60		

解:本题为标准加入法,以吸光度 A 对标准加入溶液 Cu^{2+}浓度作图得

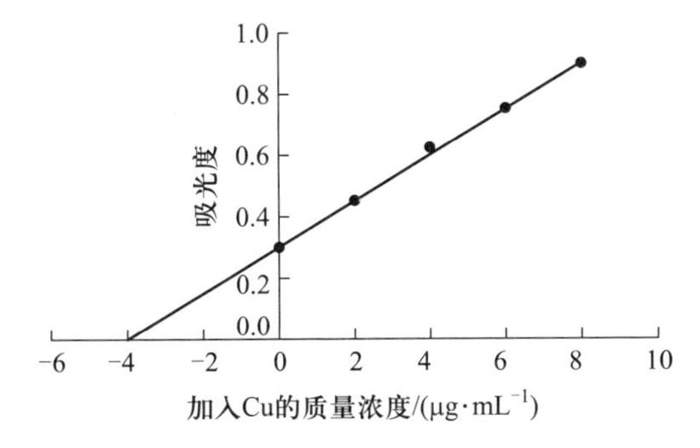

反推得 $c_x = 3.56\ \mu g \cdot mL^{-1}$

§8-4 综合练习

一、是非题

1. 原子吸收分析中采用标准加入法可以消除背景吸收的影响。

2. 原子吸收分光光度计中用氘灯作为光源测量原子吸收信号。

3. 原子吸收分析测定时,空心阴极灯电流越大,发射光越强,分析灵敏度越高。

4. 空心阴极灯发射谱线的宽度随电流的增加而增大。

5. 火焰原子吸收时,富燃焰燃烧不充分,测量时应避免。

6. 原子吸收分析时,石墨炉原子化测量的精密度较火焰法差。

7. 石墨炉原子化的特点是试样消耗量非常小。

8. 原子吸收时氢化物原子化方法适用于大多数非金属元素。

9. 原子吸收中单色器的要求一般比原子发射的分辨力低。

10. 通常情况下,原子谱线的自然宽度决定了原子谱线的宽度。

11. 原子吸收轮廓线下的面积吸收和峰值吸收都与产生吸收的原子数成正比。

12. 原子吸收分光光度计中原子化器的作用是使待测元素转化为激发态原子。

13. 原子吸收测量时,可采用光源调制的方法,减小原子化器发射光的干扰。

14. 原子吸收仪器的双光束光路设计,可以消除原子化器发射的背景光。

15. 原子吸收分析测定时,加入难电离的其他元素可以消除电离干扰。

16. 原子吸收分析测定时,分析线必须是第一共振吸收线。

17. 原子吸收分析测定时,采用高温火焰可以减少物理干扰的影响。

18. 塞曼效应在原子吸收仪器中用来扣除背景吸收信号。

19. 原子吸收的特征浓度越小,测定灵敏度越高。

20. 原子荧光分析的光源必须是锐线光源。

二、单项选择题

1. 原子吸收分光光度计中,光源的作用是(　　)

A. 提供试样蒸发和激发所需的能量

B. 发射待测元素的特征谱线

C. 发射紫外线

D. 使待测元素形成基态原子

2. 石墨炉原子吸收与火焰原子吸收相比，主要优点是(　　)

A. 稳定性高　　　　B. 背景干扰较小

C. 试样用量少　　　　D. 分析用时少

3. 火焰原子吸收测量时为消除物理干扰，可采用的方法是(　　)

A. 使用高温火焰　　　　B. 加入释放剂或保护剂

C. 采用标准加入法　　　　D. 减小狭缝

4. 原子吸收光谱分析中，为抑制电离干扰加入的消电剂(　　)

A. 电离电位较低　　　　B. 电离电位较高

C. 电离电位与待测元素接近　　　　D. 以上都不对

5. 原子吸收仪器中，单色器的位置和作用是(　　)

A. 原子化器前/将光源转为单色光

B. 原子化器后/将光源转为单色光

C. 原子化器前/将共振线与邻近线分开

D. 原子化器后/将共振线与邻近线分开

6. 原子荧光分析时，对于火焰原子化器产生的散射光，宜采用哪种方式消除(　　)

A. 降低光源强度　　　　B. 减小狭缝

C. 加入释放剂　　　　D. 用易挥发试剂

三、填空题

1. 原子吸收谱线的宽度主要是受________和________因素的影响。

2. 原子吸收分析仪器使用的空心阴极灯，其内充气化学成分一般为_______，阴极材料一定含有________。

3. 原子吸收分析测定时，原子化方法除了采用火焰之外，还可以采用_______和_______等方法。

4. 原子吸收分析仪器中，与单光束仪器相比双光束仪器可以消除________不稳定的影响，采用调制光源，可以消除________的影响。

5. 原子吸收仪器常用的火焰原子化器在结构上一般分为_______，_______，_______三个部分。

6. 原子吸收分析测量质量浓度为 0.100 ug·mL^{-1} Mg^{2+}时，得到的吸光度是0.158，则该仪器测量 Mg^{2+}的特征浓度是________。

7. 原子吸收分光光度计(AAS)与紫外-可见分光光度计(UV-VIS)的区别是，在光源上 AAS 为________，UV-VIS 为________；而单色器的位置，AAS 在吸收______，UV-VIS 在吸收______。

四、简答题

1. 原子吸收分析测定中，可采用邻近非共振线、氘灯、塞曼效应来扣除背景，三种方法各有何优缺点？

2. 原子荧光光谱分析与原子发射光谱分析在原理上有何相同与不同？

3. 原子吸收分析测定血液中 Ca 元素含量时，先将试样稀释 50 倍，加入一定量 EDTA 后测定，试解释这样操作的原因。若采用标准曲线法，标准溶液应如何配制？

4. 试对原子发射光谱分析、原子吸收光谱分析及原子荧光光谱分析三种分析方法的原理和应用特点进行比较。

§8-5 参考答案及解析

一、是非题

1. 解：错。标准加入法消除基体影响，主要是物理干扰。

2. 解：错。氘灯是连续光源，不能用于原子吸收测量。仪器中配有氘灯是用于背景校正。

3. 解：错。发射光强，透射光也增强，吸收信号是两者比值的对数，并不因此增强。

4. 解：对。电流越大，温度越高，多普勒效应越强。

5. 解：错。有些氧化物难解离的元素，需要还原焰的富燃焰帮助分解。

6. 解：对。石墨炉的干扰较为严重，信号稳定性不如火焰。

7. 解：对。石墨炉一般进样量在 10~50 μL，而火焰法一般在 1 mL 以上。

8. 解：错。氢化物法只适合 p 区部分金属和非金属。

9. 解：对。由于原子吸收光源发射的谱线简单。

10. 解：错。自然宽度一般比热变宽低一个数量级以上，可以忽略不计。

11. 解：对。理论上可以推导出两者都成正比，虽然面积吸收难以测量。

12. 解：错。应该是转化为基态原子。

13. 解：对。通过调制将光源变为交流信号，以便与原子化器发射的直流信号区分。

14. 解：错。双光束消除的是光源不稳定的影响。

15. 解：错。应该加入易电离的元素消除电离干扰。

16. 解:错。第一共振线有干扰时,可以另选分析线。

17. 解:错。高温一般可以减少的化学干扰,对物理干扰影响很小。

18. 解:对。

19. 解:对。根据原子吸收对特征浓度的定义可知。

20. 解:错。原子荧光分析仪器的光源也可用连续光源。

二、单项选择题

1. B。A 是原子发射光谱分析光源的作用,D 是原子化器的作用。

2. C。

3. C。其他都是消除化学干扰和光谱干扰的方法。

4. A。电离干扰的原因是待测元素的电离产生离子和自由电子,加入的消电剂应是易电离,产生大量电子的试剂。

5. D。单色器置于原子化器后可以消除原子化器发射的谱线干扰。

6. D。用易挥发试剂减少不能充分燃烧产生的颗粒。减小狭缝不能提高信噪比。

三、填空题

1. 热变宽(多普勒变宽),压力变宽(劳伦兹变宽)。

2. 惰性气体;待测元素。

3. 电加热,生成氢化物(化学还原)。

4. 光源不稳定(光源漂移);原子化器发射背景。

5. 雾化器,雾化室,燃烧器。

6. 0.003 $\mu g \cdot mL^{-1}$。

7. 锐线光源;连续光源;后;前。

四、简答题

1. 答:邻近非共振线法的优点是仪器不用另外增加装备,缺点是可选范围有限。

氘灯扣除法的优点是装置简单,操作方便,缺点是使用两个光源在空间上不能完全一致,背景有差异。

塞曼效应方法优点是背景扣除能力强,波长范围广,缺点是对仪器要求较高。

2. 答:相同之处是两者都是原子外层电子受到激发后跃迁至激发法态,在激发态不稳定又回到基态或低能态,并以辐射光形式释放能量,由此产生的光谱分析,一般光波长都在紫外-可见光区。

不同之处在于原子荧光的激发由光辐射引起,激发光波长与发射波长相同或不同,激发光停止之后,发射光也随即停止;而原子发射光谱的激发是由热能或电能引起,一般需要足够高的温度才能产生。

3. 答:试样稀释 50 倍,目的是减小血浆基体的物理干扰。加入 EDTA 目的是与 Ca 离子形成配合物,避免 Ca 形成难熔性的化合物,有利于分解产生 Ca 原子。

标准溶液配制时应在其中加入等量的 EDTA,使其基体尽量与试样接近,减少因基体差异产生的实验误差。

4. 答:(1) 原子发射光谱分析(AES)、原子吸收光谱分析(AAS)及原子荧光光谱分析(AFS)三种分析方法都是利用原子外层电子在能级跃迁时产生能量变化,但跃迁方式不同,AES 属于自发发射跃迁,AAS 属于受激吸收跃迁,AFS 属于受激吸收跃迁并自发发射跃迁。

(2) 三种分析方法在应用上都具有干扰小,灵敏度高,分析速率快等优点,但也各有特点,主要在于:① 多元素同时检测能力方面,AES 是一种典型的一次进样就能得到多种元素信息的分析方法;AFS 在使用多通道仪器时,具有一定的多元素同时测定的能力;而 AAS 一般是单个元素测定。② 灵敏度方面,因元素而异,也因具体实验方法和条件而异。③ 精密度及干扰情况方面。通常基态原子与激发态原子相比,受温度变化影响小,而 AAS 和 AFS 测定的是基态原子,因而有相对稳定的信号,精密度较好。干扰方面,AES 谱线较多,谱线干扰也较大;但 AAS 和 AFS 原子化温度较低,一般化学干扰较大。④ 标准工作曲线线性范围方面,AES 可达 5~6 个数量级;AFS 一般是 3 个数量级;AAS 通常只有 2 个数量级。⑤ 适用试样范围,AES 可直接测定元素周期表中近 80 种元素,试样可以是固体、液体或气体;AAS 近 70 种元素,试样为液体或固体;AFS 约 20 多种。⑥ 仪器设备方面,AES 特别是 ICP-AES 仪器最为复杂和昂贵,维护费用也最高;AFS 则可以制成便携式、微型化,使用更为方便。

第 9 章

紫外吸收光谱分析

§9-1 内容提要

紫外吸收光谱(UV)是一种重要的分子光谱分析技术,在实际试样的定性和定量分析中应用广泛。本章从分子能级出发,讨论了紫外吸收光谱产生的机理,还介绍了有机化合物紫外吸收光谱的产生,无机化合物的紫外及可见吸收光谱的产生,溶剂对紫外吸收光谱的影响,仪器结构等内容。最后,较为详细地阐述了该方法的应用领域。需说明的是,本书未涉及可见光区的吸收光谱分析方法——比色分析法(吸光光度法),虽然其原理、仪器和应用与紫外吸收光谱类似,但所使用的显色反应较为独特,习惯上将这部分内容放在化学分析类教材中加以介绍。

一、分子吸收光谱

本节从分子能级的组成——电子(价电子)能级、振动能级和转动能级出发,计算了分子在不同能级间跃迁所对应的谱线波长,得出分子光谱呈现为一种带状光谱的结论。基于分子能级,还解释了电子光谱(紫外及可见光谱)、振动转动光谱(红外吸收光谱)、转动光谱(远红外光谱)等基本概念。

二、有机化合物的紫外吸收光谱

紫外吸收光谱是由于分子中价电子的跃迁而产生的。本节从分子轨道理论出发,介绍了有机化合物价电子可能由低能级轨道跃迁至相应的高能级轨道时所产生的跃迁类型,以及各种跃迁类型所对应的能量区域。

然后从跃迁类型出发,以烃类化合物为例,介绍了饱和烃、不饱和脂肪烃、芳香烃化合物所涉及的跃迁类型、紫外吸收特点等,以点带面,对有机化合物的紫外吸收光谱的产生机制进行了阐述。在此过程中,引出了紫外吸收光谱分析中一些重要的专业术语,如助色团、生色团、红移等。本节内容的理解对于学习者掌握有机化合物紫外吸收光谱的特征极为重要。

三、无机化合物的紫外及可见光吸收光谱

大多数无机离子本身没有紫外或可见吸收,但如果和无机或有机配体形成配位物后,其价电子就可能发生电荷迁移跃迁或配位场跃迁。本节简要介绍了电荷迁移跃迁和配位场跃迁产生的机理。无机化合物的紫外吸收光谱(很多可以至可见光区)常用于无机离子的定量分析(比色分析)和无机配位物的结构及键合理论研究。

四、溶剂对紫外吸收光谱的影响

溶剂对溶质紫外吸收峰的波长、强度及形状均可能产生影响,了解其原理和规律,对于选择合适的溶剂十分重要。本节以亚异丙基丙酮和苯酚为例,介绍了溶剂对紫外吸收的影响情况。

五、紫外及可见光分光光度计

紫外及可见光分光光度计的结构比较简单,本节介绍了紫外及可见光分光光度计的组成、主要部件和光程原理。

六、紫外吸收光谱的应用

紫外吸收光谱的应用可以分为定性和定量两个方面。在定性方面,由于物质的紫外吸收光谱反映的是其分子中生色团及助色团的特性,而不是整个分子的特性,因此,单根据紫外吸收光谱并不能确定的分子结构,但它依然能提供一些有用的结构信息,如共轭程度的估量等,在纯度检查和反应过程跟踪方面也十分有用。在定量方面,本节简要介绍了定量基础——朗伯-比尔定律及多组分同时定量方法。

§9-2 知识要点

一、分子吸收光谱

分子内部的运动类型——可分为价电子运动,分子内原子在平衡位置附近的振动,分子绕其重心的转动。

分子具有的能级——电子(价电子)能级、振动能级、转动能级。

紫外及可见光谱——又称为电子光谱，由于电子能级跃迁而产生的吸收光谱，主要处于紫外及可见光区，波长范围为 200~780 nm。

红外吸收光谱——又称为振动转动光谱，由于分子的振动能级和转动能级的跃迁而产生的吸收光谱，波长范围为 0.78~50 μm。

远红外光谱——又称为转动光谱，由于分子的转动能级的跃迁而产生的吸收光谱，波长范围为 50~300 μm。

二、有机化合物的紫外吸收光谱

有机化合物分子中的价电子——形成单键的电子称为 σ 键电子；形成双键的电子称为 π 键电子；氧、氮、硫、卤素等含有未成键的孤对电子，称为 n 电子（或称 p 电子）。

反键轨道——当成键价电子吸收一定能量 ΔE 后，将跃迁到较高的能级（激发态），此时电子所占的分子轨道称为反键轨道，反键轨道具有较高能量。

有机化合物价电子的跃迁类型——有 $\sigma\rightarrow\sigma^*$，$n\rightarrow\sigma^*$，$n\rightarrow\pi^*$，$\pi\rightarrow\pi^*$ 四种类型，各种跃迁所需能量大小为：$E(\sigma\rightarrow\sigma^*)>E(n\rightarrow\sigma^*)\geqslant E(\pi\rightarrow\pi^*)>E(n\rightarrow\pi^*)$。

红移——也称为深色移动。当有机化合物的结构发生变化时，吸收峰向长波长方向移动的现象。

蓝移——也称为浅色移动。当有机化合物的结构发生变化时，吸收峰向短波长方向移动的现象。

助色团——能使吸收峰波长向长波长方向移动的杂原子基团，如—NH_2，—OH，—Cl 等。

生色团——具有 π 键的不饱和基团，该基团将使化合物的最大吸收峰波长移至紫外及可见光区范围内，并含有 $n\rightarrow\pi^*$ 或 $\pi\rightarrow\pi^*$ 跃迁，如 C═C，C═O 等。

K 吸收带——由共轭双键中 $\pi\rightarrow\pi^*$ 跃迁所产生的吸收带。其特点是强度大，摩尔吸收系数大（$\lg\kappa>4$），吸收峰位置一般处在 217~280 nm。

R 吸收带——由生色团及助色团中的 $n\rightarrow\pi^*$ 跃迁所引起的吸收带。R 吸收带的强度较弱（$\lg\kappa<2$），波长较长。

B 吸收带——也称为精细结构吸收带，由 $\pi\rightarrow\pi^*$ 跃迁和苯环的振动的重叠引起的吸收带。强度较弱，其精细结构常用来辨认芳香族化合物。

E_1 和 E_2 吸收带——苯在 185 nm 和 204 nm 处有两个强吸收带，分别称为 E_1 和 E_2 吸收带，由苯环结构中三个乙烯的环状共轭系统的跃迁所产生的，是芳香族化合物的特征吸收。

三、无机化合物的紫外及可见光吸收光谱

无机化合物的电子跃迁形式——电荷迁移跃迁和配位场跃迁。

电荷迁移跃迁——无机配合物受辐射能激发后，使一个电子从给予体（配体）的外层轨道向接受体（中心离子）跃迁。由此而产生的吸收光谱称为电荷迁移吸收光谱。

配位场跃迁——在配位场作用下导致的电子能级跃迁。在配体存在下，配位场致使过渡元素 5 个能量相等的 d 轨道及镧系和锕系元素 7 个能量相等的 f 轨道分别裂分成几组能量不等的 d 轨道及 f 轨道。吸收光能后，低能态的 d 电子或 f 电子可分别跃迁至高能态的 d 或 f 轨道上，这两类跃迁分别称为 d-d 跃迁和 f-f 跃迁，即配位场跃迁。

四、溶剂对紫外吸收光谱的影响（溶剂效应）

溶剂效应——有些溶剂，特别是极性溶剂，对溶质吸收峰的波长、强度及形状可能产生影响，这种影响即为溶剂效应。

溶剂效应产生的原因——溶剂和溶质间常形成氢键，或溶剂的偶极使溶质的极性增强，引起 $n \to \pi^*$ 或 $\pi \to \pi^*$ 吸收带的迁移。

五、紫外及可见光分光光度计

紫外及可见光分光光度计的组成——光源，分光元件，吸收池（比色皿），检测器。

光源——钨丝灯及氘灯两种。可见光区使用钨丝灯，紫外光区则用氘灯。

吸收池——石英材质的比色皿。玻璃比色皿只能用于可见光区吸收的测量。

六、紫外吸收光谱的应用

紫外吸收光谱的定性作用——可以提供识别未知物分子中可能具有的生色团、助色团和估计共轭程度的信息。

紫外吸光光度法的定量依据——朗伯-比尔定律，$A=\kappa bc$。

朗伯-比尔定律成立的前提——入射光为单色光，且溶液为稀溶液时成立。

参考答案

§9-3 思考题与习题解答

1. 试简述产生吸收光谱的原因。

答：分子具有特征分子能级，包括电子（价电子）能级、振动能级和转动能级。分子从外界吸收能量后，就能引起分子能级的跃迁，即从基态能级跃迁到激发态能级。由于三种能级跃迁所需能量不同，需要不同波长的电磁辐射使它们跃迁,记录分子对电磁辐射的吸收程度与波长的关系就得到了吸收光谱。

2. 电子跃迁有哪几种类型?这些类型的跃迁各处于什么波长范围?

答:有 $\sigma\to\sigma^*$,$n\to\sigma^*$,$n\to\pi^*$,$\pi\to\pi^*$ 四种类型。$\sigma\to\sigma^*$ 跃迁处于远紫外区(波长<200 nm);$n\to\sigma^*$ 和 $\pi\to\pi^*$ 跃迁的吸收带较 $\sigma\to\sigma^*$ 跃迁的波长长,位于远紫外区到紫外区;$n\to\pi^*$ 跃迁的吸收带出现在波长更长处,位于紫外区到可见光区。

3. 何谓助色团及生色团?试举例说明。

答:略。

4. 有机化合物的紫外吸收光谱中有哪几种类型的吸收带?它们产生的原因是什么?有什么特点?

答:略。

5. 在有机化合物的鉴定及结构推测上,紫外吸收光谱所提供的信息具有什么特点?

答:紫外吸收光谱所提供的有机化合物结构信息比较有限。物质的紫外吸收光谱基本上是其分子中生色团及助色团的特性,而不是它的整个分子的特性。所以,单根据紫外光谱不能完全确定物质的分子结构,还必须与红外吸收光谱、核磁共振波谱、质谱及其他化学的和物理化学的方法共同配合起来,才能得出可靠的结论。

6. 举例说明紫外吸收光谱在分析上有哪些应用。

答:(1) 定性分析:比较待测试样与已知标准物的紫外光谱图,若两者的谱图相同,且吸收波长相同、吸收系数也相同,则可认为两者是同一物质。根据化合物的紫外及可见光区吸收光谱可以推测化合物所含的生色团和助色团信息。对某些同分异构体进行判别,如 1,2-二苯乙烯顺、反异构体的判别;(2) 纯度检查与反应过程跟踪:例如,可利用甲醇溶液吸收光谱中在 256 nm 处是否存在苯的 B 吸收带来确定是否含有微量杂质苯;(3) 定量分析:紫外吸光光度法在定量分析中应用广泛,如药物分析等。

7. 亚异丙基丙酮有两种异构体:$CH_3—C(CH_3)═CH—CO—CH_3$ 及 $CH_2═C(CH_3)—CH_2—CO—CH_3$,它们的紫外吸收光谱为:(a) 最大吸收波长在 235 nm 处,$\kappa_{max}=12\ 000\ L\cdot mol^{-1}\cdot cm^{-1}$;(b) 220 nm 以后没有强吸收。如何根据这两个光谱来判别上述异构体?试说明理由。

答:(a) 紫外吸收光谱的最大吸收波长在 235 nm 处,波长较长,摩尔吸收系数 $\lg\kappa>4$,符合 K 吸收带的特征,表明分子中存在共轭双键,与 $CH_3—C(CH_3)═CH—CO—CH_3$ 的结构相符合。(b) 紫外吸收光谱在 220 nm 以后无强吸收,说明分子中无 K 吸收带,与 $CH_2═C(CH_3)—CH_2—CO—CH_3$ 的结构相符合。

8. 下列两对异构体,能否用紫外光谱加以区别?

(1) 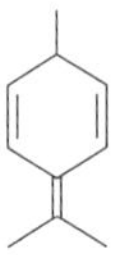 和

(2) 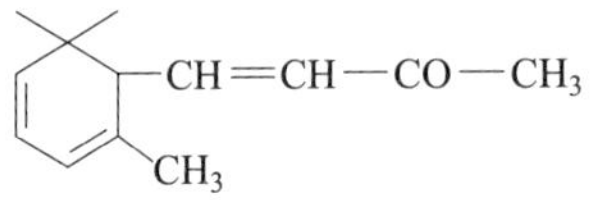 $-CH=CH-CO-CH_3$ 和 $-CH=CH-CO-CH_3$
CH_3 CH_3

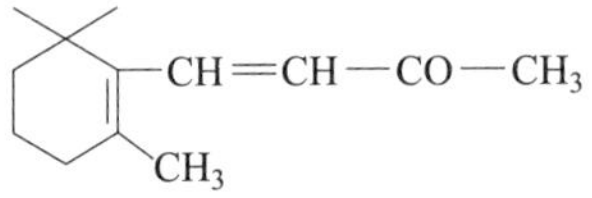

答:可以。

(1) 第一种化合物含有三个双键组成的共轭体系;而第二种化合物中只含有两个双键组成的共轭体系。显然,第一种化合物的共轭体系更大,因此,紫外吸收光谱的最大吸收波长将更长,摩尔吸收系数更高。

(2) 同理,第一种化合物中含有两组共轭双键,但两组共轭双键是独立的;而第二种化合物中含有三个双键组成的共轭体系。显然,第二种化合物的共轭体系更大,紫外吸收光谱的最大吸收波长将更长,摩尔吸收系数更高。

9. 试估计下列化合物中,哪一种化合物的 λ_{max} 最大,哪一种化合物的 λ_{max} 最小?为什么?

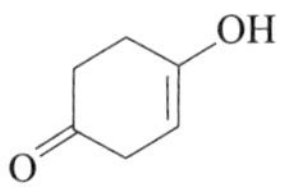

OH CH_3 CH_3
O O O

(a) 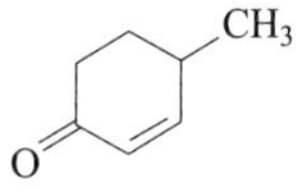 (b) 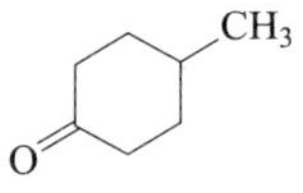 (c)

答:(b)化合物的 λ_{max} 最大,(c)化合物的 λ_{max} 最小。(b)化合物中有共轭双键,存在 K 吸收带,吸收较强,吸收波长 λ_{max} 最大,该化合物中还存在 $n \to \pi^*$ 跃迁,波长较长,但吸收很弱,故不予考虑。(a)化合物中存在两个独立双键,故无 K 吸收带,但 C ═C 双键上连接的—OH 是助色团,有助于吸收波长的红移。而(c)中只有一个双键,且无助色团,故 λ_{max} 最小。

10. 紫外及可见光分光光度计与可见光分光光度计比较,有什么不同之处?为什么?

答:(1) 紫外及可见分光光度计的光源有钨丝灯及氘灯两种,可见光区使用钨丝灯,紫外光区则用氘灯。而可见光分光光度计只需配备钨丝灯。这是由于两种光源辐射的波长范围不一样;(2) 由于玻璃会吸收紫外线,故盛溶液的吸收池(比色皿)用石英制成。如果是可见光分光光度计,则采用更便宜的玻璃比色皿;(3) 两类仪器的分光元件和检测元件差异不大,现在多采用光栅

分光，光电管或光电倍增管检测。

§9-4 综合练习

一、是非题

1. 分子能级中的电子能级能量差>振动能级能量差>转动能级能量差。

2. 我们观察到的分子光谱是带状光谱，这意味着分子吸收能量和原子吸收能量不同，不具有量子化的特征。

3. 烷烃分子中的价电子跃迁类型只有 $\sigma\rightarrow\sigma^*$ 跃迁。

4. 由共轭体系 $\pi\rightarrow\pi^*$ 跃迁产生的吸收带称为 R 带。

5. 在紫外吸收光谱中，生色团指的是能使分子产生颜色的基团。

6. Fe^{2+} 和 1,10-邻二氮菲的配合物会产生配位场跃迁光谱，可用于微量 Fe 元素的含量测定。

7. 随着溶剂极性的增强，亚异丙基丙酮的 $\pi\rightarrow\pi^*$ 跃迁向短波方向移动。

8. 只要把比色皿由玻璃材质换成石英材质，就可以用可见分光光度计测定苯溶液的紫外吸收光谱。

二、单项选择题

1. 下列光谱中，均由电子能级跃迁引起的是(　　)

A. 原子发射光谱和紫外吸收光谱　　B. 原子吸收光谱和红外光谱

C. 红外光谱和分子荧光光谱　　D. 原子光谱和分子光谱

2. 紫外-可见吸收光谱由分子的价电子能级跃迁所致，其能级差的大小决定了(　　)

A. 吸收峰的个数　　B. 吸收峰的强度

C. 吸收峰的位置　　D. 吸收峰的形状

3. 分子光谱中的电子光谱所处的波长区域是(　　)

A. 200～780 nm　　B. 10～200 nm

C. 0.780～50 μm　　D. 50～300 μm

4. 按照分子轨道理论，有机化合物中价电子跃迁时所需能量最小的是(　　)

A. $\sigma\rightarrow\sigma^*$　　B. $n\rightarrow\sigma^*$　　C. $n\rightarrow\pi^*$　　D. $\pi\rightarrow\pi^*$

5. 下列化合物中，同时有 $n\rightarrow\pi^*$，$\pi\rightarrow\pi^*$，$\sigma\rightarrow\sigma^*$ 跃迁的化合物是(　　)

A. 二氯甲烷　　B. 丙酮

C. 1,3-丁二烯　　D. 苯

6. 助色团对紫外吸收谱带的影响是使谱带(　　)

A. 波长变长　　B. 波长变短

C. 波长不变　　D. 都有可能

7. 以下基团中,不属于助色团的是(　　)

A. $—CH_3$　　B. —OH　　C. —SH　　D. $—NH_2$

8. 下列四种化合物中,在紫外光区出现两个吸收带者是(　　)

A. 乙烯　　B. 1,4-戊二烯

C. 1,3-丁二烯　　D. 丙烯醛

9. 在 $CH_2=CHCH_2\ddot{\underset{..}{O}}CH_3$ 的电子跃迁中,不会发生的是(　　)

A. $\sigma\rightarrow\pi^*$　　B. $\pi\rightarrow\sigma^*$　　C. $n\rightarrow\sigma^*$　　D. $n\rightarrow\pi^*$

10. 在紫外-可见光谱区有吸收的化合物是(　　)

A. $CH_3—CH=CH—CH_3$　　B. $CH_3—CH_2OH$

C. $CH_2=CH—CH_2—CH=CH_2$　　D. $CH_2=CH—CH=CH—CH_3$

11. 下列化合物中,紫外吸收的 κ_{max} 和波长最大的是(　　)

A.  HO— —NO_2（对硝基苯酚）　　B. 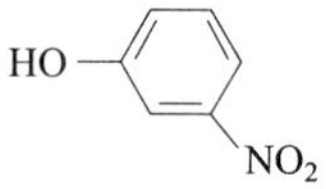 HO— —NO_2（间硝基苯酚）

C. 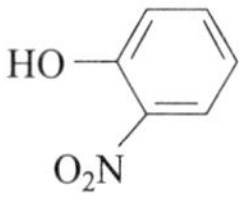 HO— —O_2N（邻硝基苯酚）　　D. 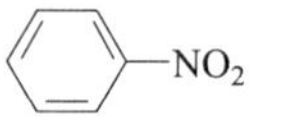 —NO_2（硝基苯）

12. 在下列溶剂中测定化合物 $CH_3COCH=C(CH_3)_2$ 的紫外吸收光谱,其中 $n\rightarrow\pi^*$ 跃迁的谱带波长最短的是(　　)

A. 水　　B. 甲醇　　C. 氯仿　　D. 己烷

13. 以下溶剂中,不适合作为紫外吸收光谱测定用溶剂的是(　　)

A. 水　　B. 甲醇　　C. 甲苯　　D. 己烷

14. 关于配位场跃迁,以下说法错误的是(　　)

A. d 轨道或 f 轨道上有价电子的金属元素才能发生配位场跃迁

B. 发生配位场跃迁的物质必须是配合物

C. 配位场跃迁中的 d-d 跃迁通常处于紫外光区

D. 摩尔吸收系数较小,故较少用于定量分析

15. 利用紫外吸收光谱进行定性分析时,以下说法正确的是(　　)

A. 紫外吸收光谱可以提供明确的官能团种类信息

B. 紫外吸收光谱可以提供官能团连接方式的信息

C. 利用紫外吸收光谱定性时,必须与标准物进行对照

D. 只要待测物的吸收波长与标准物一致,就可以判断两者为同一物质

三、填空题

1. 分子内部的运动可分为__________,____________和____________。

2. 物质的紫外-可见光谱又称________光谱,振动转动光谱也称为________光谱。

3. 当饱和单键碳氢化合物中的氢被杂原子取代时,其紫外光谱吸收峰向________波长方向移动,这种现象称为________移动或称为______移。

4. 在有机化合物分子中有几种不同性质的价电子,形成________的电子称为 σ 键电子,形成________的电子称为 π 键电子,未成键的______电子称为 n 电子。

5. 若在饱和碳氢化合物中引入不饱和基团,最大吸收峰波长将移至紫外及可见光区,这种基团称为____________。具有共轭双键的化合物,随着共轭体系的增长,其吸收峰的波长________,吸收强度________。

6. 乙醛分子中的生色团是________,它在 160 nm 处的吸收峰对应的电子跃迁类型为________,180 nm 处的吸收峰对应的跃迁类型为________,290 nm 处的吸收峰对应的跃迁类型为________。

7. 紫外光谱中,R 带是由________跃迁引起的,其特征是波长________,强度________。

8. 分子中 $n\to\pi^*$ 和 $\pi\to\pi^*$ 电子跃迁类型可以通过吸收峰的________和__________两个参数加以区分。

9. 由于 $\pi\to\pi^*$ 跃迁和苯环振动的重叠引起的吸收带称为______吸收带,该吸收带的______结构常用来辨认芳香族化合物。但在________溶剂中,该结构往往会消失。

10. 无机化合物的电子跃迁形式有______________和______________。

11. 紫外吸收光谱法的定量依据是______________定律。其数学表达式为______________。

12. 朗伯-比尔定律成立的条件是__________和____________。

13. 紫外分光光度计的仪器组成是(按光路顺序写)________________。

14. 当待测组分的紫外吸收位于 200~400 nm,应选用的光源为________,当测定有色溶液时,应选用的光源为__________。

15. 紫外光谱法能用于多组分体系的测定,其依据是______________。

四、计算题

1. 联苯分子在其紫外吸收光谱的最大吸收波长处吸收能量发生跃迁，假设跃迁概率为100%，1 mol 分子所吸收的总能量为 480 $kJ \cdot mol^{-1}$，试计算联苯的最大吸收波长。

2. 浓度为 $1.0\times10^{-5} mol \cdot L^{-1}$的某化合物溶液 254 nm 处的吸光度为 0.48，吸收池厚度为 1 cm，求该化合物在的摩尔吸收系数。

3. 某药片中仅含两种药效成分 A 和 B，其余均为辅料。已知 A 和 B 均有紫外吸收，且无相互作用，辅料没有紫外吸收。采用紫外分光光度法测定 A、B 的含量，准确称取药片粉末 50.0 mg，用 50%的甲醇为溶剂溶解并定容至 100 mL，另取标准溶液，获得以下数据。试计算 A、B 两种药效成分在药片中的质量分数。

溶液	浓度 / $g \cdot mL^{-1}$	吸光度 A_1 / $\lambda_1 = 276$ nm	吸光度 A_2 / $\lambda_2 = 325$ nm
A 的标准溶液	5.00×10^{-5}	0.053	0.392
B 的标准溶液	5.00×10^{-5}	0.852	0.086
药片溶液		0.640	0.375

五、简答题

1. 为什么利用紫外可见分光光度计无法测定饱和烃？请从分子轨道理论的角度加以解释。

2. 化合物三甲胺能发生 $n\rightarrow\sigma^*$ 跃迁，最大吸收波长为 227 nm，摩尔吸收系数为 900 $L \cdot mol^{-1} \cdot cm^{-1}$，若在酸性条件下测定，该吸收峰将如何变化，为什么？

3. 原子光谱呈现为线状光谱，而分子光谱呈现为带状光谱，其原因是什么？

§9-5 参考答案及解析

一、是非题

1. 解：对。电子能级的能量差一般在 1～20 eV，振动能级差一般在 0.025～1 eV，转动能级的间隔一般小于 0.025 eV。

2. 解：错。无论是分子还是原子，其吸收能量都具有量子化的特征。我们观察到的分子光谱是带状光谱是由于分子电子能级的跃迁还包含振动和转动能级的跃迁，振动能级和转动能级的能级间隔很小，分光元件无法分辨这些间隔很小的谱线。

3. 对。单键碳氢化合物只有 σ 键电子，故价电子跃迁类型只有 $\sigma \rightarrow \sigma^*$ 跃迁。

4. 错。由共轭体系 $\pi \rightarrow \pi^*$ 跃迁产生的吸收带称为 K 带或 B 带（芳香烃），R 带是 $n \rightarrow \pi^*$ 跃迁产生的。

5. 错。含有 π 键的不饱和基团称为生色团，它将使化合物的最大吸收峰波长增大，但不一定会到可见光区。

6. 错。Fe^{2+} 和 1,10-邻二氮菲配合物发生的是电荷迁移跃迁，不是配位场跃迁。其特点是摩尔吸收系数较大，故可用于微量 Fe 元素的含量测定。

7. 错。随着溶剂极性的增强，亚异丙基丙酮的 $\pi \rightarrow \pi^*$ 跃迁向应向长波方向移动。

8. 错。可见分光光度计只配有钨灯，检测波长在 400 nm 以上，而苯的最大吸收波长在 256 nm，因此即使换成石英比色皿，可见分光光度计也不能用于测定苯的紫外吸收。

二、单项选择题

1. A。B 和 C 选项中的红外光谱是由分子振动和转动能级跃迁引起的，D 选项中的分子光谱包含了多种光谱形式，如红外光谱。A 选项中，原子发射光谱是由原子外层电子跃迁引起的，而紫外吸收光谱是由分子的价电子跃迁引起的，两种光谱都涉及电子能级的跃迁，故选 A。

2. C。根据 $\Delta E=\dfrac{hc}{\lambda}$，能级差 ΔE 决定了吸收线的波长，即吸收峰的位置，故选 C。

3. A。分子光谱中的电子光谱即紫外-可见吸收光谱，所处的波长区域一般规定为 200~780 nm；10~200 nm 为真空紫外区，干扰太大，实际上不用于电子光谱的测定；0.780~50 μm 为振动光谱区域；50~300 μm 为转动光谱区域。故选 A。

4. C。有机化合物中，$E(\sigma \rightarrow \sigma^*) > E(n \rightarrow \sigma^*) \geq E(\pi \rightarrow \pi^*) > E(n \rightarrow \pi^*)$，$n \rightarrow \pi^*$ 跃迁所需能量最小。故选 C。

5. B。二氯甲烷没有双键，因此没有 π 电子；1,3-丁二烯和苯中都没有杂原子，因此没有 n 电子。丙酮有双键 C═O，O 上有孤对电子，会发生 $n \rightarrow \pi^*$，$\pi \rightarrow \pi^*$ 跃迁，丙酮中的—CH_3 基团上有 σ 电子，会发生 $\sigma \rightarrow \sigma^*$ 跃迁。故选 B。

6. A。助色团是使吸收峰波长向长波长方向移动的杂原子基团,故选 A。

7. A。助色团是使吸收峰波长向长波长方向移动的杂原子基团,B、C、D 三个基团上均有杂原子,能提供 n 电子,n 电子比 σ 键电子更易激发,使电子跃迁所需能量减低,吸收峰向长波长方向移动。只能—CH_3 基团上没有杂原子,故选 A。

8. D。具有孤立双键的烯烃(如 A 和 C)和共轭双键的烯烃(如 B),它们含有 π 键电子,吸收能量后产生 $\pi\to\pi^*$ 跃迁,波长在紫外光区,且大 π 键轨道只有一个,故只产生一个吸收带。丙烯醛不仅有 $\pi\to\pi^*$ 跃迁,还含有 $n\to\pi^*$ 跃迁,两种跃迁所需能量不一样,波长均在紫外光区,故形成两个紫外吸收带。

9. D。该化合物中,杂原子 O 是以单键(醚键)形式存在,是助色团,只能发生 $n\to\sigma^*$ 跃迁,不会发生 $n\to\pi^*$ 跃迁。故选 D。

10. D。A、C 中孤立 C═C 的吸收都在真空紫外区,B 没有生色团。只有 D 的结构中有共轭双键,其 K 带位于紫外区。故选 D。

11. A。芳香烃取代基的取代位对紫外吸收光谱有影响,二取代苯的两个取代基在对位时,κ_{max}和波长最大,而间位和邻位取代时,κ_{max}和波长都较小。D 与 A、B、C 相比,结构上少个推电子基团,故 κ_{max}和波长都最小。

12. A。$n\to\pi$ * 跃迁随着溶剂极性的增强向短波移动,水的极性最强,故选 A。

13. C。甲苯在紫外区有很强的紫外吸收,将干扰试样的紫外信号,不适合作为紫外吸收光谱测定用溶剂,选 C。

14. C。配位场跃迁是在配体存在下,配位体场致使过渡元素 d 或 f 轨道发生裂分,低能态的 d 或 f 电子可分别跃迁至高能态上产生的跃迁光谱。其特点是 d-d 跃迁能级差较小,波长较长,通常位于可见光区,摩尔吸收系数较小,因此 C 选项的说法是错误的。故选 C。

15. C。紫外吸收光谱能提供的信息比较有限,能提供生色团、助色团及分子共轭体系的相关信息,但并不能非常明确地给出官能团种类及链接方式的信息。利用紫外光谱定性时,必须比较待测试样与已知标准物的紫外光谱图,若两者的谱图相同,不仅吸收波长相同,且吸收系数也相同,才能认为两者是同一物质。故 A、B、D 选项均不确切。

三、填空题

1. 价电子运动,分子内原子在平衡位置附近的振动,分子绕其重心的转动。

2. 电子;红外吸收。电子在不同能级间的跃迁大多位于紫外-可见光区,故紫外-可见光区光谱又称为电子光谱,同样的,分子的振动、转动能级跃迁大多位于中红外区，因此红外吸收光谱又称为振动转动光谱。

3. 长；深色，红。

4. 单键；双键；孤对。分子轨道理论中的基本概念，有助于理解紫外吸收光谱与分子结构的关系。

5. 生色团；增长；增大。共轭双键越多，紫外吸收光谱的红移越显著，甚至产生颜色，据此可以判断共轭体系的存在情况，这是紫外吸收光谱的重要作用。

6. 羰基；$\sigma\rightarrow\sigma^*$；$\pi\rightarrow\pi^*$；$n\rightarrow\pi^*$。由于羰基是孤立的，乙醛的 $\sigma\rightarrow\sigma^*$，$\pi\rightarrow\pi^*$ 跃迁均在真空紫外区，$n\rightarrow\pi^*$ 跃迁在紫外区。

7. $n\rightarrow\pi^*$；较长；较弱。R 带的特征，可以用于区分不同的跃迁类型。

8. 波长，强度。这也是利用紫外吸收光谱进行定性分析时需进行比较的两个参数。

9. B；精细；极性。B 吸收带的精细结构常用来辨认芳香族化合物。但在苯环上有取代基时，或在极性溶剂中，复杂的 B 吸收带却简单化，或者消失。

10. 电荷迁移跃迁，配位场跃迁。

11. 朗伯-比尔定律；$A=\kappa bc$。吸收光谱定量分析时普遍适用的依据。

12. 入射光为单色光，溶液为稀溶液。

13. 氘灯→单色器/光栅→试样池/比色皿/吸收池→光电检测器/光电管/光电倍增管。需说明的是，如果是以光电二极管阵列或 CCD 等作为检测器，则试样池位于单色器之前。

14. 氘灯；钨灯。不同的光源所发射的光线的波长范围不同（能量集中的区域），故需选择合适的光源来制造不同的仪器。

15. 吸光度的加和性。这是利用紫外吸收光谱进行混合物定量的理论基础。

四、计算题

1. 解题思路：根据已知条件计算出最大吸收波长处，每个联苯分子所吸收的能量，再根据 $\Delta E=\dfrac{hc}{\lambda}$ 计算对应的波长。

解：每个联苯分子所吸收的能量

$$\Delta E=\frac{480\times10^3}{6.023\times10^{23}}=7.97\times10^{-19}\ \text{J}$$

$$\lambda=\frac{hc}{\Delta E}=\left(\frac{6.63\times10^{-34}\times3.0\times10^8}{7.97\times10^{-19}}\right)\ \text{m}=2.50\times10^{-7}\ \text{m}=250\ \text{nm}$$

2. 解：利用朗伯-比尔定律 $A=\kappa bc$ 进行计算。

$$\kappa=\frac{A}{bc}=\left(\frac{0.48}{1\times1.0\times10^{-5}}\right)\ \text{L}\cdot\text{mol}^{-1}\cdot\text{cm}^{-1}=4.8\times10^4\ \text{L}\cdot\text{mol}^{-1}\cdot\text{cm}^{-1}$$

3. 解题思路:在紫外光谱分析中,混合组分含量测定的依据是吸光度的加和性。首先计算出两个波长下,A、B 两组分的摩尔吸收系数,然后根据朗伯-比尔定律和加和性原理,联立方程组求解。

解:设比色皿的宽度均为 1 cm,根据朗伯-比尔定律,则

$$\kappa_{A(\lambda1)}=\frac{A}{bc}=\left(\frac{0.053}{1\times5.00\times10^{-5}}\right)\ \mathrm{mL\cdot g^{-1}\cdot cm^{-1}}=1.06\times10^{3}\ \mathrm{mL\cdot g^{-1}\cdot cm^{-1}}$$

$$\kappa_{A(\lambda2)}=\frac{A}{bc}=\left(\frac{0.392}{1\times5.00\times10^{-5}}\right)\ \mathrm{mL\cdot g^{-1}\cdot cm^{-1}}=7.84\times10^{3}\ \mathrm{mL\cdot g^{-1}\cdot cm^{-1}}$$

$$\kappa_{B(\lambda1)}=\frac{A}{bc}=\left(\frac{0.852}{1\times5.00\times10^{-5}}\right)\ \mathrm{mL\cdot g^{-1}\cdot cm^{-1}}=1.704\times10^{4}\ \mathrm{mL\cdot g^{-1}\cdot cm^{-1}}$$

$$\kappa_{B(\lambda2)}=\frac{A}{bc}=\left(\frac{0.086}{1\times5.00\times10^{-5}}\right)\ \mathrm{mL\cdot g^{-1}\cdot cm^{-1}}=1.72\times10^{3}\mathrm{mL\cdot g^{-1}\cdot cm^{-1}}$$

由吸光度的加和性得

$$A_{\lambda1}=\kappa_{A(\lambda1)}c_A+\kappa_{B(\lambda1)}c_B=1.06\times10^{3}\times c_A+1.704\times10^{4}\times c_B=0.640$$

$$A_{\lambda2}=\kappa_{A(\lambda2)}c_A+\kappa_{B(\lambda2)}c_B=7.84\times10^{3}\times c_A+1.72\times10^{3}\times c_B=0.375$$

解方程组得

$$c_A=4.01\times10^{-5}\mathrm{g\cdot mL^{-1}},\ c_B=3.51\times10^{-5}\mathrm{g\cdot mL^{-1}}$$

故 A、B 两种药效成分在药片中的质量分数为

$$w_A=\frac{4.01\times10^{-5}\times100}{50.0\times10^{-3}}\times100\%=8.02\%$$

$$w_B=\frac{3.51\times10^{-5}\times100}{50.0\times10^{-3}}\times100\%=7.02\%$$

五、简答题

1. 答:饱和烃类化合物中只有 σ 键电子,σ 键电子最不易激发,只有吸收很大的能量后,才能产生 $\sigma\rightarrow\sigma^*$ 跃迁,因而一般在远紫外区(10~200 nm)才有吸收带。远紫外区又称为真空紫外区,这是由于小于 160 nm 的紫外光会被空气中的氧所吸收,因此需要在无氧或真空中进行测定。而常规的紫外可见分光光度计测量环境为常压,且波长测定范围一般为 200~800 nm,故无法测定饱和烃。

2. 答:该吸收峰会消失。这是由于三甲胺中氮原子最外层有 5 个电子,其中 3 个与 C 原子形成共价键,在酸性条件下,剩下的一对电子将与氢离子形成配位键,故不再有孤对电子,因此不会产生 $n\rightarrow\sigma^*$ 跃迁。

3. 答:原子或分子吸收能量具有量子化的特征。原子能级中只有电子能级,电子能级间隔大,当原子中的电子在不同能级间跃迁时,所产生的光谱能够被常

规的单色器所分辨，因此获得的每一条谱线（经典原子光谱中获得光谱形式）都是清晰可辨的，故为线状光谱。而分子中具有电子（价电子）能级、振动能级和转动能级，当外层电子发生跃迁时，电子能级的跃迁中还包含振动和转动能级的跃迁，振动能级和转动能级的能级间隔很小，常规的单色器的分辨率有限，不能分辨这些间隔很小的谱线，故观察到的是合并成的较宽的带，所以分子光谱呈现为一种带状光谱。

第 10 章

红外吸收光谱分析

§10-1 内容提要

红外光谱(IR)又称为分子振动转动光谱,也就是说,红外光谱反映的是分子振动和转动能级的分布情况,而这与分子的结构密切相关,因此,红外光谱不仅可以用于分子结构的基础研究,也是化学组成分析和未知物结构鉴定的有力工具。本章重点讲解了红外光谱产生的条件,通过分子振动方程解释了为什么不同的官能团具有不同的吸收峰,且同一种官能团对应有多种吸收峰。在此基础上,介绍了一些常见化学基团的红外光谱基团频率,以及影响基团频率位移的主要因素,并以简单示例展示了利用红外光谱进行结构分析的常规思路。本章还重点介绍了红外光谱的仪器结构及制样方法。近年来,近红外光谱分析法发展很快,本章还对该方法进行了简要介绍,以拓展学习者的知识面。

一、红外吸收光谱分析概述

本节对红外吸收光谱分析的概貌进行了简介,首先阐述了该方法的应用领域和方法特点,然后简介了红外光谱的分区,引出中红外和近红外光谱的基本概念,最后介绍了红外光谱横坐标的一种特殊的表达方式——波数的概念及其与波长的关系。

二、红外吸收光谱的产生条件

本节讨论了物质吸收电磁辐射应满足的条件,以及一个分子如何才能满足吸收红外光的条件,也就是红外吸收光谱产生的原理。

三、分子振动方程

利用经典力学(虎克定律)导出的分子振动方程,计算了不同化学键的吸收频率，得到了“由于各个有机化合物的结构不同，它们的相对原子质量和化学键的力常数各不相同，就会出现不同的吸收频率，因此各有其特征的红外吸收光谱”的结论。

四、分子振动的形式

以 H_2O、CO_2 为例，计算了线形分子和非线形分子的基本振动形式的种数。每种振动形式都具有其特定的振动频率，也即有相应的红外吸收峰，有机化合物一般由多原子组成，因此红外吸收光谱的谱峰较多。本节还讨论了红外光谱中的吸收峰增减的原因。这些知识为利用红外光谱解析分子结构奠定了基础。

五、红外光谱的吸收强度

和紫外-可见吸收光谱一样，除吸收峰的位置外，红外光谱吸收峰的强度也是其重要参数之一。本节介绍了红外光谱的强度与分子振动时偶极矩变化的关系，也就是与分子结构及振动形式的关系，还说明了红外光谱吸收强度的表达方式。

六、红外光谱的特征性，基团频率

红外光谱的波长测量范围较大，波数一般为 4 000～400 cm^{-1}。在实际应用时，为便于对光谱进行解析，常将这个波数范围分为四个区。本节从红外光谱的区域划分入手，介绍了每个区域所对应的基团振动频率，特别是一些较为常见的官能团的不同振动形式的吸收峰，以及它们之间的相互关系。本节内容是分子结构的红外光谱解析的基础知识。

七、影响基团频率位移的因素

分子中化学键的振动并不是孤立的，而要受分子中其他部分，特别是相邻基团的影响，有时还会受到溶剂、测定条件等外部因素的影响。本节以研究最成熟的羰基的伸缩振动为例，重点介绍了引起该基团频率位移的内部因素。根据基团频率的位移和强度的改变，往往可以推测官能团周边的结构环境，因此，掌握影响基团频率偏移的内部因素，对于分子结构的红外光谱分析十分有用。

八、红外光谱定性分析

红外吸收光谱的主要用途是对化合物的结构进行分析，而作为定量分析方法的应用较少。本节简要叙述了运用红外光谱进行定性分析的方法，并以一个简单的例子对红外光谱图解析的步骤和思路进行说明。结合第 6 节和第 7 节的内容,学习者应掌握利用红外光谱对未知化合物进行结构解析的方法。

九、红外光谱定量分析

虽然红外吸收光谱多用于化合物的定性分析,但有时也可作为定量的手段。用红外光谱做定量分析,其优点是有较多特征峰可供选择。本节极其简要地介绍了红外光谱定量分析的依据、特点和注意事项。

十、红外光谱仪

本节介绍了目前最为常用的红外吸收光谱的测量仪器——傅里叶变换红外光谱仪,并重点介绍了仪器中的干涉仪部件及傅里叶变换原理。

十一、试样的制备与测定技术

与其他仪器分析方法不同的是,在红外光谱法中,试样的制备及处理占有重要的地位,近年来红外光谱分析法的进展大多数与制样和测定技术有关。本节介绍了制备试样时应注意的事项,气、液、固体的常规制样技术,还介绍了一种无须制样的无损检测技术——ATR 附件。本节内容为红外吸收光谱分析的具体操作提供了指导。

十二、近红外光谱分析简介

近红外光谱分析技术近年来发展较快,应用也日益广泛,但其仪器、分析方法和应用特点与红外吸收光谱有很大的区别,故单设一节加以简介。本节简要介绍了近红外光谱所包含的信息,近红外光谱仪的结构,以及近红外光谱信息的挖掘方法,并总结了该方法的应用特点。

§10－2 知识要点

一、红外吸收光谱分析概述

红外光谱在化学领域中的应用——分子结构的基础研究和化学组成的分析。其中化学组成分析的内容包括:根据光谱中吸收峰的位置和形状来推断未知物结构,依照特征吸收峰的强度来测定混合物中各组分的含量。

红外光谱的分区——近红外(泛频区,0.75~2.5 μm),中红外(基本振动区,2.5~25 μm),远红外(转动和晶格振动区,25~830 μm)。

波数——波长的倒数,表示每厘米长光波中波的数目,用 σ 表示。

$$\sigma/\mathrm{cm}^{-1}=\frac{1}{\lambda/\mathrm{cm}}=\frac{10^4}{\lambda/\mu\mathrm{m}}$$

二、红外吸收光谱的产生条件

红外光谱的产生——是由于分子振动能级的跃迁(同时伴随转动能级跃迁)而产生的。

物质吸收电磁辐射应满足的两个条件——(1) 辐射应具有刚好能满足物质跃迁时所需的能量;(2) 辐射与物质之间有偶合作用(相互作用)。

物质吸收红外光应满足的两个条件——(1) 红外光(辐射)具有适合的能量,能导致分子振动跃迁的产生;(2) 分子必须有偶极矩的改变。

分子的偶极矩的大小——$\mu=q\cdot d$。q 为分子正、负电荷中心的电荷值,d 为正、负电荷中心的距离。

偶极子——距离相近,符号相反的一对电荷。

振动偶合——当辐射频率与偶极子原有振动频率相匹配时,分子与辐射发生相互作用而增加它的振动能,使振动加剧,振幅加大,即分子由原来的基态振动跃迁到较高的振动能级,这一现象称为振动偶合。

红外活性的振动——发生偶极矩变化的振动能引起可观测的红外吸收谱带,这种振动称为红外活性的振动。反之,则称为非红外活性的振动。

三、分子振动方程

分子振动方程——$\sigma=\frac{1}{2\pi c}\sqrt{\frac{k}{\mu}}$。式中 c 为光速;k 是连接原子的化学键的力常数;μ 是两个原子的折合质量,$\mu=\frac{m_1\cdot m_2}{m_1+m_2}$。

影响基本振动频率的因素——基本振动频率除了取决于化学键两端的原子质量、化学键的力常数外,还与内部因素(结构因素)及外部因素(化学环境)有关。

四、分子振动的形式

分子振动形式的种数——非线形分子的振动形式有 $3n-6$ 种,直线形分子的振动形式为 $3n-5$ 种。

水分子的振动形式——O—H 键长改变的振动称为伸缩振动,伸缩振动可分为两种,对称伸缩振动(用符号 σ_s 表示)及反对称伸缩振动(用 σ_{as} 表示),键角

∠HOH 改变的振动称为弯曲振动或变形振动(用 δ 表示)。

二氧化碳分子的振动形式——包括对称伸缩振动(红外非活性)、反对称伸缩振动、面内弯曲振动、面外弯曲振动。

亚甲基的振动形式——包括对称伸缩振动、反对称伸缩振动、剪式振动、面内摇摆振动、面外摇摆振动、扭曲振动。

基频谱带——基团由基态向第一振动能级跃迁所吸收的红外光形成的吸收谱带。

倍频谱带——由基态跃迁至第二振动激发态、第三振动激发态等所产生的吸收谱带。

合频谱带——v_1+v_2,$2v_1+v_2$ 等。

差频谱带——v_1-v_2,$2v_1-v_2$ 等。

泛频谱带——倍频谱带、合频谱带及差频谱带统称为泛频谱带。

五、红外光谱的吸收强度

红外光谱的强度与偶极矩变化的关系——红外光谱的强度与分子振动时偶极矩变化的平方成正比。

谱带的强度与振动形式的关系——振动形式不同,分子的电荷分布不同,偶极矩的变化也就不同。通常,反对称伸缩振动的吸收强度大于对称伸缩振动;伸缩振动的吸收强度比变形振动大。

红外光谱吸收强度的表示方法——极强峰(vs,$\varepsilon>100\ \mathrm{L\cdot mol^{-1}\cdot cm^{-1}}$),强峰(s,$20<\varepsilon\leqslant100\ \mathrm{L\cdot mol^{-1}\cdot cm^{-1}}$),中强峰(m,$10<\varepsilon\leqslant20\ \mathrm{L\cdot mol^{-1}\cdot cm^{-1}}$),弱峰(w,$\varepsilon\leqslant10\ \mathrm{L\cdot mol^{-1}\cdot cm^{-1}}$)。

六、红外光谱的特征性,基团频率

基团频率——与一定的结构单元相关的振动频率。

影响吸收峰的位置和强度的因素——分子中各基团(化学键)的振动形式和所处的化学环境。

X—H 伸缩振动区——含氢基团等的伸缩振动区域,4 000~2 500 $\mathrm{cm^{-1}}$,X 可以是 O,N,C 和 S 原子。

叁键和累积双键区——2 500~2 000 $\mathrm{cm^{-1}}$,主要包括炔键、腈键、丙二烯基、烯酮基、异氰酸酯基等的反对称伸缩振动。

双键伸缩振动区——2 000~1 500 $\mathrm{cm^{-1}}$,主要包括 C═C,C═O,C═N,—NO_2 等的伸缩振动和芳环的骨架振动等。

X—Y 伸缩振动及 X—H 变形振动区——也称为单键区,1 500~400 $\mathrm{cm^{-1}}$,

主要包括 C—H,N—H 的变形振动,C—O,C—X 等伸缩振动,以及 C—C 单键骨架振动等。

官能团区——基团的特征吸收集中的区域,4 000~1 300 cm^{-1}。

指纹区——1 300~650 cm^{-1}的区域。在该区域,由于各种单键的伸缩振动之间及和 C—H 变形振动之间互相发生偶合,使这个区域里的吸收带变得非常复杂,并且对结构上的微小变化非常敏感。因此只要在化学结构上存在细小的差异(如同系物、同分异构体和空间构象等),在该区中就有明显的显现,就如人的指纹一样因人而异,故称为指纹区。

七、影响基团频率位移的因素

电效应——引起基团频率位移的因素之一,包括诱导效应、共轭效应和偶极场效应,它们都是由于化学键的电子分布不均匀而引起的。

诱导效应——由于取代基具有不同的电负性,通过静电诱导作用,引起分子中电子分布的变化,从而引起键力常数的变化,改变了基团的特征频率,这种效应通常称为诱导效应,也称为 I 效应。

共轭效应——也称为 M 效应。共轭效应使共轭体系中的电子云密度平均化,结果使原来的双键伸长(即电子云密度降低),力常数减小,导致振动频率降低。

偶极场效应——也称为 F 效应,在空间上相互靠近的官能团之间发生相互作用所引起的基团特征频率改变。

振动的偶合——适当结合的两个振动基团,若原来的振动频率很相近,它们之间可能会产生相互作用而使谱峰裂分成两个,一个高于正常频率,一个低于正常频率。这种两个振动基团之间的相互作用,称为振动的偶合。

费米共振——当一振动的倍频与另一振动的基频接近时,由于发生相互作用而产生很强的吸收峰或发生裂分,这个现象称为费米共振。

八、红外光谱定性分析

红外光谱定性分析的内容——大致可分为官能团定性和结构分析两个方面。官能团定性是根据化合物的红外光谱的特征基团频率来检定物质含有哪些基团,从而确定有关化合物的类别。结构分析或称结构剖析,则需要由化合物的红外光谱并结合其他实验资料(如相对分子质量、物理常数、紫外光谱、核磁共振波谱、质谱等)来推断有关化合物的化学结构。

不饱和度 U 的计算式——$U=1+n_4+\frac{1}{2}(n_3-n_1)$。$n_1$,$n_3$ 和 n_4 分别为分子式

中一价、三价和四价原子的数目。

九、红外光谱定量分析

红外光谱定量分析的依据——根据物质组分的吸收峰强度来进行定量，基本依据是朗伯-比尔定律。

红外光谱做定量分析的特点——优点：是有较多特征峰可供选择。缺点：灵敏度较低，测量误差较大。

十、红外光谱仪

红外光谱仪的分类——色散型红外光谱仪和傅里叶变换红外光谱仪两类，目前，傅里叶变换红外光谱仪已基本取代色散型红外光谱仪。

色散型红外光谱仪的组成——光源、单色器、吸收池、检测器和记录系统。

色散型红外光谱仪的特点——扫描时间长，灵敏度、分辨率和准确度都较低。

傅里叶变换红外光谱仪(FTIR)的组成——由光源、干涉仪、检测器和计算机等组成，其中核心部分是干涉仪。

光源的种类——硅碳棒、陶瓷光源等。

检测器的种类——热释电检测器和汞镉碲检测器。

热释电检测器——也称为热电型检测器。当红外光照射时引起温度升高使晶体(检测元件)的极化度改变，表面电荷减少，相当于因热而释放了部分电荷(热释电)，经放大转变成电压或电流的方式进行测量。常用的晶体有硫酸三苷肽(TGS)、氘化硫酸三苷肽(DTGS)、丙氨酸取代的氘代硫酸三甘氨酸酯(DLATGS)。

汞镉碲检测器——又称光电导检测器或 MCT 检测器，检测元件由半导体碲化镉和碲化汞混合制成。吸收红外辐射后，非导电性的价电子跃迁至高能量的导电带，从而降低了半导体的电阻，产生电信号。

傅里叶变换红外光谱仪的工作原理——光源发出的红外辐射，经干涉仪转变成干涉图，通过试样后得到包含试样吸收信息的干涉图，由计算机采集，并经过快速傅里叶变换，得到吸收强度或透光度随频率或波数变化的红外光谱图。

傅里叶变换红外光谱仪的特点——与色散型红外光谱仪相比，傅里叶变换红外光谱仪由于没有狭缝的限制，光通量只与干涉仪平面镜大小有关，因此在同样分辨率下，光通量要大得多，从而使检测器接收到的信号和信噪比增大，因此有很高的灵敏度。扫描速率极快，能在很短时间内(<1 s)获得全频域光谱响应；

由于采用激光干涉条纹准确测定光程差,使傅里叶变换红外光谱仪测定的波数更为准确。

十一、试样的制备与测定技术

红外光谱分析中试样制备的注意事项——(1) 试样的浓度和测试厚度应选择适当,以使光谱图中大多数吸收峰的透射率处于 15%~70%;(2) 试样中不应含有游离水;(3) 试样应该是单一组分的纯物质。

气态试样的制备方法——使用气体吸收池。

液体和溶液试样的制备方法——液膜法或使用液体池。

固体试样的制备方法——KBr 压片法、石蜡糊法、薄膜法。

衰减全反射光谱——简称 ATR,又称内反射光谱,它是基于光的全反射现象建立起立的一种特殊的红外光谱检测技术。

全反射——当光从光密介质进入光疏介质,且入射角大于临界值时,折射光为 0,入射光全部被反射,此现象称为全反射。

临界角——发生全反射的入射角称为临界角。

衰减全反射光谱的特点——非破坏性的测量方法,试样无须前处理,即可直接测定;可以提供界面微米量级或更薄层膜的光谱信息;由于不同波数区域间 ATR 技术灵敏度不同,因此 ATR 图谱吸收峰的相对强度与常规的透射图谱并不完全一致。

十二、近红外光谱分析简介

近红外光——介于可见光和中红外之间的电磁辐射波,波长范围一般定义为 780~2 526 nm。

近红外光谱区——也称为泛频区,出现的主要是有机分子中含氢基团(O—H,N—H,C—H 等)振动的合频和各级倍频的吸收。

近红外光谱图峰形的特点——由于基频、倍频和合频的相互偶合,多原子分子在整个近红外区有很多个吸收带,每个近红外谱带又可能是若干个不同基频的倍频和合频的组合,因此,近红外光谱图峰形宽且弱。

近红外光谱仪的类型——根据分光系统和测量原理的不同,近红外光谱仪同样可以分为滤光片型、分光型和傅里叶变换型;或者根据测量光的类型分为漫反射型、透射测量型等。

近红外光谱仪的组成——光源、分光系统、测样器件、检测器等。

光源——溴钨灯、发光二极管、激光发射二极管等。

分光系统——滤光片型、光栅型、干涉型、声光可调滤光型等。

测样器件——吸收池、积分球、光纤探头等。

积分球——进行近红外漫反射测量的器件。

检测器——既可以用红外光谱仪的检测器，也可以用紫外光谱仪的检测器。

近红外光谱分析法的优点——具有测量速度快，可以对试样的多种成分进行同时分析，无损检测，制样简单，不需要化学试剂等优点。

近红外光谱分析法的缺点——灵敏度不高，一般要求含量大于 0.1%才可以使用；另外，分析结果的准确性取决于所建立的模型的合理性，且建模过程比较费时、烦琐。

参考答案

§10-3 思考题与习题解答

1. 产生红外吸收的条件是什么？是否所有的分子振动都会产生红外吸收光谱？为什么？

答：产生红外吸收需要满足以下两个条件：(1) 红外光(辐射)具有适合的能量，能导致分子振动跃迁的产生；(2) 分子必须有偶极矩的改变。

并非所有的振动都会产生红外吸收，只有发生偶极矩变化的振动才能引起可观测的红外吸收谱带，我们称这种振动为红外活性的，反之则称为非红外活性的。

2. 以亚甲基为例说明分子的基本振动形式。

答：略。

3. 何谓基团频率？它有什么重要性及用途？

答：基团频率是与一定的结构单元相关的振动频率。只要掌握了各种基团的振动频率，也就是基团频率及其位移规律，就可应用红外光谱来检测化合物中存在的基团及其在分子中的相对位置。

4. 红外光谱定性分析的基本依据是什么？简要叙述红外定性分析的过程。

答：略。

5. 影响基团频率的因素有哪些？

答：有外因和内因两个方面。外因包括试样状态、测试条件、溶剂效应、制样方法等。内因包括电效应(诱导效应、共轭效应、偶极场效应)、氢键、振动偶合、费米共振、立体障碍、环张力等。

6. 何谓"指纹区"？它有什么特点和用途？

答：指纹区是指波数为 1 300~650 cm^{-1}的区域。该区域的特点是：吸收带非常复杂；化学结构上细小的差异在该区中就有明显的显现，就如人的指纹一样因人而异。指纹区的主要价值在于表示整个分子的特征，因而宜于用来与标准谱图(或已知物谱图)进行比较，以得出未知物与已知物结构是否相同的确切结论。

7. 近红外光谱区域出现的吸收是由哪些基团提供的？为什么它又被称为泛频区？这一区域的吸收有何特点？

答：近红外光谱区域出现的吸收主要是有机分子中含氢基团（O—H，N—H，C—H 等）振动提供的，由于它是基团振动的合频和各级倍频的吸收，所以也称为泛频区。这一区域的吸收峰形宽且弱。

8. 近红外光谱的仪器与中红外光谱仪相比有何异同点？

答：相同点：都是吸收光谱仪，故仪器的组成是相同的，包括光源、分光系统、测样器件、检测器等。不同点：近红外光谱与中红外光谱仪测量的光的范围不一样，故光源种类不同，近红外光谱仪常用溴钨灯等，而中红外光谱仪的光源常用硅碳棒等；在检测器方面，近红外光谱仪既可以用红外光谱仪的检测器，也可以用紫外光谱仪的检测器。

9. 将 800 nm 换算为（1）波数；（2）μm 单位。

解：（1）$\sigma=\dfrac{10^7}{\lambda}=\dfrac{10^7}{800}=12\ 500\ \text{cm}^{-1}$

（2）$\lambda=800\ \text{nm}/1\ 000\ (\text{nm}\cdot\mu\text{m}^{-1})=0.8\ \mu\text{m}$

10. 根据下述力常数 k 数据，计算各化学键的振动频率（波数）。

（1）乙烯的 C—H 键，$k=5.1\ \text{N}\cdot\text{cm}^{-1}$；

（2）乙炔的 C—H 键，$k=5.9\ \text{N}\cdot\text{cm}^{-1}$；

（3）乙烷的 C—C 键，$k=4.5\ \text{N}\cdot\text{cm}^{-1}$；

（4）苯的 C—C 键，$k=7.6\ \text{N}\cdot\text{cm}^{-1}$；

（5）CH_3CN 的 C≡N 键，$k=17.5\ \text{N}\cdot\text{cm}^{-1}$；

（6）甲醛的 C—O 键，$k=12.3\ \text{N}\cdot\text{cm}^{-1}$。

由所得计算值，你认为可以说明一些什么问题？

解：（1）$\mu=\dfrac{m_1m_2}{m_1+m_2}=\dfrac{\dfrac{12}{N_A}\cdot\dfrac{1}{N_A}}{\dfrac{12}{N_A}+\dfrac{1}{N_A}}=1.533\times10^{-24}\ \text{g}$

乙烯的 C—H 键：$\sigma=\dfrac{1}{2\pi c}\sqrt{\dfrac{k}{\mu}}=\dfrac{1}{2\times3.14\times2.998\times10^{10}}\sqrt{\dfrac{5.1\times10^5}{1.533\times10^{-24}}}$

$=3\ 064\ \text{cm}^{-1}$

（2）乙炔的 C—H 键：$\sigma=\dfrac{1}{2\pi c}\sqrt{\dfrac{k}{\mu}}=\dfrac{1}{2\times3.14\times2.998\times10^{10}}\sqrt{\dfrac{5.9\times10^5}{1.533\times10^{-24}}}$

$=3\ 295\ \text{cm}^{-1}$

$$(3)\ \mu=\frac{m_1m_2}{m_1+m_2}=\frac{\frac{12}{N_A}\cdot\frac{12}{N_A}}{\frac{12}{N_A}+\frac{12}{N_A}}=0.996\times10^{-23}\ \text{g}$$

乙烷的 C—C 键: $\sigma=\frac{1}{2\pi c}\sqrt{\frac{k}{\mu}}=\frac{1}{2\times3.14\times2.998\times10^{10}}\sqrt{\frac{4.5\times10^{5}}{0.996\times10^{-23}}}$

$=1\ 129\ \text{cm}^{-1}$

(4) 苯的 C—C 键: $\sigma=\frac{1}{2\pi c}\sqrt{\frac{k}{\mu}}=\frac{1}{2\times3.14\times2.998\times10^{10}}\sqrt{\frac{7.6\times10^{5}}{0.996\times10^{-23}}}$

$=1\ 467\ \text{cm}^{-1}$

$$(5)\ \mu=\frac{m_1m_2}{m_1+m_2}=\frac{\frac{12}{N_A}\cdot\frac{14}{N_A}}{\frac{12}{N_A}+\frac{14}{N_A}}=1.073\times10^{-23}\ \text{g}$$

CH_3CN 的 C ≡ N 键: $\sigma=\frac{1}{2\pi c}\sqrt{\frac{k}{\mu}}=\frac{1}{2\times3.14\times2.998\times10^{10}}\sqrt{\frac{17.5\times10^{5}}{1.073\times10^{-23}}}$

$=2\ 145\ \text{cm}^{-1}$

$$(6)\ \mu=\frac{m_1m_2}{m_1+m_2}=\frac{\frac{12}{N_A}\cdot\frac{16}{N_A}}{\frac{12}{N_A}+\frac{16}{N_A}}=1.139\times10^{-23}\ \text{g}$$

甲醛的 C—O 键: $\sigma=\frac{1}{2\pi c}\sqrt{\frac{k}{\mu}}=\frac{1}{2\times3.14\times2.998\times10^{10}}\sqrt{\frac{12.3\times10^{5}}{1.139\times10^{-23}}}$

$=1\ 745\ \text{cm}^{-1}$

由所得计算值可见:(1) 同类原子组成的化学键(折合相对原子质量相同),力常数大的,基本振动频率就大;(2) 相同或相似化学键的基团,振动频率与组成的原子质量的平方根成反比,氢的相对原子质量最小,故含氢原子单键的基本振动频率都出现在中红外的高频区;(3) 由于各个有机化合物的结构不同,它们的相对原子质量和化学键的力常数各不相同,就会出现不同的吸收频率,因此各有其特征的红外吸收光谱。

11. 氯仿($CHCl_3$)的红外光谱表明其 C—H 伸缩振动频率为 3 100 cm^{-1},对于氘代氯仿(C^2HCl_3),其 C—^{2}H 伸缩振动频率是否会改变? 如果变动的话,是向高波数还是向低波数方向位移? 为什么?

答:由于^{1}H,^{2}H 的相对原子质量不同,所以其伸缩振动频率会发生变化。相同化学键的基团，振动频率与组成的原子质量的平方根成反比，由于^{1}H 的相对原子质量小于^{2}H，其折合质量也小，振动频率就高。故 C—^{2}H 的伸缩振动频率会向低波数方向位移。

12. OH 和 O 是同分异构体，如何应用红外吸收光谱来鉴定它们？

答：(1) 前者的分子中有—OH，在 3 300 cm^{-1}附近会出现一宽吸收带，而后者无此特征峰；(2) 后者分子中的—C ═O 基团在 1 700 cm^{-1}附近会有一强吸收带，而前者无此特征峰；(3) 前者的红外光谱图中，在 3 000 cm^{-1}可能会出现一弱的不饱和═C—H 吸收峰，而后者无此特征峰。

13. 某化合物在 3 640~1 740 cm^{-1}区间的红外光谱如图所示。

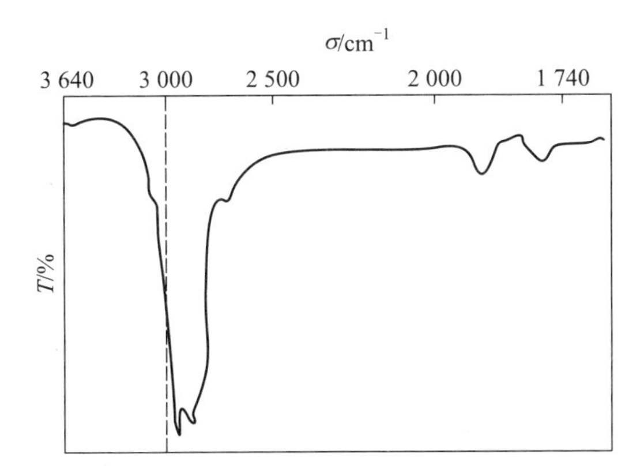

该化合物应是六氯苯(Ⅰ)、苯(Ⅱ)或 4-叔丁基甲苯(Ⅲ)中的哪一个？说明理由。

Cl Cl Cl Cl Cl Cl Ⅰ

Ⅱ

CH_3 $C(CH_3)_3$ Ⅲ

答：该化合物应是Ⅲ。这是由于红外光谱中(1) 3 000~2 700 cm^{-1}存在最强的吸收峰，应为饱和—C—H 基团的对称伸缩振动和反对称伸缩振动的信号。化合物Ⅰ没有 C—H 基团，故此处无吸收。化合物Ⅱ虽然有 C—H 基团，但属于不饱和═C—H，因此其 C—H 的对称伸缩振动和反对称伸缩振动均>3 000 cm^{-1}；(2) 在2 000～1 740 cm^{-1}存在一个双峰，强度较弱，为苯衍生物的泛频吸收，符合对位取代苯的特征。故该化合物为 4-叔丁基甲苯。

§10-4 综合练习

一、是非题

1. 所有的分子振动形式所对应的红外谱带都能被观察到。

2. 傅里叶变换红外光谱仪不需要色散元件。

3. 红外光谱法可以区分丁烷、1-丁烯和 1-丁炔。

4. 可将固体试样溶于水中测试其红外光谱图。

5. 红外光谱中，由于环张力的影响，环己酮羰基的振动频率比环戊酮的大。

6. 红外吸收峰的强度由分子振动时偶极矩的变化程度决定。

7. 线形分子红外吸收基频峰的个数有 $3n-5$ 个。

8. 红外光谱解析化合物结构时只需解析特征频率区的吸收峰，指纹区的吸收峰对化合物结构鉴定没有任何帮助。

二、单项选择题

1. 红外吸收光谱的产生是由于(　　)

A. 分子外层电子、振动、转动能级的跃迁

B. 原子外层电子、振动、转动能级的跃迁

C. 分子振动-转动能级的跃迁

D. 分子外层电子的能级跃迁

2. 红外吸收光谱的横坐标是(　　)

A. 化学位移　　B. 质荷比　　C. 时间　　D. 波数

3. 某物质能吸收红外光谱，其分子结构必然是(　　)

A. 具有不饱和键　　B. 具有共轭体系

C. 振动时发生偶极矩的变化　　D. 具有对称性

4. 对于含 n 个原子的非线形分子，其红外光谱(　　)

A. 有 $3n-6$ 个基频峰　　B. 有 $3n-6$ 个吸收峰

C. 有少于或等于 $3n-6$ 个基频峰　　D. 有少于或等于 $3n-6$ 个吸收峰

5. 红外光谱中，如果 C—H 键和 C—D 键的力常数相同，则 C—H 键的振动频率 ν_{C-H} 比 C—D 健的振动频率 ν_{C-D}(　　)

A. 大　　　　B. 小　　　　C. 相等　　　　D. 不确定

6. 红外光谱中，当某化学键的力常数增加 1 倍时，其振动频率将(　　)

A. 增大至$\sqrt{2}$倍　　　　B. 减少至 $1/\sqrt{2}$倍

C. 减少 1 倍　　　　D. 增加 1 倍

7. 测定羧酸的红外光谱时，其羰基的伸缩振动频率最高的是(　　)

A. 液态羧酸　　　　B. 气态羧酸

C. 羧酸乙醚溶液　　　　D. 羧酸乙醇溶液

8. 以下四种气体不吸收红外光的是(　　)

A. H_2O　　　　B. CO_2　　　　C. HCl　　　　D. N_2

9. 红外光谱中，芳香酮类化合物的 C═O 伸缩振动频率向低波数位移的原因是(　　)

A. 共轭效应　　　　B. 诱导效应

C. 氢键效应　　　　D. 空间效应

10. 下列化合物中，羰基伸缩振动频率最高的是(　　)

A. 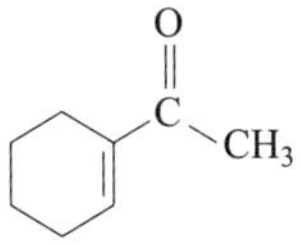 O C CH_3　　　　B. 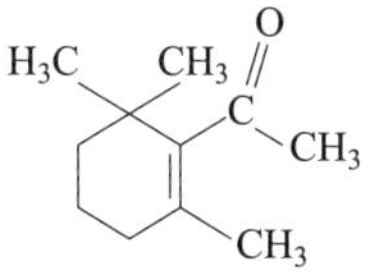 H_3C CH_3 O C CH_3 CH_3

C. 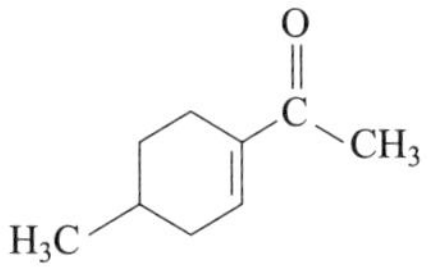 O C CH_3 H_3C　　　　D. 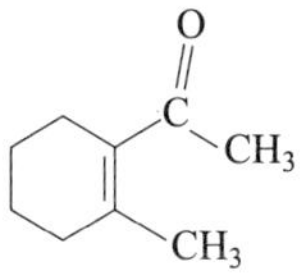 O C CH_3 CH_3

11. 某化合物的紫外光谱中未见吸收，红外光谱 3 400~3 200 cm^{-1}处有强吸收，该化合物可能是(　　)

A. 醇　　　　B. 酚　　　　C. 醚　　　　D. 羧酸

12. 在红外光谱分析中，用 KBr 制作试样池，这是因为(　　)

A. KBr 晶体在 4 000~400 cm^{-1}范围内不会散射红外光

B. KBr 在 4 000~400 cm^{-1}范围内有良好的红外光吸收特性

C. KBr 在 4 000~400 cm^{-1}范围内无红外光吸收

D. 在 4 000~400 cm^{-1}范围内，KBr 对红外无反射

13. 用红外吸收光谱法测定有机化合物结构时，试样应该是(　　)

A. 单质　　　　B. 纯物质　　　　C. 混合物　　　　D. 无要求

14. 红外光谱仪光源使用(　　)

A. 空心阴极灯　　　　B. 硅碳棒　　　　C. 氘灯　　　　D. 碘钨灯

15. 在傅里叶逆变换之前,FTIR 仪获得的信号是(　　)

A. 单色光的衍射图　　B. 多色光的衍射图

C. 单色光的干涉图　　D. 多色光的干涉图

16. 相比于紫外吸收光谱法,应用红外光谱进行定量分析的优点是(　　)

A. 灵敏度高　　B. 准确度高

C. 可选特征峰多　　D. 适于低含量组分的定量

17. 红外光谱给出的分子结构信息是(　　)

A. 相对分子质量　　B. 官能团

C. 分子骨架　　D. 连接方式

18. 现有一块不透明的布料,欲用红外光谱法鉴定该布料材质是否为尼龙(聚酰胺),应采取的制样或测定方法是(　　)

A. KBr 压片法　　B. 采用衰减全反射附件

C. 涂膜法　　D. 薄膜透射法

19. 关于近红外光谱分析法,以下说法正确的是(　　)

A. 是由分子的电子能级跃迁产生的,所以信号频率高于中红外光谱

B. 像中红外光谱一样,可以提供分子官能团信息

C. 近红外光谱分析法的主要优点是测量灵敏度高

D. 需要结合数学手段才能从近红外光谱中挖掘出定性定量信息

20. 近红外光谱仪中,测量附件积分球测量的光是(　　)

A. 透射光　　B. 折射光

C. 漫反射光　　D. 全反射光

三、填空题

1. 红外光区位于可见光区和微波光区之间,又可将其细分为______、______和________三个光区;其中________区又称为泛频区,________区又称为基本振动区,________区又称为转动区。

2. 当用一定频率的红外光照射分子时,分子产生红外吸收应满足的条件包括________________和________________。

3. 根据分子振动方程,影响红外光谱基本振动频率的直接因素是______和________。

4. 水为非线形分子,应有_____种振动形式,分别是_________、_________和_________。

5. 通常,反对称伸缩振动的吸收强度______于对称伸缩振动,伸缩振动的吸收强度比变形振动______。

6. 红外光谱中某些频率不随分子构型变化而出现较大的改变，这些频率称为＿＿＿＿＿＿，它们用作鉴别＿＿＿＿＿＿，其频率位于＿＿＿＿＿ cm^{-1}。而 1 300～400 cm^{-1}之间的区域被称为＿＿＿＿＿＿，该区域光谱很复杂。

7. 二取代烯烃 RCH ═CHR 的顺式结构在 1 665～1 635 cm^{-1}有红外吸收，但反式结构在同一范围观察不到吸收峰，这是由于＿＿＿＿＿＿＿＿。

8. RCH ═CHF 的 C ═C 振动较 RCH ═CH_2 波数＿＿＿＿＿、强度＿＿＿＿＿，这是由于＿＿＿＿＿＿＿＿＿＿。

9. 已知丙酮中羰基的吸收峰在 1 710 cm^{-1}，而酰胺中羰基的吸收峰位于 1 650 cm^{-1}，造成差异的原因是＿＿＿＿＿＿。

10. 气态的甲酸在 3 600 cm^{-1}和 1 760 cm^{-1}处有较强的红外吸收，这两个峰分别归属于＿＿＿＿＿＿和＿＿＿＿＿＿振动；液态的甲酸的上述两个吸收峰移至3 300 cm^{-1}和 1 720 cm^{-1}附近，原因是＿＿＿＿＿＿。

11. 在红外光谱中，甲基的弯曲振动频率在 1 380 cm^{-1}附近，而异丙基在 1 370 cm^{-1}和1 390 cm^{-1}附近出现两个强度相近的峰，原因是＿＿＿＿＿＿。

12. 乙醛在 2 820 cm^{-1}和 2 720 cm^{-1}附近有两个中等强度的红外吸收峰，这是由醛的 C—H 伸缩振动和弯曲振动的第一倍频发生＿＿＿＿＿＿＿而产生的。

13. 化学键 C ═C 和 C ═O 的伸缩振动相比，红外光谱谱带强度更大的是＿＿＿＿。这是由于＿＿＿＿＿＿＿＿。

14. 红外光谱仪可分为＿＿＿＿＿和＿＿＿＿＿两种类型，其中＿＿＿＿＿类型的红外光谱仪现今被广泛使用。

15. FTIR 的仪器组成是(按光路流程排列)＿＿＿＿＿＿＿＿＿＿。其核心部件是＿＿＿＿＿＿，图谱转换的数学原理是＿＿＿＿＿＿＿＿。

16. 当迈克尔逊干涉仪的动镜移动 $1/4\lambda$ 的＿＿＿＿＿倍，透射光和反射光会发生相消干涉；同样，动镜移动 $1/4\lambda$ 的＿＿＿＿＿倍，则将发生相长干涉。

17. 红外光谱法中，试样的制备非常重要，制样时一般需注意以下几点：(1) 大多数峰的透射率在＿＿＿＿＿＿；(2) 试样中不应含有＿＿＿＿＿水；(3) 试样应该是单一组分的纯物质。

18. 红外光谱法中固体试样的制备常采用＿＿＿＿＿、＿＿＿＿＿和＿＿＿＿＿法。

19. 红外光谱仪中的 ATR 附件的全称是＿＿＿＿＿＿。该方法的主要优点是＿＿＿＿＿＿。

20. 化合物不饱和度的计算公式为＿＿＿＿＿＿＿＿＿＿，其中各项参数的物理含义为＿＿＿＿＿＿。

四、简答题

1. 乙炔有多少种基本振动形式？在实际的红外光谱图中是否会出现相同数

量的吸收峰？为什么？

2. 某摩尔质量为28 g · mol^{-1}的气体试样(纯物质)，其红外光谱在2 143 cm^{-1}(4.67 μm)处有一强吸收峰，在4 260 cm^{-1}(2.35 μm)处有一弱吸收峰。试问，该气体是何种气体？并说明这两个红外吸收峰由何种振动引起。

3. 现有一未知化合物，可能是酮、醛、酸、酯、酸酐、酰胺。试设计一种简单的方法鉴别之，并说明理由。

五、光谱解析题

1. 某化合物分子式为 C_7H_6O，试根据下列红外光谱图推测其结构，并说明理由。

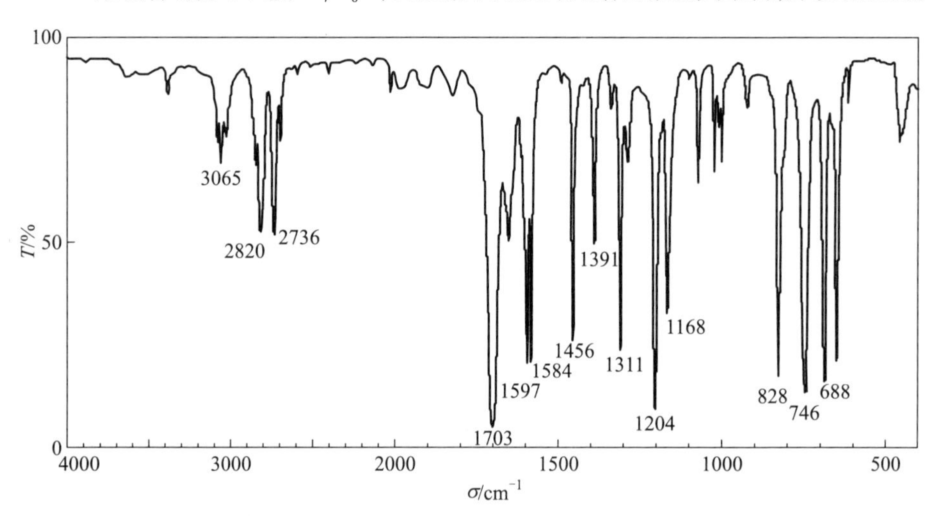

2. 某化合物分子式为 C_3H_4O，试根据下列红外光谱图推测其结构，并说明理由。

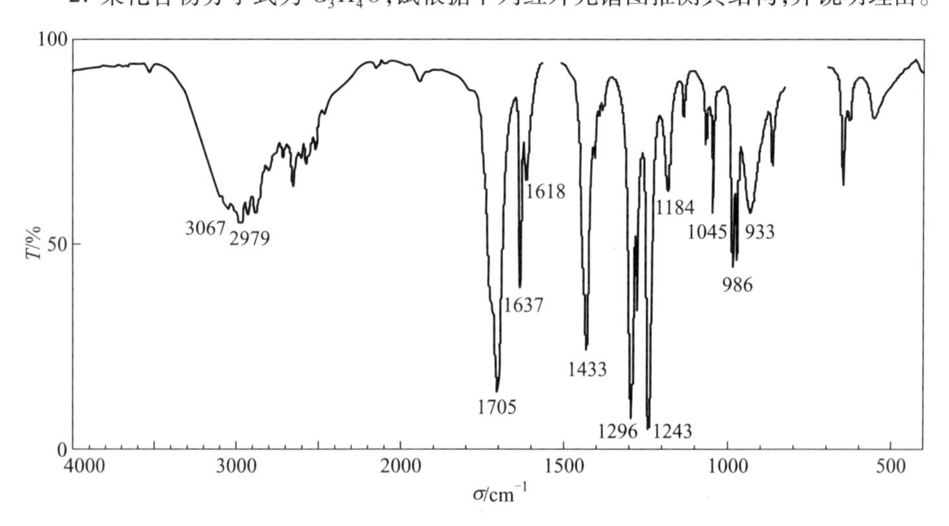

§ 10－5 参考答案及解析

一、是非题

1. 解：错。有些振动形式不会引起偶极矩的变化，就不会产生红外谱带；也有些分子振动形式强度很弱，仪器灵敏度不够而检测不出。

2. 解：对。傅里叶变换红外光谱仪不需要色散元件分光，而是采用干涉仪获得复合光的干涉信号。

3. 解：对。丁烷、1-丁烯和 1-丁炔的 C—C、C ═C、C ≡ C 的键力常数不同，伸缩振动频率不同，具有很强的特征性，可以用于区别这三种化合物。另外，受到化学环境的影响，—C—H、═C-H、≡ C—H 的振动频率也有差异。

4. 解：错。水的存在不仅会侵蚀吸收池的盐窗，而且水分本身在红外区有吸收，会干扰试样的红外光谱。

5. 解：错。环的张力越大，$\sigma_{C=O}$就越高。故环己酮羰基的振动频率比环戊酮的小。

6. 解：对。根据量子理论，红外吸收峰的强度与分子振动时偶极矩变化的平方成正比。

7. 解：错。线形分子的振动形式有 $3n-5$ 个，但有些振动形式可能没有红外活性，因此基频峰的个数不一定是 $3n-5$ 个。

8. 解：错。由于指纹区图谱复杂，有些谱峰无法确定是否为基团频率，但其主要价值在于表示整个分子的特征，因此指纹区对检定化合物是很有用的。

二、单项选择题

1. C。分子外层电子的能级跃迁是紫外吸收光谱法产生的原因。红外光的能量不足以使电子能级产生跃迁，故红外吸收光谱涉及的是振动、转动能级跃迁。B 的描述不正确，原子没有振动、转动能级。故本题选 C。

2. D。化学位移是核磁共振图谱的横坐标，质荷比是质谱图的横坐标，色谱图的横坐标是时间，红外光谱的横坐标是波数，故选 D。

3. C。分子产生红外吸收需要满足两个条件，其中一个是分子振动时发生偶极矩的变化，故选 C。其他选项与偶极矩的变化无关。

4. C。对于含 n 个原子的非线形分子，其红外光谱有 $3n-6$ 种振动形式。但这些振动形式中，有些振动形式不一定会引起分子偶极矩的改变，这种振动形式是非红外活性的，不会产生基频峰。因此，基频峰的个数应该少于或等于 $3n-6$

个,故 A 错误。另外,由于红外光谱中可能出现倍频峰、合频峰等,吸收峰的个数也有可能多于振动形式的种类,故 B 和 D 亦不正确。

5. A。根据分子振动方程,键的力常数相同时,振动频率与基团折合质量的平方根成反比,折合质量越小,振动频率越大。由于 C—H 键的折合质量小于 C—D 的折合质量,故其振动频率更大。

6. A。根据分子振动方程,振动频率与键的力常数的平方根成正比。当力常数增加 1 倍时,其振动频率增大到原来的$\sqrt{2}$倍。故选 A。

7. B。试样状态、测定条件的不同及溶剂极性的影响等外部因素都会引起频率位移。一般气态时 C ═O 伸缩振动频率最高,非极性溶剂的稀溶液次之,而液态或固态的振动频率最低。故选 B。

8. D。这是由于 N_2 是双原子分子,它只有一种振动形式,即两原子的相对伸缩振动。这种振动形式下,正、负电荷中心始终重叠,分子的偶极矩没有变化,故为非红外活性的,因此不吸收红外光。其他三种气体均存在偶极矩变化的振动形式,故均能吸收红外光。

9. A。芳香酮类化合物的 C ═O 与芳环共轭,将产生共轭效应,使共轭体系中的电子云密度平均化,结果使原来的双键伸长,力常数减小,振动频率降低。其余选项如诱导效应、氢键效应等均不合理。

10. B。由于立体障碍,羰基与双键之间的共轭受到限制时,羰基的振动频率较高。化合物 B 中,羰基所受到的立体障碍最大,故波数最高。

11. A。由于紫外光谱中未见吸收,故不是酚,红外光谱 3 400~3 200 cm^{-1}处有强吸收,表明化合物中有羟基,故不是醚。羧酸中的 OH 吸收带非常宽,一般为 3 400~2 500 cm^{-1}处。故该化合物可能是醇。

12. C。红外光谱测定的是试样对红外光的吸收情况,KBr 在 4 000~400 cm^{-1}范围内无红外光吸收,故可以用来制作试样池。

13. B。利用红外吸收光谱定性时,若试样不纯时,其他组分的吸收峰会给光谱的解析带来干扰和困难,容易出现误判。故需要纯物质来进行结构鉴定。

14. B。空心阴极灯是原子吸收分光光度计中的常用光源,氘灯是紫外吸收分光光度计中的光源,碘钨灯发出的光主要在可见及近红外区。红外光谱仪中常用的光源之一是硅碳棒,故选 B。

15. D。在傅里叶变换红外光谱仪中,其核心部件是干涉仪,干涉仪并没有像单色器那样把光按频率分开,而只是将各种频率的光信号经干涉作用调制为干涉图函数(时域谱),再由计算机通过傅里叶逆变换计算出频域谱,也就是我们看到的红外光谱,这就是 FTIR 的工作原理。故选 D。

16. C。用红外光谱做定量分析,其优点是有较多特征峰可供选择。与紫外吸收光谱相比，红外光谱灵敏度较低，不适合低含量物质的测定，且测定误差较大。因此只有 C 选项是正确的。

17. B。相对分子质量信息可通过质谱分析法获得；分子骨架振动的红外吸收相对较弱，拉曼光谱在这方面更有优势；核磁共振是获得基团连接方式的有效手段；红外光谱的优势在于可以获得分子的官能团信息。故选 B。

18. B。由于布料不透明，故无法测定其透射光。衰减全反射光谱测定的是物质的全反射光，且全反射衰减信号中包含了因试样在红外光频率内的选择性吸收而导致的强度减弱部分。故该试样可以用衰减全反射附件进行测定。

19. D。近红外光谱主要是由有机分子中含氢基团振动的合频和各级倍频的吸收形成的，仍属于振动光谱的范畴，而非电子光谱。近红外光谱信号非常复杂，且峰形宽且弱，不易识别，故该方法不适合提供官能团信息。和红外光谱一样，近红外方法的灵敏度不高。且由于信号非常复杂，需要结合数学手段才能从近红外光谱中挖掘出定性定量信息。故只有 D 正确。

20. C。积分球主要应用于固体、半固体或粉末试样。当光照射到试样表面时，一部分光在试样内部经反复的反射、折射、吸收、衍射等过程，重新从试样表面逸出，形成漫反射。漫反射光包含了与试样物质结构、形态等相关的试样吸收光谱信息。

三、填空题

1. 近红外，中红外，远红外；近红外；中红外；远红外。

2. 红外光能量正好满足分子振动能级的跃迁，分子振动时有偶极矩的改变。

3. 两个原子的折合质量，化学键的力常数。根据 $\sigma=\frac{1}{2\pi c}\sqrt{\frac{k}{\mu}}$，振动频率与化学键的力常数 k 的平方根成正比，与折合质量 μ 的平方根成反比。

4. 三；对称伸缩振动，反对称伸缩振动，弯曲振动（变形振动）。水分子的基本振动数为 $3\times3-6=3$，故水分子有三种基本振动形式。

5. 大；大。谱带的强度不仅与分子结构的对称性有关，还与振动形式有关。这是由于振动形式不同，分子的电荷分布不同，偶极矩的变化也就不同。一般来说，反对称伸缩振动的偶极矩变化大于对称伸缩振动，伸缩振动的偶极矩比变形振动大。

6. 基团频率；官能团；4 000～1 300；指纹区。本教材以 1 300 cm^{-1} 作为划分官能团区和指纹区的分界。

7. 反式结构的 C═C 伸缩振动是非红外活性的。顺式结构中 1 680～

1 620 cm^{-1}处的红外吸收来源于 C ═C 的伸缩振动，而反式结构具有对称中心，其 C ═C 的伸缩振动是非红外活性的，因此在该波数范围没有吸收峰。

8. 大；高；F 原子的诱导效应。F 的电负性很强，通过静电诱导作用，引起 C ═C 键的电子云密度增大，从而引起键力常数的增大，根据分子振动方程式，k 增大，振动频率增大，且偶极矩变化大，故强度也增高。

9. p-π 共轭效应。共轭效应使共轭体系中的电子云密度平均化，结果使原来的双键伸长，力常数减小，振动频率降低。当含有孤对电子的原子接在具有多重键的原子上时，也可起类似的共轭作用，即 p-π 共轭。

10. 羟基的伸缩振动；羰基的伸缩振动；羰基和羟基之间形成氢键。液态的甲酸之间发生缔合，形成氢键，氢键使电子云密度平均化，羟基和羰基的键力常数下降，故频率下降。

11. 振动的偶合。由于异丙基两个甲基的对称变形振动的频率十分相近，它们之间的互相作用使 1 380 cm^{-1}附近的吸收带发生分裂，一个高于正常频率，一个低于正常频率。

12. 费米共振。该现象也是醛基的特征吸收。

13. C ═O；C ═O 在伸缩振动时偶极矩变化更大。官能团不同，其电荷分布不同，偶极矩的变化也就不同。显然，相比于 C ═O，C ═C 的电荷分布更均匀，对称性更好，伸缩振动的偶极矩变化也更小，故吸收峰的强度也更低。

14. 色散型，傅里叶变换型；傅里叶变换。

15. 光源→干涉仪→试样室→检测器→计算机；干涉仪；傅里叶（逆）变换。FTIR 是傅里叶变换红外光谱仪的缩写。其工作过程是：光源发出的红外辐射，经干涉仪转变成干涉图，通过试样后，得到包含试样吸收信息的干涉图，由计算机采集，并经过快速傅里叶变换得到红外光谱图。故干涉仪是核心部件。

16. 奇数；偶数。当迈克尔逊干涉仪的动镜移动 $1/4\lambda$ 的奇数倍时，透射光和反射光光程的差为$\pm 1/2\lambda$，$\pm 3/2\lambda$，根据物理学原理，两束光发生相消干涉；若为偶数倍，则发生相长干涉。这就是干涉仪的作用原理。

17. 15%～70%；游离。若透过率太大，会使一些弱的吸收峰和光谱的细微部分不能显示出来；若太小，又会使强的吸收峰超越标尺刻度而无法确定它的准确位置。游离水的存在不仅会侵蚀吸收池的盐窗，而且水分本身在红外区有吸收，将干扰测定。

18. KBr 压片法，石蜡糊法，薄膜。

19. 衰减全反射光谱；试样无须前处理。ATR 附件是一种非破坏性的测量方法，试样无须前处理，即可直接测定，还可以提供界面微米量级或更薄层膜的光谱信息。

20. $U=1+n_4+\frac{1}{2}(n_3-n_1)$；$n_1$，$n_3$ 和 n_4 分别为分子式中一价、三价和四价原子的数目。

四、简答题

1. 答：乙炔为直线形分子，$n=4$，根据 $3n-5$ 计算，得乙炔分子有 7 种振动形式。在实际的红外光谱图中不一定会正好出现 7 个吸收峰，这是由于(1) 有些振动形式是非红外活性的，如分子的对称伸缩振动；有些振动形式是能量是一样的，吸收峰发生简并；有些吸收峰太弱以至于检测不到；这些都导致吸收峰的减少。(2) 有时会出现倍频和合频峰；有时会发生振动偶合，使吸收峰裂分为两个峰等；这些都会导致吸收峰的增加。

2. 答：摩尔质量为 28 $g\cdot mol^{-1}$的气体试样可能是 N_2，CO 或 $CH_2=CH_2$。由于 N_2 是双原子分子，它只有一种振动形式，且该振动不会引起偶极矩的变化，故无红外吸收。$CH_2=CH_2$ 的基本振动形式有 $3n-6=12$ 种，其—CH 的伸缩振动约为 3 050 cm^{-1}，与未知气体的红外光谱不符，故不会是乙烯气体。一氧化碳是双原子分子，它只有一种振动形式，且该振动会引起偶极矩的变化，故有红外吸收。其中 2 143 cm^{-1}处强吸收峰为 C=O 的基频吸收，弱吸收峰 4 260 cm^{-1}为倍频吸收。

3. 答：最简单的方法就是利用红外光谱法鉴别。这是由于酮、醛、酸、酯、酸酐、酰胺均有羰基，但受到所处的化学环境的影响，其基团的振动频率会发生位移，因此，可以通过位移规律来判断化合物的种类，然后根据各化合物的其他官能团的特征吸收进行进一步识别和印证。

羰基的伸缩振动出现在 1 850~1 660 cm^{-1}。羰基的吸收是很特征的，一般吸收都很强烈，常成为红外谱图中最强的吸收。

酸酐的羰基的吸收有两个峰，出现在较高波数处，1 820 cm^{-1}和 1 750 cm^{-1}，两个吸收峰的出现是由于两个羰基振动的偶合所致。

酯类中的 C=O 基的吸收出现在 1 750~1 725 cm^{-1}。若 1 300~1 000 cm^{-1}还有中等强度吸收，则可认为是酯。

醛类的羰基吸收出现一般在 1 740~1 720 cm^{-1}，若在 C—H 伸缩振动的低频侧，还有两个中等强度的特征吸收峰，分别位于 2 820 cm^{-1}和 2 720 cm^{-1}附近，后者较尖锐，则为醛。

羧酸由于氢键作用，通常都以二分子缔合体的形式存在，其吸收峰出现在 1 725~1 700 cm^{-1}附近，若 3 300~2 500 cm^{-1}还有一宽吸收带，则为认为是羧酸。

酰胺的羰基由于 p-π 共轭效应，振动频率向低波数移动，为 1 650~

1 690 cm^{-1},若 3 500~3 300 cm^{-1}左右还有中强峰,则可认为是酰胺。

若仅有明显的羰基吸收,而没有以上化合物的其他特征信号时,则为酮。

五、光谱解析题

1. 解:该化合物的不饱和度为

$$U=1+n_4+\frac{1}{2}(n_3-n_1)=1+7+\frac{1}{2}(0-6)=5$$

由红外光谱图可见,3 065 cm^{-1}附近有 3 个吸收峰,结合 1 597~1 456 cm^{-1}的 3 个吸收峰,推测该化合物中有苯环存在。1 703 cm^{-1}的最强吸收,表明化合物中有 C ═O 存在,且振动频率低于常规的酮、醛羰基,提示该羰基可能与苯环共轭。2 820 cm^{-1}和 2 736 cm^{-1}的尖锐二重峰,源于与 1 391 cm^{-1}吸收的倍频发生的费米共振,证明了醛基的存在。2 000~1 800 cm^{-1}范围出现的泛频吸收形貌提示是化合物是单取代芳基。由以上信息可知,该化合物含有一个—C_6H_5,不饱和度为 4,一个—CHO,不饱和度为 1,与化合物的总不饱和度数量吻合。因此,该化合物为苯甲醛,结构如下:C_6H_5—CHO。

2. 解:该化合物的不饱和度为

$$U=1+n_4+\frac{1}{2}(n_3-n_1)=1+3+\frac{1}{2}(0-4)=2$$

由红外光谱图可见,3 200~2 500 cm^{-1}处有一个宽峰,这是形成氢键而缔合的—OH 伸缩振动,成一系列多重叠峰,并与 C—H 伸缩振动重叠,结合 1 705 cm^{-1}的强吸收峰,推测该化合物中有羧基存在,1 296 cm^{-1}为羧基中 C—O 伸缩振动,933 cm^{-1}为羧基上的—OH 面外变形振动。1 618 cm^{-1}处有一中强吸收,提示化合物中可能存在 C ═C 伸缩振动,结合 3 067 cm^{-1}处═C—H 的弱吸收,推测分子中含有一个不饱和碳氢结构,910 cm^{-1}处未见端烯烃的特征面外摇摆振动,可能是被—OH 面外变形振动的宽峰所掩盖。由以上信息可知,该化合物含有一个—COOH,不饱和度为 1,一个—C ═C—,不饱和度为 1,与化合物的总不饱和度数量 2 吻合。因此,该化合物为丙烯酸,结构如下:CH_2 ═CH—COOH。

第 11 章

激光拉曼光谱分析

§11-1 内容提要

拉曼光谱分析法是一种出现得比较早的光谱分析方法,但在很长一段时间内发展缓慢。其主要原因是早期的拉曼光谱仪测定灵敏度较差,一般用于结构分析,但红外光谱出现后,拉曼光谱在结构分析领域的地位受到冲击。直到以激光为光源的拉曼光谱仪及各种增强技术的出现,拉曼光谱分析法才焕发出新的活力,在各领域得到了广泛应用,成为近年来仪器分析中发展最为迅速的方法之一。本章主要介绍了拉曼光谱分析的基本原理,由于拉曼光谱与红外光谱都是分子振动能级差的反映,故本章还重点介绍了两者的互补关系,以及拉曼光谱法在分子结构鉴定中的作用。本章还通过几种现代拉曼光谱分析仪的结构原理及增强拉曼技术的介绍,展现了该技术的发展与应用前景。

一、拉曼光谱原理

本节从散射的基本概念出发,介绍了两种散射过程——瑞利散射和拉曼散射。重点阐述了拉曼散射产生的机理、拉曼散射的特点、拉曼光谱的表达方式,以及拉曼光谱能够提供的信息,为拉曼分析方法的学习奠定基础。

二、拉曼光谱与红外光谱的关系

拉曼光谱和红外光谱同源于分子振动光谱,两者既有密不可分的联系,又有很大的区别,前者是散射光谱,后者是吸收光谱。本节从产生条件、振动活性等角度对拉曼光谱法和红外光谱法进行对比,得到“拉曼光谱和红外光谱是相互补充的”这一结论,这有助于学习者更好地理解和掌握拉曼光谱这一方法的原理和应用。

三、激光拉曼光谱仪

本节由浅入深,介绍了色散型激光拉曼光谱仪、傅里叶变换近红外激光拉曼光谱仪、共焦显微拉曼光谱仪三类常用拉曼光谱仪的组成、结构和检测原理,拓展学习者的视野,也从侧面反映出这一分析方法的相关仪器和技术的发展非常迅猛。

四、增强拉曼光谱技术

增强拉曼光谱技术是拉曼光谱法中最令人关注的研究领域,正因为这些技术的出现,拉曼光谱的应用范围才得到了极大的拓展。本节介绍了共振拉曼光谱和表面增强拉曼光谱两种重要的增强技术及其特点。

五、激光拉曼光谱的应用

随着激光技术和增强技术的出现,极大地提高了激光拉曼光谱分析的灵敏度和分析速率,使其应用范围得到拓宽。本节着重讨论了拉曼光谱的经典应用——在有机化合物官能团定性及结构分析中的应用。

§11-2 知识要点

一、拉曼光谱原理

瑞利散射——当入射光子与处于振动基态($\nu=0$)或处于振动第一激发态($\nu=1$)的分子相碰撞时,分子吸收能量被激发到能量较高的虚态,分子在虚态是很不稳定的,将很快返回 $\nu=0$ 和 $\nu=1$ 状态并将吸收的能量以光的形式释放出来,光子的能量未发生改变,散射光的频率与入射光相同。这种散射现象称为瑞利散射,其强度是入射光的 10^{-3}。

拉曼散射——非弹性散射,即散射光的频率与入射光频率不同的散射现象。有斯托克斯散射和反斯托克斯散射两种类型。

斯托克斯散射——Stokes 散射。一种是处在振动基态的分子,被入射光激发到虚态,然后回到振动激发态,产生能量为 $h(\nu_0-\nu_1)$ 的拉曼散射,这种散射光的能量比入射光的能量低,此过程称为斯托克斯散射。

反斯托克斯散射——Anti-Stoke 散射。处在振动激发态的分子,被入射光激发到虚态后跃迁回振动基态,产生能量为 $h(\nu_0+\nu_1)$ 的拉曼散射,称为反斯托克斯散射。

拉曼光谱图——以拉曼位移为横坐标，谱带强度为纵坐标作图得到的光谱图。

去偏振度 ρ——起偏振器垂直于入射光方向时测得的散射光强度 $I_{\perp}$ 与起偏振器平行于入射光方向时测得的散射光强度 $I_{\parallel}$ 的比值。

二、拉曼光谱与红外光谱的关系

极化率——分子在电场（光波的电磁场）的作用下电子云变形的难易程度。拉曼活性取决于振动中极化率是否变化。

互斥规则——凡具有对称中心的分子，若其分子振动是拉曼活性的，则其红外吸收是非活性的。反之，若为红外活性的，则其拉曼为非活性的。

互允规则——没有对称中心的分子，其拉曼和红外光谱都是活性的，除极少数例外。

互禁规则——对于少数分子的振动，其拉曼和红外都是非活性的。

三、激光拉曼光谱仪

色散型激光拉曼光谱仪的组成——激光光源、试样室、单色器、检测器等。

激光光源的种类——氩离子激光器、氦氖激光器、氪离子激光器、钕-钇铝石榴石激光器、二极管激光器、染料激光器等。

背向照明方式——激发光用透镜聚焦在试样上，被试样散射后，在试样室内由中心带小孔的抛物面会聚透镜收集，收集面为整个散射背的 180°，以收集尽可能多的拉曼信号。

傅里叶变换近红外激光拉曼光谱仪的组成——近红外激光光源、试样室、迈克尔逊干涉仪、滤光片组、检测器等组成。

傅里叶变换近红外激光拉曼光谱仪的优点——荧光背景出现机会少，分辨率高，波数精度和重现性好，速率快，操作方便。

共焦显微拉曼光谱仪——将显微镜同时作为入射光聚光、散射光收集和试样架使用，并使试样处于显微镜的焦平面上，它是一种成像仪，能对同一试样微区的不同深度进行拉曼检测。

四、增强拉曼光谱技术

共振拉曼效应——简称 RRS。当激光器的激发线等于或接近于待测分子中生色团的电子吸收（紫外-可见吸收）频率时，入射激光与生色基团的电子偶合而处于共振状态，可使拉曼散射增强 $10^2 \sim 10^6$ 倍，称为共振拉曼效应。

共振拉曼效应的特点——灵敏度高；选择性高，非生色基团则不发生共振。

表面增强拉曼散射效应——简称 SERS，是一种异常的表面光学现象。当一些分子吸附于或靠近某些金属胶粒或粗糙金属表面时，它们的拉曼散射信号与普通拉曼信号相比将增大 $10^4 \sim 10^6$ 倍，这种拉曼信号强度比其体相分子显著增强的现象被称为表面增强拉曼散射效应。

表面增强共振拉曼散射——若将 SERS 与共振拉曼效应 RRS 结合，即当具有共振拉曼效应的分子吸附在粗糙化的活性基底表面时，其拉曼信号的增强将几乎是两种增强效应之和，这种效应被称为表面增强共振拉曼散射，简称为 SERRS。

表面增强拉曼散射光谱技术的特点——测定灵敏度高，可提供丰富的结构信息，水干扰小，适合研究界面，可用于无损检测。

五、激光拉曼光谱的应用

呼吸振动——环的对称伸缩振动。

拉曼光谱在有机化合物官能团定性及结构分析上的作用——适合于分子骨架的测定。

拉曼光谱定量分析依据——拉曼谱线的强度与试样分子浓度成正比关系。

§11-3 思考题与习题解答

参考答案

1. 何谓瑞利散射、拉曼散射、斯托克斯散射、反斯托克斯散射？

答：略。

2. 何谓拉曼位移？它的物理意义是什么？

答：拉曼位移是指散射光频率相对于入射光频率的差值。拉曼位移的大小与红外光谱基本振动频率一样，由分子振动能级差决定，与分子的结构与能级分布有关。

3. 何谓共振拉曼效应，它有哪些特点？

答：略。

4. 根据去偏振度可获得什么信息？

答：根据去偏振度可获得分子振动形式的对称性信息，这对于各振动形式的谱带归属，重叠谱带的分离，晶体结构的研究是很有用的。

5. 激光为什么是拉曼光谱的理想光源？

答：(1) 激光亮度极强，这样强的激光光源可得到较强的拉曼散射线；(2) 激光的单色性极好，有利于得到高质量的拉曼光谱图；(3) 激光的准直性可使激光束会聚到试样的微小部位以得到该部位的拉曼信息；(4) 激光几乎完全是线偏振光,这就简化了去偏振度的测量。因此,激光是拉曼光谱的理想光源。

6. 从构成激光拉曼仪的主要组成比较色散型和傅里叶变换型仪器的异同点。

答:相同点:都包括激光光源、检测器、试样室等部件。不同点:色散型拉曼光谱仪用分光元件将拉曼散射光分光后进行检测,而傅里叶变换型仪器经干涉仪得到包含有拉曼散射信息的干涉图,并以计算机进行快速傅里叶变换后得到拉曼光谱图。

7. 为什么提到拉曼光谱时,总要联想到红外光谱?

答:这是由于拉曼光谱和红外光谱同源于分子振动光谱,各有所长,相互补充,两者结合可得到分子振动光谱更为完整的数据,从而有利于研究分子振动和结构组成。

8. 为什么说拉曼光谱能提供较多的分子结构信息?

答:拉曼光谱和红外光谱一样,不同的基团具有不同的特征频率范围。对一定的基团来说,其拉曼频率的变化反映了与基团相连的分子其余部分和结构,往往可根据基团频率、强度和形状的变化,推断产生这些影响的结构因素。拉曼光谱适合于分子骨架测定,能提供良好的“指纹”光谱。还可以提供去偏振度参数,获得分子结构的对称性信息。由此可见,拉曼光谱能提供较多的分子结构信息。

9. 增强拉曼光谱强度的技术有哪几种?它们的简称分别是什么?

答:增强拉曼光谱强度的技术有:共振拉曼效应,简称 RRS;表面增强拉曼散射效应,简称 SERS;表面增强共振拉曼散射,简称 SERRS。

10. 用拉曼光谱鉴别下列哪些化合物对比较合适?

(1) 环己烷和正己烷;

(2) 丁烷、丁烯和丁炔;

(3) 顺-2-丁烯和反-2-丁烯。

答:(1) 环状化合物的对称呼吸振动常常是最强的拉曼谱带。环己烷的拉曼光谱在 800 cm^{-1} 呈现一个很强的谱带,而正己烷的拉曼光谱无此谱带,据此可判别两者,因此特别适合用拉曼光谱鉴别。(2) 丁烯的拉曼谱图中,在 1 900~1 500 cm^{-1} 范围内有很强的 $C=C$ 伸缩振动峰;而丁炔的拉曼谱图中,在 2 250~2 100 cm^{-1} 范围内有很强的 $C\equiv C$ 伸缩振动峰;丁烷在这两处均没有信号。可见,这三种化合物利用拉曼光谱很容易鉴别。(3) 顺-2-丁烯和反-2-丁烯的鉴别则需要将拉曼光谱与红外光谱配合起来使用。顺-2-丁烯的拉曼光谱与红外光谱在 1 900~1 500 cm^{-1} 范围内均有较强的信号;反-2-丁烯的拉曼光谱在该范围内有较强的信号,红外光谱则没中有,以此可以鉴别两者。这是由于反-2-丁烯是具有对称中心的分子,$\rangle C=C \langle$ 的伸缩振动无红外活性,但有拉曼活性。

§11-4 综合练习

一、是非题

1. 拉曼光谱是一种吸收光谱法。

2. 拉曼光谱涉及振动能级跃迁,其入射光在中红外光区。

3. 拉曼位移与入射光的频率无关。

4. 二氧化碳的4种基本振动形式中,属于红外非活性而拉曼活性的振动是不对称伸缩振动。

5. 共振拉曼效应产生的前提条件是激发线等于或接近于待测分子中生色团的电子吸收频率。

二、单项选择题

1. 红外光谱和拉曼光谱都属于振动光谱,两者的不同之处在于(　　)

A. 红外光谱是吸收光谱,拉曼光谱是发射光谱

B. 红外光谱是吸收光谱,拉曼光谱是散射光谱

C. 红外光谱是发射光谱,拉曼光谱是散射光谱

D. 红外光谱是发射光谱,拉曼光谱是吸收光谱

2. 斯托克斯散射光的频率(　　)

A. 大于瑞利散射的频率　　B. 小于瑞利散射的频率

C. 等于瑞利散射的频率　　D. 都有可能

3. 拉曼光谱图的横坐标是(　　)

A. 入射光的频率　　B. 拉曼散射光的频率

C. 拉曼位移　　D. 瑞利散射光的频率

4. 以下振动中,属于拉曼非活性的是(　　)

A. SO_2 的对称伸缩振动　　B. SO_2 的弯曲振动

C. CS_2 的对称伸缩振动　　D. CS_2 的弯曲振动

5. 以下振动中,红外和拉曼均为活性的是(　　)

A. CS_2 的对称伸缩振动　　B. SO_2 的弯曲振动

C. CS_2 的反对称伸缩振动　　　　　D. CS_2 的弯曲振动

6. 关于拉曼光谱和红外光谱,以下说法正确的是(　　)

A. 凡具有对称中心的分子,若其分子振动是拉曼活性的,则其红外吸收是非活性的

B. 没有对称中心的分子,若其分子振动是红外活性的,则其拉曼吸收是非活性的

C. 不存在一种振动形式,其拉曼和红外光谱都是非活性的

D. 以上都不对

7. 用激光光源作拉曼光谱仪光源的主要原因是(　　)

A. 激光是单色光,可以省去分光系统

B. 激光光源强度高,拉曼散射强

C. 激光器的价格便宜

D. 以上都是

8. 相比于紫外-可见激光,以近红外激光作为光源的拉曼光谱仪的主要优点是(　　)

A. 荧光背景低　　　　　B. 适合水溶液的测定

C. 灵敏度高　　　　　D. 分析速率快

9. 共焦显微拉曼光谱仪中,共焦的主要作用是(　　)

A. 提高分析的灵敏度

B. 提高成像的速率

C. 避免焦平面以外杂散光对成像的影响

D. 以上都对

10. 关于 SERS,以下说法错误的是(　　)

A. SERS 是一种异常的表面光学现象

B. SERS 效应与金属基底的种类和粗糙度有关

C. SERS 效应与激光光源的频率无关

D. 与常规拉曼方法相比,SERS 的主要优点是灵敏度高

三、填空题

1. 当散射光和入射光的频率相同时,这种散射现象称为________散射;若频率不相同,则称为__________散射。

2. 拉曼散射有两种情况,拉曼光谱图记录的是其中的________散射的信号而不是____________散射的信号,这是由于________________。

3. 用 435.8 nm 的光线作拉曼光源,观察到 444.7 nm 的一条拉曼线,则其拉

曼位移 $\Delta\sigma=$______cm^{-1};反 Stokes 线的波长 =________ nm。

4. 为研究某一分子振动形式的对称度,可以测定其拉曼散射的________。若该参数越大,则分子对称性越______。

5. 分子振动具有红外活性的必要条件是________________________;而具有拉曼活性的必要条件是______________________。

6. 拉曼光谱和红外光谱是相互补充的,红外光谱适合于分子________的测定,而拉曼光谱则适合于分子________的测定。

7. 色散型激光拉曼光谱仪的组成为(按光路流程顺序给出):__________。

8. 当激光器的激发光等于或接近于待测分子中生色团的电子吸收频率时,会产生__________效应。而当待测分子吸附于某些金属胶粒表面时,它们的拉曼信号会显著提高,这种现象被称为____________效应。

四、简答题

1. 振动光谱有哪两种类型?多原子分子的基团有哪些振动形式?对于同一种基团,哪种振动形式的振动频率较高?哪种较低?

2. 拉曼光谱分析中,提高检测灵敏度的措施有哪些?

3. 在拉曼光谱分析中采用近红外激光光源主要有什么优点和不足?

§11-5 参考答案及解析

一、是非题

1. 解:错。拉曼光是一种散射光。

2. 解:错。拉曼光谱间接反映了振动能级的分布情况,但其入射光在紫外、可见或近红外区。

3. 解:对。拉曼光谱分析中,所用激发光的频率不同,拉曼散射光的频率不同。而拉曼位移是两者的差值,由分子振动能级决定,是不变的。因此拉曼位移与入射光的频率无关。

4. 解:错。CO_2 的反对称伸缩振动能引起偶极矩的变化,是红外活性的;但不会引起极化率的变化,是拉曼非活性的。

5. 解:对。共振拉曼效应产生的前提条件是激发线等于或接近于待测分子中生色团的电子吸收频率,故该效应具有选择性,非生色团不会发生共振拉曼效应。

二、单项选择题

1. B。拉曼光谱属于散射光谱，不是发射光谱。拉曼散射和红外吸收是两种不同的光学现象。

2. B。斯托克斯散射光是处于基态振动能级的分子受激后，回到激发态振动能级时所产生的散射光，因此，散射光的频率小于入射光的频率；瑞利散射是弹性散射，散射光频率等于入射光频率。所以斯托克斯散射光的频率小于瑞利散射的频率。

3. C。拉曼位移与分子的振动能级有关，用拉曼位移作为光谱图的横坐标，得到了拉曼光谱图才能与红外吸收光谱相比较。故选 C。

4. D。在分子振动前后，极化率没有改变的振动形式是拉曼非活性的。SO_2 是非线形分子，其所有振动形式都有极化率的改变，所以都是拉曼活性的。CS_2 是线形分子，具有对称中心，其弯曲振动（变形振动）前后，电子云形状相同，极化率没有改变，所以是拉曼非活性的。故选 D。

5. B。CS_2 是线形分子，具有对称中心。根据互斥规则，凡具有对称中心的分子，若其分子振动是拉曼活性的，则其红外吸收是非活性的。反之，若为红外活性的，则其拉曼为非活性的。因此 A、B、C 均不正确。SO_2 是非线形分子，其所有振动形式都会引起分子极化率和偶极矩的变化，因此同时是拉曼活性和红外活性的。故选 B。

6. A。判别分子振动的拉曼或红外是否具有活性有三个规则，分别是互斥规则，互允规则和互禁规则，A 选项为互斥规则，是正确的。互允规则为：没有对称中心的分子，其拉曼和红外一般都是活性的。互禁规则为：有少数振动形式，其拉曼和红外都是非活性的。故 B、C 均是错误的。

7. B。A 选项是错误的，这是由于虽然激光（入射光）是单色光，但拉曼散射光是复合光，因此对于色散型仪器来说，分光系统是不能省去的。C 选项错误，激光器的价格比较贵。散射光与入射光的强度成正比，激光光源强度高，拉曼散射就强，测量灵敏度就高，这是拉曼光谱仪用激光光源的主要原因。故选 B。

8. A。近红外激光的频率较低，而大多数物质所需的荧光激发波长在紫外-可见光区，近红外光的频率不足以引起这些物质发射荧光，因此，荧光背景低，故 A 正确。但拉曼散射截面与波长的 4 次方成反比，因此，用近红外激光作光源，灵敏度会下降，故 B 错误。且水对近红外光有吸收，因此并不适合水溶液的测定，故 C 错误。光源的种类不影响分析速度，故 D 错误。

9. C。共焦显微拉曼光谱仪中，共焦的主要作用是避免焦平面以外杂散光对成像的影响，这样可以提高图像的分辨率。

10. C。SERS 效应与激光光源的频率是有关的。例如，金、铜基底在使用蓝光激光光源时，SERS 效应较小，而使用近红光激光光源，却有较好的 SERS 效应。故选 C。

三、填空题

1. 瑞利；拉曼。瑞利散射是弹性散射，光子的能量未发生变化，所以散射光和入射光频率相同。而拉曼散射是非弹性散射，光子可能获得能量，也可能损失能量，所以散射光和入射光频率不相同。

2. 斯托克斯；反斯托克斯；斯托克斯散射的强度远高于反斯托克斯散射。斯托克斯散射源于振动基态的分子，而反斯托克斯散射源于振动激发态的分子。根据玻耳兹曼分布定律，处于基态的分子数远多于激发态，因此，斯托克斯散射的强度远高于反斯托克斯散射。

3. 459；427.3。拉曼位移是拉曼散射光相对于入射光的位移，故有：

$\Delta\sigma=[(435.8\times10^{-7})^{-1}-(444.7\times10^{-7})^{-1}]\ \text{cm}^{-1}=459\ \text{cm}^{-1}$。又由于反 Stokes 线与 Stokes 线对称地分布在瑞利散射的两侧，相对于入射光的位移是一样大的，故有

$$\sigma\rightarrow_{\text{反}}=[(435.8\times10^{-7})^{-1}+459]\ \text{cm}^{-1}=23\ 405\ \text{cm}^{-1}$$

$$\lambda_{\text{反}}=1/23\ 405\ \text{cm}^{-1}=4.273\times10^{-5}\ \text{cm}=427.3\ \text{nm}$$

4. 去偏振度；低。去偏振度是拉曼光谱中一个特殊的参数，一般分子拉曼光谱的去偏振度介于 0 与 3/4 之间。分子的对称性越高，其去偏振度越趋近于 0，当测得 $\rho\rightarrow3/4$，则为不对称结构。

5. 有偶极矩的变化；有极化率的变化。

6. 端基；骨架。红外光谱对极性基团的振动和分子的非对称性振动敏感，因此适合于分子端基的测定。拉曼光谱则适合于分子骨架的测定。

7. 激光光源→试样室→单色器→检测器。

8. 共振拉曼；表面增强拉曼散射。

四、简答题

1. 答：(1) 振动光谱有红外吸收光谱和激光拉曼光谱两种类型；(2) 基团的振动有伸缩振动和弯曲振动，其中伸缩振动又分为对称伸缩振动和非对称伸缩振动，弯曲振动则分为面内弯曲振动和面外弯曲振动等；(3) 对于同一种基团，伸缩振动的频率较高，其中非对称伸缩振动的频率高于对称伸缩振动。弯曲振动的频率较低。

2. 答：采用激光作为光源；利用共振拉曼效应；利用表面增强拉曼效应；两种

效应结合的表面增强共振拉曼散射效应均可以提高拉曼光谱检测的灵敏度。

3. 答:采用近红外激光光源的优点是激发光的波长比较长,其能量低于产生紫外-可见光区荧光所需阈值,从而避免了大部分荧光对拉曼谱带的影响;不足之处也是由于近红外激发光比可见光波长要长,受拉曼散射截面随激发线波长呈 $1/\lambda^4$ 规律递减的制约,它的散射截面比可见光要小得多,从而影响了仪器的信噪比。

第 12 章

分子发光分析

§12-1　内容提要

分子发光分析是近年来发展非常迅猛的一类光学分析法,其中的荧光分析法是分子发光分析中最重要的方法。该方法具有灵敏度极高,选择性好等诸多优点,甚至可以实现单个大分子的检测,是分析超低浓度物质的有效方法。随着荧光仪器及荧光探针等相关技术的不断发展,荧光分析已广泛应用于生物分析、超高灵敏分析等领域。本章主要介绍了荧光和磷光产生的原因,荧光光谱的特点,荧光定量分析依据,影响分子荧光光谱的内因和外因,荧光/磷光分析仪器的结构等。本章还通过对荧光分析特点的归纳总结,展现了该分析方法广阔的应用前景。

一、分子发光分析概述

本节从分子发光分析的定义出发,拓展至分子发光分析中的三种方法,分别是荧光分析法、磷光分析法和化学发光分析法,并介绍了光致发光等基本概念。

二、荧光和磷光分析基本原理

荧光分析法是分子发光分析中最重要的方法,对其原理的深入理解将为其他分子发光分析法的学习奠定坚实的基础。本节首先从分子的能级出发,探讨了荧光和磷光产生的过程。介绍了分子的基态、激发态,单重态、三重态,激发、去活化等基本概念对,讨论了辐射跃迁和非辐射跃迁等去活化方式,重点讲解了荧光和磷光这两种去活化过程。在此基础上,提出了激发光谱和发射光谱等基本概念,解释了化合物荧光发射光谱的共有特性。为了使学习者进一步理解荧光这一现象,探讨了荧光产生的条件,荧光和分子结构的关系,以及环境等因素对荧光光谱和荧光强度的影响等。

三、荧光和磷光分析仪

本节展示了荧光分光光度计的结构和各个部件,并介绍了荧光分光光度计中的磷光镜和杜瓦瓶附件在磷光分析中的作用。

四、荧光定量分析和定性分析

荧光分析法大多数情况下是用于定量分析,故本节重点介绍了荧光定量分析的基本公式、使用条件、线性关系发生偏离的原因及荧光定量方法等。此外,还探讨了拓展荧光分析应用范围的方法,如荧光衍生法、荧光猝灭法等。本节还简要介绍了荧光定性分析的依据和方法。

五、荧光分析法和磷光分析法的特点与应用

荧光分析法和磷光分析法的最大特点是灵敏度高,使得这类方法有着独特的应用领域,即痕量甚至超痕量物质的检测。本节从荧光分析法和磷光分析法的特点出发,重点介绍其应用和进展。

六、化学发光分析

化学发光分析法是建立在化学发光现象基础上的一种分析方法,其基本原理与荧光分析法类似,主要区别在于:基态分子跃迁至激发态所需的能量是由化学反应提供的,而不是由光源提供的。故这一方法无须光源,仪器结构更为简单。本节对化学发光法的基本原理,化学发光反应的基本要求,常见的化学发光体系,测量仪器等进行简要介绍,以拓展学习者的视野。

§12-2 知识要点

一、分子发光分析概述

分子发光分析法——基于被测物质的基态分子吸收能量被激发到较高电子能态后,在返回基态过程中,以发射辐射的方式释放能量,通过测量辐射光的强度及波长与强度的关系对被测物质进行定量测定或定性分析的一类方法。包括荧光分析法、磷光分析法、化学发光分析法等。

光致发光——当分子吸收了光能而被激发到较高能态,返回基态时发射出波长与激发光波长相同或不同的辐射的现象。

分子荧光分析法——分子受光能激发后,由第一电子激发单重态跃迁回到

基态的任一振动能级时所发出的光辐射称为分子荧光,由测量荧光强度建立起来的分析方法称为分子荧光分析法。

分子磷光分析法——分子受光能激发后,激发态分子从第一电子激发三重态跃迁回到基态所发出的光辐射称为磷光,由测量磷光强度建立起来的分析方法称为分子磷光分析法。

化学发光分析法——在化学反应过程中,分子吸收反应释放出的化学能而产生激发态物质,当回到基态时发出光辐射,这种现象称为化学发光,利用化学发光现象建立的分析方法称为化学发光分析法。

二、荧光和磷光分析基本原理

1. 荧光和磷光的产生

去活化——处于激发态的分子返回基态的过程称为去活化。去活化的方式有辐射跃迁和非辐射跃迁。其中,非辐射跃迁包括振动弛豫、内转换、系间窜越、外转换等;辐射跃迁包括荧光发射和磷光发射。

振动弛豫——溶质的激发态分子将过剩的振动能量以热能方式传递给周围的溶剂分子,而自身从激发态的高振动能级失活,跃迁至同一激发态的低振动能级,这一过程称为振动弛豫。

内转换——同一多重态的两个电子能态间的非辐射跃迁过程,即激发态分子将激发能转变为热能下降至低能级的激发态或基态。

系间窜越——不同多重态的两个电子能态之间的非辐射跃迁过程。

外转换——溶液中的激发态分子与溶剂分子或其他溶质分子之间相互碰撞而失去能量,并以热能的形式释放,常发生在第一激发单重态或三重态的最低振动能级向基态转换的过程中。

荧光发射——处于第一激发单重态的最低振动能级的分子发射光量子回到基态的各振动能级,这一过程称为荧光发射。

磷光发射——处于第一激发三重态的最低振动能级的分子发射光量子回到基态的各振动能级,这一过程称为磷光发射。

2. 激发光谱和发射光谱

激发光谱——固定荧(磷)光的发射波长(测定波长),不断改变激发光(入射光)波长,以该发射波长下的荧(磷)光强度对激发光波长所作的图即为激发光谱。

发射光谱——使激发光的强度和波长固定不变(通常固定在最大激发波长处),测定不同发射波长下的荧(磷)光强度,以荧(磷)光强度对发射波长所作的图即为发射光谱,也称为荧(磷)光光谱。

激发光谱和发射光谱的作用——可以用于鉴别荧(磷)光物质;亦可作为荧(磷)光定量分析时选择激发波长和测定波长的依据。

溶液中化合物的发射光谱特性——斯托克斯位移;发射光谱的形状通常与激发光谱无关;发射光谱与吸收光谱呈镜像关系。

斯托克斯位移——在溶液的荧光光谱中,荧光波长总是大于激发光的波长,这种波长移动的现象称为斯托克斯位移,也称为 Stokes 位移。

3. 荧光效率

分子发射荧光的条件——(1) 分子能吸收激发光;(2) 具有一定的荧光效率。

荧光效率(φ)——也称为荧光量子产率,它表示物质发射荧光的能力,定义为物质发出荧光量子数和吸收激发光量子数的比值。φ = 发射荧光的量子数/吸收激发光的量子数。

4. 荧光和分子结构的关系

荧光和分子结构的关系——共轭结构有利于发光,共轭度越大,分子的荧光效率越大,荧光光谱向长波方向移动。具有刚性平面结构的分子,其荧光量子产率高。芳香环上取代的给电子基团常使荧光增强,吸电子基团常使荧光减弱。

5. 环境等因素对荧光光谱和荧光强度的影响

荧光猝灭——荧光物质与溶剂分子或其他溶质分子相互作用,引起荧光强度下降或消失的现象。

猝灭剂——能引起荧光猝灭的物质。

碰撞猝灭——单重激发态的荧光分子与猝灭剂碰撞后,以无辐射跃迁返回基态,引起荧光强度的下降。

三、荧光和磷光分析仪

荧光分光光度计的组成——激发光源、试样池、双单色器或滤光片、检测器。

激发光源的种类——高压氙灯、高压汞灯、激光光源等。

试样池——石英材质,四面透光。

单色器——采用双单色器。第一个单色器置于光源和试样池之间,用于选择所需的激发波长,使之照射于被测试样上。第二个单色器置于试样池与检测器之间,用于分离出所需检测的荧光发射波长。

检测器——光电管或光电倍增管等,检测位置一般与激发光成直角。

低温磷光测定——为了减少去活化过程,磷光的测定通常在低温下进行。将盛试样溶液的石英试样管放置在盛液氮的石英杜瓦瓶内,使溶液介质形成刚性玻璃体并进行磷光测定。

室温磷光技术——在室温下以固体基质吸附磷光体,增加分子刚性,提高磷光量子效率;或用表面活性剂形成的胶束增稳,减小内转换和碰撞等去活化的概率。

磷光镜——为了实现磷光和荧光的同时测定,在荧光分光光度计中增加的一个机械切光器附件。

四、荧光定量分析和定性分析

1. 荧光定量分析

荧光定量关系式——荧光强度 F 和溶液浓度 c 的关系式,$F=2.3\varphi I_0\varepsilon bc$。式中 I_0 是入射光强度,ε 是摩尔吸光系数,b 是试样池光程。

内滤效应——(1) 当溶液浓度过高时,溶液中的杂质对光的吸收增大,使溶液实际接受的激发光强度下降;(2) 入射光被试样池前部的高浓度荧光物质自身吸收而减弱,池体中、后部的荧光物质受激发程度下降。

自吸收效应——在荧光发射波长与化合物的吸收波长有重叠的情况下,物质发出的荧光有部分被自身吸收而造成偏离。

荧光衍生法——将待测物质与荧光试剂(荧光探针)通过化学反应形成能发射荧光的衍生物,通过测定衍生物的荧光强度间接得到被测物浓度的方法。

荧光猝灭法——通过测量加入待测物质后荧光化合物荧光强度的下降程度,间接地测定该待测物浓度的方法。

2. 荧光定性分析

荧(磷)光定性分析的基础——激发光谱和发射光谱。

五、荧光分析法和磷光分析法的特点与应用

荧光分析法和磷光分析法的特点——灵敏度高,选择性好,信息丰富,但本身能发射荧光或磷光的物质不多。

激光诱导荧光光谱分析法——采用单色性好、强度大的激光作为光源,同时采用多通道检测的电荷耦合器件 CCD、单光子二极管或单光子光电倍增管等作为检测器,大大提高了荧光分析法的灵敏度。

时间分辨荧光分析法——根据不同物质的荧光寿命及衰减特性的差异进行选择测定的一种荧光新技术。

六、化学发光分析

对化学发光反应的要求——(1) 化学反应必须提供足够的能量,又能被反

应产物分子吸收,使之处于激发态;(2) 吸收了化学能而处于激发态的分子,必须能释放出光子或者能够将它的能量转移给另一个分子,使该分子激发并以辐射光子的形式回到基态。

化学发光反应的类型——气相化学发光和液相化学发光。

化学发光分析的特点——测量仪器简单,不需要光源和单色器;选择性好,灵敏度高。

§12-3 思考题与习题解答

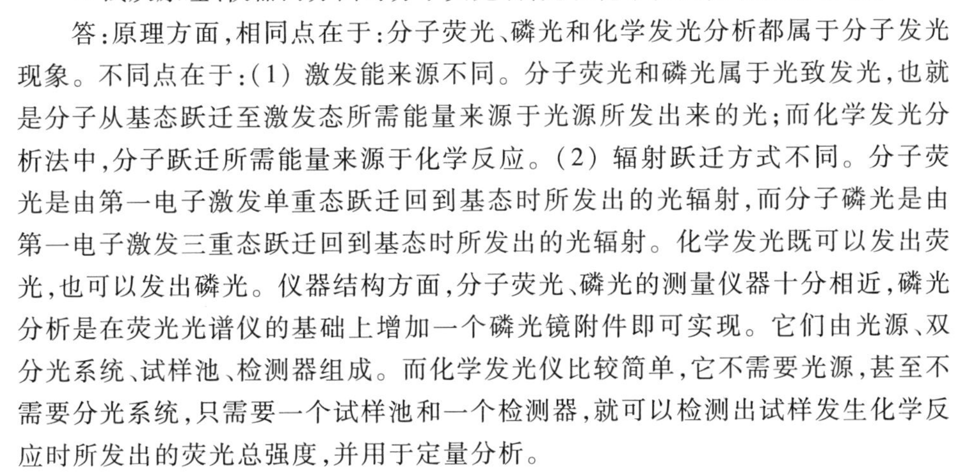
1. 试从原理、仪器两方面对分子荧光、磷光和化学发光分析进行比较。

答:原理方面,相同点在于:分子荧光、磷光和化学发光分析都属于分子发光现象。不同点在于:(1) 激发能来源不同。分子荧光和磷光属于光致发光,也就是分子从基态跃迁至激发态所需能量来源于光源所发出来的光;而化学发光分析法中,分子跃迁所需能量来源于化学反应。(2) 辐射跃迁方式不同。分子荧光是由第一电子激发单重态跃迁回到基态时所发出的光辐射,而分子磷光是由第一电子激发三重态跃迁回到基态时所发出的光辐射。化学发光既可以发出荧光,也可以发出磷光。仪器结构方面,分子荧光、磷光的测量仪器十分相近,磷光分析是在荧光光谱仪的基础上增加一个磷光镜附件即可实现。它们由光源、双分光系统、试样池、检测器组成。而化学发光仪比较简单,它不需要光源,甚至不需要分光系统,只需要一个试样池和一个检测器,就可以检测出试样发生化学反应时所发出的荧光总强度,并用于定量分析。

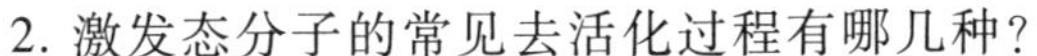
2. 激发态分子的常见去活化过程有哪几种?

答:激发态分子的常见去活化过程分为:辐射跃迁和非辐射跃迁。其中,非辐射跃迁包括振动弛豫、内转换、系间窜越、外转换等;辐射跃迁包括荧光发射和磷光发射。

3. 何谓荧光的激发光谱和发射光谱?它们之间有什么关系?

答:(1) 固定荧光的发射波长(测定波长),不断改变激发光(入射光)波长,以该发射波长下的荧光强度对激发光波长所作的图即为激发光谱。使激发光的强度和波长固定不变,测定不同发射波长下的荧光强度,以荧光强度对发射波长所作的图即为发射光谱,也称为荧光光谱;(2) 发射光谱与吸收光谱呈镜像关系,这是由于基态和第一激发态的各振动能级分布极为相似,且如果吸收光谱中某一振动带的跃迁概率大,则在发射光谱中该振动带的跃迁概率也大。

4. 何谓荧光效率?荧光定量分析的基本依据是什么?

答:略。

5. 下列化合物中哪个荧光效率大，为什么？

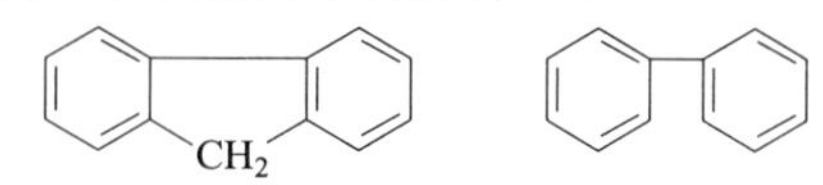

答：前者的荧光效率更大。这是由于该化合物具有刚性平面结构，可以减少分子振动，也就减少了系间窜越至三重态及碰撞去活化的可能性。

6. 影响荧光强度的环境因素有哪些？

答：影响荧光光谱和荧光强度的环境因素有溶剂的种类、温度、溶液的 pH、散射光、激发光、猝灭剂等。

7. 为什么荧光分析法比紫外-可见法具有更高的灵敏度和选择性？

答：(1) 荧光分析法比紫外-可见法具有更高的灵敏度的原因是：荧光分析法测定的是光强信号，且在直角方向测定荧光强度，即在黑背景下进行检测，因此可以通过增加入射光强度或增大荧光信号的放大倍数来提高灵敏度。而紫外-可见分光光度法中测定的参数是吸光度 A，该值与入射光强度和透射光强度的比值相关，提高入射光强度和增大检测器的放大倍数将同时影响入射光和透射光的检测，A 不会因此而提高；(2) 荧光分析法的选择性优于紫外-可见分光光度法，这是由于能发荧光或磷光的物质不多，共存物质干扰小。

§12-4 综合练习

一、是非题

1. 同一荧光物质的荧光比磷光的寿命长，据此可以分别测定荧光和磷光。

2. 磷光是由于分子吸收光能从基态直接跃迁至激发态三重态后，再跃迁回基态时所发出的辐射。

3. 荧光猝灭是指荧光物质与猝灭剂发生作用而使其荧光完全消失的现象。

4. 苯环上被吸电子基团如—NO_2 取代时，将使荧光减弱。

5. 分子荧光光谱与其紫外吸收光谱呈镜像对称关系，因此其谱带的个数和紫外光谱的一样。

6. 荧光强度与荧光物质的浓度始终成正比关系。

7. 激发光的波长不同，所测得的拉曼光谱的横坐标是不变的。因此，在荧光分析中，溶剂产生的拉曼散射干扰不能通过改变激发光波长来消除。

8. 化学发光分析仪不需要光源。

二、单项选择题

1. 关于分子荧光光谱与紫外光谱法，以下说法错误的是(　　)

A. 两者都是吸收光谱

B. 两者都涉及分子电子能级跃迁

C. 两者涉及的光都位于紫外-可见光区

D. 两者都是带状光谱

2. 以下不属于溶液分子荧光光谱特性的是(　　)

A. 荧光波长总是大于激发波长

B. 发射光谱的形状由激发光波长决定

C. 发射光谱与吸收光谱呈镜像关系

D. 通常只含有 1 个发射带

3. 分子荧光分析中,与物质的荧光效率无关的因素是(　　)

A. 物质的分子结构　　B. 溶液温度

C. 稀溶液的浓度　　D. 溶剂极性

4. 以下化合物中,荧光量子产率最大的是(　　)

A. 苯　　B. 联苯　　C. 芴　　D. 环己烷

5. 以下化合物中,最大荧光发射波长最短的是(　　)

A. 苯　　B. 萘　　C. 蒽　　D. 丁省

6. 以下化合物中,荧光量子产率最大的是(　　)

A. 苯　　B. 苯酚　　C. 苯甲酸　　D. 硝基苯

7. 以下能量传递途径中,不属于无辐射跃迁的是(　　)

A. 振动弛豫　　B. 内转换　　C. 系间跨越　　D. 荧光

8. 以下能量传递途径中,去活化速率最小的途径是(　　)

A. 振动弛豫　　B. 内转换　　C. 磷光　　D. 荧光

9. 常规分子荧光分光光度计中,单色器的数目是(　　)

A. 0　　B. 1　　C. 2　　D. 3

10. 进行分子荧光测量时,需在与入射光成直角的方向上检测,是由于(　　)

A. 可以克服透射光对测定的影响

B. 与入射光成直角的方向上才有荧光

C. 可以克服散射光对测定的影响

D. 可以省去一个单色器

11. 关于荧光定量分析,以下说法错误的是(　　)

A. 荧光定量关系式适合于稀溶液

B. 应用范围不如紫外分光光度法广泛

C. 测量的灵敏度与光源强度有关

D. 定量参数是溶液的吸光度

12.关于分子荧光光谱法，以下说法正确的是(   )

A. 分子荧光光谱和原子荧光的激发波长都小于发射波长

B. 分子磷光必须在低温下才能测定

C. 荧光分析法的灵敏度远高于紫外吸收光谱法

D. 只有能产生荧光的分子才能用荧光光谱法进行分析

三、填空题

1. 分子荧光的产生是由于分子受_____激发后，由_______跃迁到________时所发出的光辐射。

2. 分子磷光的产生是分子发生从第一激发单重态至____________的系间窜越后，通过弛豫到达其最低振动能级，再返回基态发射磷光。磷光的寿命比荧光________。

3. 在分子荧光产生的过程中，分子吸收光能跃迁至较高电子能级的不同振动能级上，然后通过__________跃迁至最低振动能级，也可能通过________跃迁至较低电子能级。最后，分子到达第一电子激发单重态的最低振动能级，通过发射荧光回到基态，也可能通过____________回到基态。

4. 分子荧光光谱分析中，荧光发射波长固定后，荧光强度与激发光波长的关系曲线称为________________。该光谱一般用于____________________。使激发光的强度和波长固定不变，以荧光强度对发射光波长所作的图称为________，也称为________。

5. 在分子荧光光谱中，荧光波长总是大于激发光波长，这一现象被称为______位移。而在原子荧光中，荧光波长有时会小于激发光波长，这一现象则称为____________位移。

6. 随着荧光物质分子共轭 π 键的共轭度增大，其荧光强度______，荧光峰向________波方向移动。

7. 吸电子基团取代将使荧光强度________，给电子基团取代将使荧光强度________。

8. 大多数荧光物质随着温度的升高，荧光效率______，因此，______荧光分析有利于提高荧光测定的灵敏度。

9. 荧光分光光度计的光源常用______________，为了提高检测灵敏度，可采用______________作为光源，此时的仪器可以省去一个____________。

10. 分子磷光的测定一般是在荧光光谱仪上增加一个称为________的附件来实现，其测定是利用了磷光与荧光____________的差异。

11. 分子能发荧光的前提条件是____________和__________。

12. 荧光定量的依据是________________________,该公式成立的前提条件是____________________________。

13. 荧光分析法的最大特点是________,其原因是可以通过____________和____________等提高灵敏度。

14. 在化学反应过程中,分子吸收了反应释放出的________能而产生激发态物质,回到基态时发出光辐射。据此建立起来的分析方法称为__________。

15. 化学发光分析仪与荧光分析仪相比,不需要________和________。只需要________和________。

四、简答题

1. 荧光强度为什么有时会出现随浓度增大而下降的情况?

2. 如果有些物质本身不发荧光,有哪些方法可以使之适合于荧光分析?

3. 下述化合物中,何者的荧光最强?何者的磷光最强?为什么?

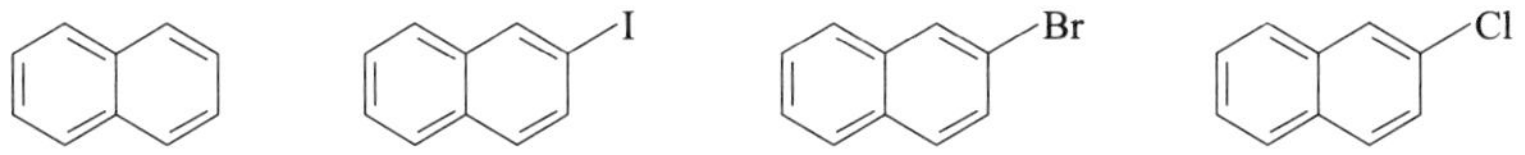

I　Br　Cl

4. 试讨论拉曼光谱和荧光光谱测定时两种光谱的相互干扰情况及解决方法。

§12-5 参考答案及解析

一、是非题

1. 解:错。同一荧光物质的荧光比磷光的寿命要短,而不是长。

2. 解:错。不同多重态之间的跃迁涉及电子自旋状态的改变,这种跃迁是禁阻的。因此,分子不能从基态直接跃迁至激发态三重态,而是从基态跃迁至激发态单重态后,再通过系间窜越由单重态进入三重态。

3. 解:错。荧光物质与猝灭剂发生作用,引起其荧光强度下降(或者消失)的现象称为荧光猝灭。猝灭导致的下降程度有时也可以作为测定猝灭剂浓度的参数。

4. 解:对。苯环上被吸电子基团如—NO_2 取代时,将使荧光减弱,这是由于—NO_2 的吸电子效应降低了苯环的共轭程度。

5. 解:错。由于基态分子可以吸收不同频率的光而直接跃迁至不同的电子能级上,因此其吸收光谱可能含有几个吸收带。然而,位于不同电子能级上的激发态分子都将通过极其快速的振动弛豫和内转换过程下降到第一激发态的最低振动能级，然后发射荧光，因此发射光谱只有一个发射带。故发射光谱和吸收光谱的谱带个数不一定相同。

6. 解：错。当入射光强度、试样池长度不变时，只有稀溶液的荧光强度与溶液浓度成正比。对于较浓溶液，荧光强度和溶液浓度之间的线性关系将发生偏离。

7. 解：错。在分子荧光分析中，溶剂产生的瑞利散射和拉曼散射干扰都可以通过改变激发光波长来消除。拉曼光谱的横坐标是拉曼位移，虽然拉曼位移（拉曼散射波长-瑞利散射波长）与激发光波长无关，但拉曼散射的波长随激发光波长的改变发生改变。

8. 解：对。化学发光分析利用反应产生的化学能使化合物激发，而无需辐射能激发，故不需要光源。

二、单项选择题

1. A。紫外光谱是吸收光谱，但分子荧光为光致发光，属于发射光谱范畴，而不是吸收光谱范畴，可见 A 的说法是错误的，故选 A。其余选项的说法均正确。

2. B。由于荧光发射过程是分子通过发射光量子从第一激发单重态的最低振动能级跃迁回到基态各振动能级，故发射光谱只有一个谱带，其形状只与基态振动能级的分布情况及跃迁回到各振动能级的概率有关，而与激发波长无关。故选 B。其余选项均为荧光光谱的特性。

3. C。分子结构是影响物质的荧光效率的内因，溶液温度和溶剂种类是影响荧光效率的外因。只有 C，稀溶液的浓度与荧光强度成正比，比例系数（包含荧光效率）为常数，即稀溶液浓度的改变不会影响物质的荧光效率，只影响荧光强度。故选 C。

4. C。D 选项环己烷没有共轭双键体系，既不会吸收紫外光，也不会发射荧光。A、B、C 都有共轭双键，且共轭度相近，但芴具有刚性平面结构，其荧光量子产率最高。故选 C。

5. A。共轭双键结构有利于发光，共轭度越大，分子的荧光效率也就越高，且荧光光谱向长波方向移动。四个化合物中，丁省的芳环数量最多，共轭度最大，而苯的芳环数量最少，共轭度最小，荧光发射波长最短。故选 A。

6. B。芳香化合物的芳香环上不同取代基对该化合物的荧光强度和荧光光谱有很大影响。给电子基团常使荧光增强，这是由于产生的 p-π 共轭作用，增强了 π 电子的共轭程度，使最低激发单重态与基态之间的跃迁概率增大。相反，吸电子基团会减弱甚至完全猝灭荧光。—OH 是给电子基团，故苯酚荧光量子产率高于苯；而—COOH 和—NO_2 均为吸电子基团，故苯甲酸和硝基苯的荧光效率低于苯。因此,四者中荧光量子产率最高的应该是苯酚,故选 B。

7. D。分子的能量传递途径中,属于无辐射跃迁的是有振动弛豫、内转换、系间跨越、外转换,而荧光和磷光都属于辐射跃迁。故选 D。

8. C。在去活化的途径中,以速率最快、激发态寿命最短的途径占优势。激发态分子都是经过振动弛豫和内转换快速下降到第一激发单重态的最低振动能级,然后才能发出荧光,因此振动弛豫和内转换的速率大于荧光。磷光和荧光相比,磷光的寿命为大致为 10^{-2} s,荧光的寿命大约为 10^{-8} s,荧光速率大于磷光。也就是说,四种去活化途径中,速率最小的是磷光,故选 C。

9. C。常规分子荧光分光光度计中有两个单色器,第一个单色器置于光源和试样池之间,用于选择所需的激发波长,使之照射于被测试样上。第二个单色器置于试样池与检测器之间,用于分离出所需检测的荧光发射波长。故选 C。

10. A。为了避免激发光源发出的光透过试样池后剩余的部分照射在检测器上产生响应,干扰荧光的测量,需在与入射光成直角的方向上检测荧光。故选 A。散射光和荧光一样,在任何角度均可检测到,故 B 和 C 错误。在直角位检测也需要对光源发出的光进行分光,不能省去单色器,故 D 错误。

11. D。荧光定量分析的定量参数是荧光强度 I,不是吸光度,故选 D。A、B、C 的描述均正确。

12. C。原子荧光的发射波长也可能小于激发波长,即存在反斯托克斯线,故 A 错误。分子磷光不一定要在低温下测定,以固体基质吸附磷光体,增加分子刚性,提高磷光量子效率,也可以实现室温测量,故 B 错误。不能产生荧光的分子可以通过一些间接的手段实现其荧光测定,如荧光衍生化法、荧光猝灭法等,故 D 选项错误。正确的选项只有 C。

三、填空题

1. 光/辐射;第一激发单重态的最低振动能级;基态。在第二空中,应答到第一激发态和单重态两个要点。

2. 三重态;长。磷光的寿命比荧光长,这是用于区别磷光和荧光的主要特征。

3. 振动弛豫;内转换;外转换。以上均为激发态分子发生非辐射跃迁的途径。

4. 激发光谱;激发波长的选择;发射光谱,荧光光谱。

5. Stokes/斯托克斯;反斯托克斯。与分子荧光不同,原子荧光中,原子被辐射激发到某一激发态,有可能在高温的原子化器中被热激发到更高能级上,并发射荧光,此时,荧光的频率将高于激发光,即荧光波长小于激发光波长。

6. 增大;长。能强烈发射荧光的分子几乎都是通过 $\pi^* \to \pi$ 跃迁的去活化过程产生辐射的,随着荧光物质分子共轭度增大,其能级间的能级差减小,发射光波长增大,且电子容易激发,跃迁概率增大,荧光效率提高。

7. 减小;增大。

8. 减小;低温。这是因为在较高温度下,分子的内部能量有发生转化的倾向,且溶质分子与溶剂分子的碰撞频率增大,使发生振动弛豫和外转换的概率增加。故低温有利于提高的荧光分析灵敏度。

9. 高压氙灯;激光;单色器。选择激发光源主要应考虑它的稳定性和强度,光源的稳定性直接影响测定的精密度和重复性,而强度则直接影响测定的灵敏度和检出限。目前大部分荧光分光光度计采用高压氙灯作为光源。现有的光源中,激光的强度最大,故选用激光光源可以提高检测灵敏度。由于多数激光光源发射的是单色光,故无须再对光源进行分光,可省去一个单色器。

10. 磷光镜/机械切光器;寿命。

11. 能吸收激发光,具有一定的荧光效率。只有能吸收激发光的分子才能跃迁至激发态,才能发生后续的荧光过程。另外,许多会吸收光的物质并不一定会发出荧光,这是由于激发态分子释放激发能过程中除了荧光发射以外,还存在多种非辐射跃迁与之竞争,这些过程与分子结构密切相关。因此,分子能发射荧光的前提之一是具有一定的荧光效率。

12. $F=2.3\varphi I_0\varepsilon bc$;稀溶液。对于较浓溶液,荧光强度和溶液浓度之间的线性关系将发生偏离,甚至出现随着浓度的增大而下降的现象。

13. 灵敏度高;增加入射光强度,增大荧光信号的放大倍数。荧光或磷光分析法是在入射光的直角方向测定荧光强度,即在黑背景下进行检测,因此可以通过增加入射光强度或增大荧光或磷光信号的放大倍数来提高灵敏度。

14. 化学;化学发光分析。

15. 光源,单色器;试样室,检测器。该方法中,化学发光反应在试样室中进行,反应发出的光直接照射在检测器上。

四、简答题

1. 答:荧光强度有时会出现随浓度增大而下降的情况,可能的原因如下:(1) 根据荧光定量关系式的推导过程,只有对于稀溶液,荧光强度才与待测组分浓度呈线性关系。(2) 内滤效应。当溶液浓度过高时,溶液中的杂质对光的吸收增大,使溶液实际接受的激发光强度下降,且入射光被试样池前部的高浓度荧光物质自身吸收而减弱,池体中、后部的荧光物质受激发程度下降。(3) 自吸收效应。在荧光发射波长与待测化合物的吸收波长有重叠的情况下,物质发出的荧光可有部分被自身吸收而造成偏离,溶液浓度增大时,自吸收现象会加剧。(4) 浓度过高时,单重激发态分子在发射荧光之前与基态荧光物质分子发生碰撞的概率增加,发生无辐射去活而导致荧光强度下降,也就是外转换概率增大。

2. 答:如果有些物质本身不发荧光,可采用以下方法等间接实现其荧光测定:(1) 荧光衍生法。将待测物质与荧光试剂通过化学反应形成能发荧光的衍生物,通过测定衍生物的荧光强度间接得到被测物的浓度。(2) 待测物质若能使某种有荧光的物质发生荧光猝灭或荧光增强,且荧光减弱或增强的程度与待测物质的浓度之间有着定量关系,则可以通过测量加入待测物质后荧光化合物荧光强度的变化程度,间接地测定该待测物的浓度。

3. 答:萘的荧光量子效率最高,荧光最强;碘萘的磷光最强。这是由于芳环上取代卤素原子 F、Cl、Br、I 后,卤素原子序数越大,激发态分子通过系间窜越从单重态进入三重态的可能性越大,因此,其荧光强度随卤素相对原子质量的增加而减弱,而磷光则随卤素相对原子质量的增加而增强。

4. 答:(1) 虽然拉曼散射光通常只有入射光强度的 $10^{-8} \sim 10^{-6}$,但由于溶剂是大量的,在荧光分析中,由溶剂产生的拉曼散射光的影响在极低浓度的试样测定时不可忽略;且与荧光一样,拉曼散射的波长也比激发光要长,因此,拉曼光谱有可能与荧光光谱重叠而产生干扰。这一干扰可以通过选择合适的激发波长来消除,其依据是溶剂的拉曼散射光的波长随激发光波长的改变而改变,而荧光波长与激发光波长无关,因此,只要改变激发光波长就可能避免拉曼散射光的干扰。(2) 而在拉曼光谱分析中,荧光的干扰是非常严重的,这是由于荧光非常强,而拉曼信号很弱,虽然能发荧光的物质并不多,但即使少量杂质引起的荧光也会淹没非常弱的拉曼谱带。为了解决这一问题,可以利用激光作为光源提高拉曼谱带的强度,如果采用近红外激光光源,其能量低于产生紫外-可见光区荧光所需阈值,也可以避免了大部分荧光对拉曼谱带的影响。另外,新的拉曼光谱技术,如表面增强共振拉曼散射也可以通过荧光猝灭来消除荧光物质的干扰等。

第 13 章

核磁共振波谱分析

§ 13-1 内容提要

将磁性原子核放入强磁场后，用适宜频率的电磁波照射，它们会吸收能量，发生原子核能级跃迁，并产生核磁共振信号。利用核磁共振信号进行物质(特别是有机化合物)的结构测定、定性与定量分析的方法称为核磁共振波谱法(NMR)。若利用核磁共振现象对生物组织进行成像，并用于医学领域的临床诊断、病理研究等，则称为磁共振成像(MRI)技术。核磁共振技术相关研究到目前为止斩获5次诺贝尔化学奖、生理学或医学奖，该技术的重要性可见一斑。

本章仅对核磁共振波谱法进行介绍。通过对核磁共振基本原理的讲解，使学习者理解这种重要的结构测定方法为什么能获得有机化合物结构的相关信息。通过对目前最为常用的脉冲傅里叶变换核磁共振波谱仪结构的介绍，使学习者了解如何获得有机化合物结构的核磁共振相关信息。通过对核磁共振波谱分析法中化学位移、偶合裂分等重要概念及氢谱、碳谱的讲解，使学习者掌握解析核磁共振谱图的基本方法。通过二维核磁共振法的简要介绍，拓展思路，展现该方法的强大功能。

一、核磁共振原理

本节从原子核的自旋现象出发，介绍了不同原子核的自旋情况。在此基础上，探讨了核磁共振现象的产生原因和发生条件。最后，还解释了弛豫的基本概念、分类及其与核磁共振信号的关系。

二、核磁共振波谱仪

本节首先介绍了核磁共振波谱仪的分类，重点介绍了脉冲傅里叶变换核磁共振波谱仪的结构、组成及各部件的作用，仪器特点，脉冲和自由感应衰减信号等基本概念。本节还给出了核磁共振波谱仪型号划分的依据。

三、化学位移和核磁共振图谱

化学位移是核磁共振波谱谱图解析中最为重用的参数,本节对化学位移的产生、化学位移的表示方法、化学位移的相关计算进行了详细地讲解。探讨了影响化学位移的因素及影响规律,包括与质子相邻近元素或基团的电负性、磁各向异性效应、范德华效应及氢键作用等。本节还简要介绍了积分线等基本概念。

四、自旋偶合及自旋裂分

自旋偶合作用和自旋裂分现象是核磁共振谱图解析的另一个重要依据。本节从一个简单的物质——碘乙烷出发,探讨了该化合物的自旋偶合作用、自旋裂分的情况及产生的原因。结合核的等价性概念,总结了自旋偶合作用的一般规则(一级谱图),为氢谱的解析奠定了重要的基础。

五、一级谱图的解析

通过 4 个具体实例,介绍了利用化学位移、偶合裂分和积分线等信息来解析不同类型化合物的核磁共振氢谱的基本思路。

六、^{13}C 核磁共振谱

核磁共振波谱分析中,研究、应用得最多的核除 ^{1}H 外,还有 ^{13}C, ^{13}C 核磁共振谱对于有机化合物结构鉴定具有重要意义。本节对 ^{13}C 核磁共振谱的化学位移及其特点,偶合常数及图谱简化的方法,弛豫等相关内容进行了介绍,并举例说明 ^{13}C 核磁共振谱在有机化合物结构解析中的应用。

七、二维核磁共振简介

随着核磁共振技术的发展,二维核磁共振技术越来越成熟、多样。二维核磁共振能够为复杂化合物的结构解析提供诸多有用的信息。本节简要介绍了二维核磁共振测定的基本原理,并介绍了几种常见的二维核磁共振谱及其作用。

§ 13－2 知识要点

一、核磁共振原理

核磁共振——在磁场的激励下,一些具有磁性的原子核存在着不同的能级,

如果此时外加一个能量，使其恰好等于相邻两个能级之差，则该核就可能吸收能量（称为共振吸收），从低能态跃迁至高能态，而所吸收能量的数量级相当于射频频率范围的电磁波。这就是核磁共振现象。

1. 原子核的自旋

原子核的自旋——原子核是带电荷的粒子，若有自旋现象，即产生磁矩，其自旋情况可用自旋量子数 I 表征。其中自旋量子数等于 1/2 的原子核有 ^{1}H，^{19}F，^{31}P，^{13}C 等，这些核特别适用于核磁共振实验。

2. 核磁共振现象

进动——或称拉摩尔进动。当具有磁矩的核置于外磁场中，它在外磁场的作用下，核自旋产生的磁场与外磁场发生相互作用，因而原子核的运动状态除了自旋外，还要附加一个以外磁场方向为轴线的回旋，它一面自旋，一面围绕着磁场方向发生回旋，这种回旋运动称进动。

拉摩尔频率——磁性原子核进动时的频率，用 ν_0 表示。

磁旋比——有时也称为旋磁比，是各种核的特征常数，用 γ 表示。

拉摩尔公式——$\omega_0 = 2\pi\nu_0 = \gamma B_0$，式中 ω_0 为自旋核的角速率；B_0 是外加磁场的磁感应强度。

发生核磁共振的条件——发生核磁共振时的条件是：$\nu_0 = \dfrac{\gamma B_0}{2\pi}$。

3. 弛豫

弛豫——原子核由高能态恢复到低能态，由不平衡状态恢复到平衡状态而不发射原来所吸收的能量的过程。是跃迁到高能态的原子核失去能量的一种方式。

自旋-晶格弛豫——处于高能态的氢核，把能量转移给周围的分子（固体为晶格，液体则为周围的溶剂分子或同类分子）变成热运动，氢核就回到了低能态。又称纵向弛豫。

T_1——自旋-晶格弛豫过程所经历的时间。T_1 越小，纵向弛豫过程的效率越高，越有利于核磁共振信号的测定。

自旋-自旋弛豫——两个进动频率相同、进动取向不同的磁性核，即两个能态不同的相同核，在一定距离内时，它们会互相交换能量，改变进动方向，这就是自旋-自旋弛豫。又称横向弛豫。

T_2——自旋-自旋弛豫的时间。弛豫时间决定了核在高能级上的平均寿命，根据海森伯不确定性原理，它将影响 NMR 吸收峰（谱线）的宽度，且弛豫时间越短，谱线越宽。

二、核磁共振波谱仪

核磁共振的仪器分类——按其用途可分为波谱仪、成像仪等。用于检测与记录核磁共振波谱图的仪器称为核磁共振波谱仪,根据射频照射方式及数据采集、处理方式的不同,又可分为连续波核磁共振波谱仪(CW-NMR)和脉冲傅立叶变换核磁共振波谱仪(PFT-NMR)。

核磁共振波谱仪的基本结构——由磁体、谱仪和计算机系统组成。

谱仪——包括射频发射器、射频接收器和探头。

磁体——所有核磁共振波谱仪都必须具备的基本组成部分,用以提供一个强而稳定、均匀的外磁场。可以是永久磁铁、电磁铁或超导磁体。目前大多采用超导磁体。

射频发射器——用于产生一个与外磁场强度相匹配的射频区电磁波,提供的能量使磁核从低能级跃迁至高能级。

射频接收器——核磁共振时能量的吸收情况被射频接收线圈所接收,并为射频接收器所检出,相当于共振吸收信号的检测器。

探头——探头中有试样管座、发射线圈、接受线圈、预放大器和变温元件等。

核磁共振波谱仪的型号划分——按照 ^{1}H 在不同磁感应强度下的共振频率来划分型号。如 300 MHz 的仪器,是指磁感应强度为 7.046 T,^{1}H 的共振频率为 300 MHz。

脉冲傅里叶变换核磁共振仪的检测原理——在外磁场保持不变条件下,使用一个强而短的射频脉冲照射试样,这个射频脉冲中包括所有不同化学环境的同类磁核的共振频率,故在给定的谱宽范围内所有的氢核都被激发而跃迁。高能态核通过弛豫逐步恢复玻耳兹曼平衡,此时感应线圈可接收到自由感应衰减信号,对该信号进行傅里叶变换后,即可得到核磁共振谱图。

自由感应衰减信号——简称为 FID。在感应线圈中接收到的一个随时间衰减的信号,在 FID 信号中包含了各个激发核的时间域上的波谱信号。

三、化学位移和核磁共振图谱

屏蔽作用——由于原子核都被不断运动着的电子云所包围,当氢核处于磁场中时,在外加磁场的作用下,电子的运动产生感应磁场,其方向与外加磁场相反,因而外围电子云起到对抗磁场的作用,这种对抗磁场的作用称为屏蔽作用。

屏蔽常数——核外电子对核的屏蔽作用的大小,以 σ 表示。

化学位移——由屏蔽作用所引起的共振时磁感应强度的移动现象。

TMS——四甲基硅烷,核磁共振中化学位移的参考物。也常作为核磁共振实验时的内标。

化学位移的计算公式—— $\delta \approx \frac{\nu_{试样} - \nu_{TMS}}{\nu_0} \times 10^6$,式中 ν_0 为振荡器频率。

锁场——使磁场对频率的比值恒定。

匀场——使磁场分布均匀。

影响化学位移的因素——化学位移是由核外电子云密度决定的,因此影响电子云密度的各种因素都将影响化学位移,包括与质子相邻近元素或基团的电负性、磁各向异性效应、范德华效应及氢键作用等,溶剂、温度和 pH 都会影响化学位移。

磁各向异性效应——在分子中,质子与某一官能团的空间关系有时会影响质子的化学位移,这种效应称磁各向异性效应。

积分线——核磁共振谱图上由左到右呈阶梯形的曲线即为积分线,是将各组共振峰的面积加以积分而得,用于通过比较确定各组质子的数目。

四、自旋偶合及自旋裂分

自旋-自旋偶合——简称自旋偶合,质子相互干扰会引起核磁共振图谱峰的裂分,这种质子间的相互作用称为自旋偶合。

自旋-自旋裂分——由自旋偶合所引起的谱线增多的现象,简称自旋裂分。

偶合常数——谱图中裂分峰的间距,用 J 表示(单位 Hz)。

化学等价——又称化学位移等价,若分子中有两个相同的原子或基团处于相同的化学环境时,它们是化学等价的,这些核具有相同的化学位移。

磁等价——两个核或基团磁等价,应同时满足下述两条件:它们是化学等价的;它们对任意另一核的偶合常数相同。

一级谱图——符合偶合裂分一般规则,当相互偶合的两组核的 $\Delta\nu/J>6$ 时所得到核磁共振谱图。一级谱图的化学位移差值比偶合常数大得多,各组裂分峰互不干扰,谱图较为简单,易于解释。

五、一级谱图的解析

核磁共振谱图提供的信息——化学位移值、偶合裂分、积分线。化学位移值提供基团的类型及所处化学环境的信息;偶合裂分能提供基团与基团连接的次序及空间位置的信息;积分线高度比代表了各个基团中 H 数目之比。

六、^{13}C 核磁共振谱

^{13}C 核磁共振谱测定的主要困难——^{12}C 没有 NMR 信号,^{13}C 核天然丰度很低,仅为^{12}C 的 1.1%;且^{13}C 的磁旋比约为^{1}H 的 1/4,因此^{13}C NMR 的相对灵敏度仅是氢谱的 1/5 600。

^{13}C 核磁共振谱的优点——^{13}C 比^{1}H 的化学位移大得多,出现在较宽范围

内，化学位移变化大，意味着它对核所处的化学环境敏感，结构上的微小变化，可在碳谱上得到反映，另一方面在谱图中峰的重叠要比氢谱小得多，几乎每个碳原子都能给出一条谱线，因而对判别化合物的结构很有利。

质子噪声去偶——或称宽带去偶。在测碳谱时，使用一相当宽的频带(包括试样中所有氢核的共振频率)照射试样，使氢质子饱和，从而消除全部质子与^{13}C的偶合，在谱图上得到各个碳原子的单峰。

NOE 效应——Overhauser 效应的简称，指用射频照射一个磁核使之饱和，而使得另一个与之靠近的磁核的共振谱线强度增强的现象。

七、二维核磁共振简介

二维核磁共振谱——简称为 2D-NMR，是在一维核磁共振脉冲的基础上引入了另一个独立的频率变量，使核磁共振谱成为两个独立频率变量的信号函数。

二维 J 谱——用于获得偶合作用的偶合常数的二维核磁共振谱。二维 J 谱包括同核 J 谱和异核 J 谱，最常见的同核 J 谱是氢核的分解谱。

化学位移相关谱的种类——包括同核位移相关谱、异核位移相关谱和其他化学位移相关谱。常见的同核位移相关谱是 H-H 位移相关谱；异核位移相关谱中，常见的是 C-H 位移相关谱，其中的 HMQC 和 HSQC 属于直接相关谱，而HMBC 属于远程相关谱；其他化学位移相关谱包括总相关谱 TOCSY 和 NOSEY 等。

§13-3 思考题与习题解答

参考答案

1. 根据 $\nu_0=\gamma B_0/2\pi$，可以说明一些什么问题？

答：$\nu_0=\gamma B_0/2\pi$ 是核磁共振发生的条件。即发生共振时射电频率 ν_0 与磁感应强度 B_0 之间的关系。这个公式还可以说明下述两点：(1) 对于不同的原子核，由于 γ 不同，发生共振的条件不同，即共振时 ν_0 和 B_0 的相对值不同；(2) 对于同一种核，γ 为定值，当外加磁场一定时，共振频率也一定；当磁感应强度改变时，共振频率也随之改变。

2. 射频发射器的射频为 56.4 MHz 时，欲使^{19}F 及^{1}H 产生共振信号，外加磁场强度各需多少？

解：根据核磁共振产生的条件$\nu_0=\gamma B_0/2\pi$ 进行计算。

查教材表 13-2 可知，^{19}F 的 $\gamma=2.52\times10^8\ rad\cdot(T\cdot S)^{-1}$，$^{1}H$ 的 $\gamma=2.68\times10^8\ rad\cdot(T\cdot S)^{-1}$，

故^{19}F 所需的外加磁场强度$B_0=\dfrac{2\pi\nu_0}{\gamma}=\dfrac{2\times3.14\times56.4\times10^6\ Hz}{2.52\times10^8\ rad\cdot(T\cdot S)^{-1}}=1.41\ T$

^1H 所需的外加磁场强度 $B_0=\frac{2\pi\nu_0}{\gamma}=\frac{2\times3.14\times56.4\times10^6\ \text{Hz}}{2.68\times10^8\ \text{rad}\cdot\text{T}^{-1}\cdot\text{S}^{-1}}=1.32\ \text{T}$

3. 已知氢核(^1H)磁矩为 2.79,磷核(^{31}P)磁矩为 1.13,在相同强度的外加磁场条件下,发生核跃迁时何者需要较低的能量?

解:氢核和磷核的自旋量子数 I 均为 1/2,在外磁场作用下,自旋核裂分得到的两个能级之差 $\Delta E=2\mu B_0$。

由于氢核的磁矩 μ 为 2.79,磷核的磁矩 μ 为 1.13,代入公式中,显然,在相同强度 B_0 的外加磁场条件下,$\Delta E_H>\Delta E_P$。故磷核发生核跃迁时需要的能量较低。

4. 脉冲傅里叶变换核磁共振波谱仪主要由哪些部件组成?相比于连续波核磁共振波谱仪,它的主要优点是什么?

答:脉冲傅里叶变换核磁共振波谱仪由磁体、谱仪和计算机系统组成。其中的磁体为超导磁体,谱仪包括射频(脉冲)发射器、射频接收器和探头。探头中又包括有试样管座、发射线圈、接受线圈、预放大器和变温元件等。计算机系统包括有控制、数据采集、转换、处理等功能。

相比于连续波核磁共振波谱仪,脉冲傅里叶变换核磁共振波谱仪的主要优点是检测灵敏度大为提高,速率快,还可以设计多种脉冲序列,实现多种连续波核磁共振波谱仪无法完成的实验,如二维核磁共振分析。

5. 何谓化学位移?它有什么重要性?在 ^1H-NMR 中影响化学位移的因素有哪些?

答:(1) 由于核外电子云的屏蔽作用,使原子核实际受到的磁场作用减小,为了使氢核发生共振,必须增加外加磁场的磁感应强度以抵消电子云的屏蔽作用。这种由屏蔽作用所引起的共振时磁感应强度的移动现象,称为化学位移。(2) 由于化学位移的大小与氢核所处的化学环境密切相关,因此有可能根据化学位移的大小来考虑氢核所处的化学环境,也就是有机化合物的分子结构情况。(3) 由于化学位移是由核外电子云密度决定的,因此在 ^1H-NMR 中,影响电子云密度的各种因素都会影响化学位移,如与质子相邻近的元素或基团的电负性、磁各向异性效应、溶剂效应、氢键等,甚至一些外在因素,如溶剂、温度和 pH 也都可能影响化学位移。

6. 下列化合物中 OH 的氢核,何者处于较低场?为什么?

H C O OH CH$_3$ OH

(Ⅰ)　　(Ⅱ)

答:(Ⅰ)中—OH 质子处于较低场,这是由于邻位的醛基具有较强的电负性，其吸电子效应使—OH 质子周围的电子云密度减弱，氢核处于较低场。而(Ⅱ)中与—OH 邻位的甲基电负性很弱，故相比于(Ⅰ)中的—OH 质子处于较高场。

7. 解释在下述化合物中，H_a 及 H_b 的 δ 值为何不同？

H_a ：$\delta=7.72$

H_b ：$\delta=7.40$

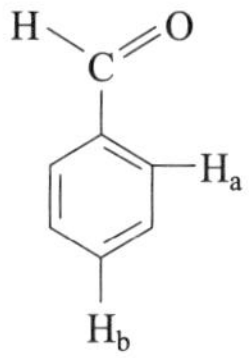

答：H_a 同时受到苯环的磁各向异性效应，以及邻位的电负性基团——醛基的吸电子效应的影响，其化学位移处于低场。H_b 也受到苯环的去屏蔽效应，其对位醛基的吸电子效应虽然会沿着化学键延伸，但相隔的化学键越多，其影响越小。故 H_a 及 H_b 的 δ 值不同，其中 H_a 位于较低场，而 H_b 位于较高场。

8. 何谓自旋偶合、自旋裂分？它有什么重要性？

答：略。

9. 在 CH_3—CH_2—COOH 的氢核磁共振谱图中可观察到其中有四重峰及三重峰各一组。

(1) 说明这些峰的产生原因；

(2) 哪一组峰处于较低场？为什么？

答：(1) 由于—CH_3 和—CH_2—基团上质子之间存在相互的自旋-自旋偶合现象，偶合裂分峰数目应用 $n+1$ 规则，—CH_3 质子的核磁共振峰被—CH_2—作用并裂分为三重峰，而—CH_2—质子被邻近的—CH_3 质子作用而裂分为四重峰。(2) —CH_2—的四重峰处于较低场。这是由于羧基的电负性很强，使邻近的—CH_2—的质子受到吸电子效应的影响而处于低场，而—CH_3 受到的影响因相隔的化学键增多而减弱，故处于较高场。

10. 简要讨论 ^{13}C-NMR 在有机化合物结构分析上的作用。

答：碳原子构成了有机化合物的骨架，而 ^{13}C 谱提供的是分子骨架最直接的信息，因而对有机化合物结构鉴定很有价值：(1) ^{13}C 比 ^{1}H 的化学位移大得多，出现在较宽范围内，化学位移变化大，意味着它对核所处的化学环境敏感，结构上的微小变化，可在碳谱上得到反映，另一方面在谱图中峰的重叠要比氢谱小得多，几乎每个碳原子都能给出一条谱线，因而对判别化合物的结构很有利；(2) ^{13}C 的弛豫时间长，不同种类的碳原子的弛豫时间相差较大，这就可通过弛豫时间了解更多的结构信息和分子运动情况。

11. 常用的二维核磁共振谱方法有哪些？它们在有机化合物结构分析中的

作用分别是什么?

答:常用的二维核磁共振方法有:

(1) 二维 J 谱。用于获得偶合常数。二维 J 谱包括同核 J 谱和异核 J 谱,最常见的同核 J 谱是氢核的分解谱;

(2) 化学位移相关谱。同核位移相关谱,异核位移相关谱等。具体如下:

H-H COSY:^{1}H 和^{1}H 之间的位移相关谱,是同核位移相关谱中最常用的一种,简称为 COSY,用于寻找两个峰组间的偶合关系(主要是^3J 偶合关系)。

HMQC 或 HSQC:异核位移相关谱中的直接相关谱,把直接相连的^{13}C 和^{1}H 关联起来。

HMBC:异核位移相关谱中的远程相关谱,将相隔两至三个化学键的^{13}C 和^{1}H 关联起来。化学位移相关谱对于推测和确定化合物的结构十分有用。

(3) 其他化学位移相关谱。

总相关谱 TOCSY:可以给出同一偶合体系的所有质子彼此之间全部相关信息,即从同一质子出发,找到与它处于同一偶合体系中的所有质子谱图的相关峰,因此谱图中的相关峰比 COSY 谱要多。

NOSEY:反映了有机化合物结构中核与核空间距离的关系,对确定有机化合物结构、构型和构象及研究生物分子高级结构起重要作用。

§13-4 综合练习

一、是非题

1. 核磁共振波谱法与紫外-可见光谱法一样,都是吸收光谱法。

2. 核磁共振波谱法在有机化合物结构解析中最大的贡献是能够提供化合物官能团信息。

3. 所有原子核在外磁场的作用下均具有核磁共振现象。

4. 在相同的磁场中,不同原子核发生共振时的频率相同。

5. 自由感应衰减信号 FID 是频域谱,需要通过傅里叶变换转换为时域谱。

6. 自旋-自旋驰豫对恢复玻耳兹曼平衡没有贡献,因此对核磁共振信号没有影响。

7. 在外加磁场的作用下,核外电子运动产生的感应磁场的方向与外加磁场相同。

8. 质子的偶合常数因外磁场的增大而变小。

9. 碳谱测定的是^{12}C 的核磁共振信号,这是由于^{13}C 在自然界中的丰度太低。

10. 采用宽带去偶技术得到的碳谱没有^{13}C和^{1}H之间的偶合信息。

11. 常规^{13}C-NMR信号强度与同一化学环境中的碳原子数成正比。

12. 二维核磁共振谱具有两个独立的频率变量。

二、单项选择题

1. 以下粒子中,在磁场作用下并用射频区电磁波照射时能吸收能量产生能级跃迁的是(　　)

A. 原子内层电子　　B. 有磁性的原子核

C. 原子外层电子　　D. 所有原子核

2.下列特性的原子核中,没有核磁共振现象的是(　　)

A. 自旋量子数 $I=1$　　B. 自旋量子数 $I=0$

C. 自旋量子数 $I=1/2$　　D. 自旋量子数 $I=3/2$

3.下述原子核中,自旋量子数不为零的是(　　)

A. ^{31}P　　B. ^{12}C　　C. ^{16}O　　D. ^{4}He

4.核磁矩的产生是由于(　　)

A. 核外电子绕核运动　　B. 原子核的自旋

C. 外磁场的作用　　D. 核外电子云的屏蔽作用

5. 某一个自旋核,产生核磁共振现象时,吸收电磁辐射的频率大小取决于(　　)

A. 试样的纯度　　B. 在自然界的丰度

C. 试样的存在状态　　D. 外磁场强度大小

6. 如果将碳13核($I=1/2$)置于外加磁场中,它对于外加磁场有几种取向(　　)

A. 1　　B. 2　　C. 3　　D. 4

7. 在核磁共振实验中能够测量到净吸收信号,其原因是(　　)

A. 处于较低自旋能级的核比较高能级的核稍多,以及核的自旋-晶格弛豫

B. 处于较低自旋能级的核比较高能级的核稍多,以及核的自旋-自旋弛豫

C. 处于较低自旋能级的核比较高能级的核稍少,以及核的非辐射弛豫

D. 处于较低自旋能级的核比较高能级的核稍少,以及电子的屏蔽

8. 在下列因素中,不会使NMR谱线变宽的因素是(　　)

A. 磁场不均匀　　B. 增大射频辐射的功率

C. 试样的黏度增大　　D. 自旋-自旋弛豫速率的增大

9. 核磁共振波谱仪在组成上与红外光谱仪的主要不同之处在于(　　)

A. 有一定频率的电磁辐射照射　　B. 试样需放在强磁场中

C. 有检测部件　　D. 有记录部件

10. 以下不属于傅里叶变换核磁共振波谱仪组件的是(　　)

A. 超导磁体　　B. 射频发射器

C. 光电倍增管　　D. 计算机

11. 关于化学等价和磁等价,以下说法正确的是(　　)

A. 若两个核是化学等价的,那它们一定磁等价

B. 若两个核是磁等价的,那它们一定化学等价

C. 化学等价的核,它们的化学位移不一定相同

D. 磁等价的核,它们的化学位移不一定相同

12. 核磁共振波谱中,关于偶合作用的一般规则,以下描述错误的是(　　)

A. 偶合裂分峰数目应用 $n+1$ 规则

B. 因偶合产生的多重峰相对强度可用二项式$(a+b)^n$ 展开的系数表示,n 是邻近磁等价核的个数。

C. 偶合常数 J 值的大小与外部磁场的强度有关

D. 互相偶合的两组质子,其偶合常数 J 值相等

13. 核磁共振波谱中,乙烯与乙炔质子的化学位移(δ)值分别为 5.8 与 2.8,乙烯质子峰化学位移值大的原因是(　　)

A. 电负性基团的吸电子效应　　B. 磁各向异性效应

C. 自旋-自旋偶合作用　　D. 范德华作用力的差异

14. 以下化合物中,哪种化合物的质子的化学位移在最低场(　　)

A. CH_3F　　B. CH_3Br　　C. CH_3Cl　　D. CH_3CH_3

15. CH_3COCH_3 的^1H-NMR 谱图为(　　)

A. 1 个单峰　　B. 1 个三重峰　　C. 2 个单峰　　D. 2 个三重峰

16. 待测化合物可能结构如下,其^1H-NMR 谱中 δ 3.0~3.5 处有一个单峰和一组四重峰,δ1.2~1.5 处有一组三重峰,该化合物应该是(　　)

A. CH_3OCH_3　　B. $CH_3CH_2OCH_2CH_3$

C. $CH_3OCH_2CH_3$　　D. $(CH_3)_2CHOCH(CH_3)_2$

17. 化合物 CHF_3 质子信号的裂分峰数核强度比分别是(　　)

A. 1(1)　　B. 2(1 : 1)

C. 3(1 : 2 : 1)　　D. 4(1 : 3 : 3 : 1)

18. 在常规^{13}C 谱中,以下说法错误的是(　　)

A. 质子噪声去偶是为了消除^1H-^{13}C 的偶合作用,简化^{13}C 谱。

B. 由于有 Overhauser 效应存在,常规^{13}C 不能直接用作定量分析

C. 反转门控去偶技术可以消除 NOE 效应,使峰高与碳成比例

D. 谱线的裂分数不可以像^{1}H谱一样,用 $n+1$ 规则来计算

19.下列化合物中,碳核化学位移最大的是(　　)

A. CH_3F　　B. CH_3Br　　C. CH_3Cl　　D. CH_3CH_3

20. 以下不属于二维核磁共振谱特点的是(　　)

A. 具有两个频率变量,且两个变量是独立的

B. 第二维的加入,可以减少谱线的拥挤和重叠

C. 第二维的加入,可以建立与第一维变量的相关联系并获取更多的结构信息

D. 在 CW-NMR 及 PFT-NMR 上均能测定

三、填空题

1. 核磁共振是将试样置于强磁场中,用频率范围为＿＿＿＿＿＿的电磁辐射照射,使具有＿＿＿＿＿的原子核吸收能量,发生能级跃迁而产生的。

2. 请指出下列原子核中:^{1}H、^{2}H、^{12}C、^{13}C、^{14}N、^{16}O、^{17}O,理论上能产生核磁共振吸收的有＿＿＿＿＿＿＿＿＿。

3. 当磁核置于外磁场中,由于核自旋产生的磁场与外磁场发生相互作用,使得磁核一面自旋,一面围绕着磁场方向发生回旋,这种回旋运动称为＿＿＿＿＿。回旋运动时有一定的频率,称为＿＿＿＿＿频率。

4. 核磁共振分析中,随磁场强度 B_0 的增大,磁性核的共振频率 ν 会＿＿＿＿＿,核磁矩 μ 会＿＿＿＿＿＿,能级差 ΔE 会＿＿＿＿＿＿,其低能级核的数目 $N_{(+1/2)}$ 在温度不变的情况下会＿＿＿＿＿＿。

5. 产生核磁共振的条件是＿＿＿＿＿＿＿＿＿＿。

6. 核磁共振分析中,质子核外电子云密度大的则屏蔽效应较＿＿＿＿＿,相对化学位移较＿＿＿＿＿,共振峰出现在＿＿＿＿＿场。

7. 在测定氢核磁共振谱的化学位移时,常用的标准物是＿＿＿＿＿＿,规定它的化学位移值为＿＿＿＿＿,位于谱图的＿＿＿＿＿边。

8. 弛豫过程有两种:＿＿＿＿＿＿＿＿和＿＿＿＿＿＿＿＿＿。

9. 核磁共振谱图能提供的信息是＿＿＿＿＿、＿＿＿＿＿和＿＿＿＿＿＿。

10. CH_3F 中的质子信号为＿＿＿＿重峰。

11. 碳谱的分辨率比氢谱高,是由于碳谱的＿＿＿＿＿＿＿＿＿＿,而灵敏度比氢谱低是由于＿＿＿＿＿＿＿＿＿＿和＿＿＿＿＿＿＿＿＿＿。

12. 核磁共振波谱仪中的谱仪部分由＿＿＿＿＿、＿＿＿＿＿和＿＿＿＿＿等组成。

13. 傅里叶变换核磁共振波谱仪相比于连续波核磁共振波谱仪,其主要优点是＿＿＿＿＿和＿＿＿＿＿＿等。

14. 苯上 6 个质子是_________等价的,同时也是_________等价的。

15. 某质子由于受到核外电子云的屏蔽作用大,其屏蔽常数 σ_________,实际受到作用的磁场强度_________,若固定照射频率,质子的共振信号出现在______场区,化学位移值 δ______,谱图上该质子峰与 TMS 峰的距离________。

16. 核磁共振波谱的一级谱图必须符合的条件是___________。根据一级谱图的特性,化合物 CH_3—O—CH_2—CH_2Cl 在 NMR 谱图上会出现________组质子峰,其积分面积比为__________________________。

17. 1,3,5-三氯苯在 ^{13}C-NMR 谱图中将产生______个共振信号,对二氯苯将产生________个共振信号。

18. 影响化学位移的因素有________、________、________、________等。

19. 二维 J 谱的主要作用是____________。用于反映 C、H 远程偶合关系的二维化学位移相关谱简称为____________。

20. 同核位移相关谱中最常用的一种是________谱,在该二维谱中,反映两个峰组间的偶合关系的峰称为________峰。

四、简答题

1. 在 300 MHz 的 NMR 波谱仪中,某试样的质子化学位移值为 3.5,试计算在 400 MHz 的 NMR 波谱仪中同一质子产生的信号所在位置为多少赫兹?

2. 有三个化合物,它们均为 $C_5H_{10}O$ 的异构体,可能是 3-甲基-2-丁酮、3-甲基丁醛、2-甲基丁醛、2,2-二甲基丙醛、2-戊酮、3-戊酮和戊醛中的三个,它们的核磁共振谱分别是

(1) 在 δ 1.05 处有一个三重峰,在 δ 2.47 处有一个四重峰;

(2) 在 δ 1.02 处有一个二重峰,在 δ 2.13 处有一个单峰,在 δ 2.22 处有一组多重峰;

(3) 只有两个单峰。试推测此三个化合物的结构。

3. 甲苯和苯的混合物的 ^1H-NMR 谱图上有两组信号,一个在 δ 7.3(积分值为 100),另一个在 δ 2.2(积分值为 18)处。试计算混合物中苯和甲苯的比例。

4. 试预测下列化合物的 ^1H-NMR:

(1) CH_3—CH_2—Cl　　(2) $(H_3C)_2$CH—Cl

5. 能否用核磁共振氢谱的方法区别乙醇(CH_3CH_2OH)和二甲醚(CH_3OCH_3),为什么?

6. 液体乙酰丙酮的核磁共振氢谱中,在 δ 5.52 处峰的积分面积为 1.84,在 δ 3.61 处峰的积分面积为 0.43。试计算其烯醇成分的质量分数。

§13-5 参考答案及解析

一、是非题

1. 解:对。在磁场激励下,一些具有磁性的原子核存在着不同的能级,如果此时外加一个射频区域的辐射,使其恰等于相邻两个能级之差,则该核就可能吸收能量从低能态跃迁至高能态,故核磁共振波谱与紫外-可见光谱一样,是吸收光谱法。

2. 解:错。核磁共振波谱法在有机化合物结构解析中主要提供基团组成及连接方式等信息,而有机化合物的官能团种类信息可以通过红外光谱分析法获得。

3. 解:错。只有有自旋现象的原子核才能有磁矩,并在外磁场的作用下产生核磁共振现象。而自旋量子数等于零的原子核没有自旋现象,因而没有磁矩,不产生共振吸收现象。

4. 解:错。根据 $\nu_0=\dfrac{\gamma B_0}{2\pi}$,在相同的外加磁场 B_0 中,由于不同原子核的磁旋比 γ 不一样,故共振频率 ν_0 也就不一样。

5. 解:错。自由感应衰减信号是指感应线圈中接收到的一个随时间衰减的信号,因此,该信号为一个时域谱,而不是频域谱,需要通过傅里叶变换将其转换为我们所熟知的频域谱。

6. 解:错。由于自旋-自旋弛豫是两个不同能态的核相互交换能量,因此对恢复玻耳兹曼平衡是没有贡献的。然而,该弛豫时间会影响 NMR 吸收峰的宽度,弛豫时间越短,吸收峰越宽,这将影响核磁共振信号的分辨率。

7. 解:错。在外加磁场的作用下,核外电子的运动产生感应磁场,其方向与外加磁场相反而不是相同,因而外围电子云起到对抗磁场的作用,这种对抗磁场的作用称为屏蔽作用。

8. 解:错。质子偶合常数 J 值的大小表示了相邻质子间相互作用力的大小,与外部磁场的强度无关,也就是说,质子的偶合常数不会因外磁场的增大而变化。

9. 解:错。由于 ^{12}C 的原子核自旋量子数为零,故不产生核磁共振吸收。^{13}C 在自然界中丰度很低,这也是 ^{13}C 谱没有 ^{1}H 谱信号强度高的主要原因之一,但随着 PFT-NMR 谱仪的出现,仪器的测量灵敏度显著提高,^{13}C 谱的测定得以实现。

10. 解:对。宽带去偶是在测碳谱时使用一相当宽的频带(它包括试样中所有氢核的共振频率)照射试样,使质子饱和,从而消除了全部质子与^{13}C的偶合作用,故谱图上没有^{13}C和^{1}H之间的偶合信息。

11. 解:错。由于各种碳原子弛豫时间不同,宽带去偶造成的NOE增强因子不同,因此,常规^{13}C-NMR信号强度与同一化学环境中的碳原子数没有正比关系。即宽带去偶^{13}C谱不能直接用作定量分析。

12. 解:对。二维核磁共振谱在一维核磁共振脉冲的基础上,引入了另一个独立的频率变量,故具有两个独立的频率变量。

二、单项选择题

1. B。有磁性的原子核在磁场作用下,存在着不同的能级,如果此时外加一个能量,使其恰等于相邻两个能级之差,则该核就可能吸收能量并发生跃迁而产生核磁共振现象,故选择B。若没有磁性的原子核是不会产生核磁共振现象的,故D错误。核磁共振所吸收的能量在射频区,其能量较低,不足以使得原子内层和外层电子发生能级跃迁。

2. B。不同的原子核,自旋的情况不同,原子核自旋的情况可用自旋量子数I表征,自旋量子数等于零的原子核没有自旋现象,因而没有磁矩,不产生共振吸收谱;而I不等于0的原子核都有自旋并产生核磁共振吸收。故选B。

3. A。原子的中子数和质子数若均为偶数,则$I=0$;若均为奇数,则I值为整数;若具有不同的奇偶性,则I值为半整数。B、C、D的中子数和质子数均为偶数,所以它们的自旋量子数均为零。^{31}P的质子数为15,是奇数,而中子数为16,是偶数,因此其I值为半整数1/2。故选A。

4. B。自旋量子数等于1/2的原子核可当作一个电荷均匀分布的球体,并像陀螺一样地自旋,故有磁矩形成。因此,核磁矩的产生是由于原子核的自旋。故选B。

5. D。由核磁共振的基本原理可知,自旋核产生核磁共振现象时,其吸收电磁辐射的频率大小$\nu_0=\dfrac{\gamma B_0}{2\pi}$,也就是说,该频率与外磁场强度大小$B_0$有关,还与自旋核的磁旋比$\gamma$有关。对于选定的原子核,其吸收电磁辐射的频率仅取决于B_0,故选D。

6. B。如果将磁核置于外加磁场中,则它对于外加磁场可以有$2I+1$种取向。碳13核的自旋量子数$I=1/2$,因此它只能有两种取向:一种与外磁场平行,这时能量较低,以磁量子数$m=+\dfrac{1}{2}$表征;一种与外磁场逆平行,这时碳核的能量稍高,以$m=-\dfrac{1}{2}$表征。

7. A。根据玻耳兹曼分布定律计算得,在核磁共振实验温度及磁场条件下,处于低能态的核仅比高能态的核稍多一些,所以 C、D 选项错误。然而在射频电磁波的照射下,低能态的核会跃迁到高能态,能量的净吸收消失。此时,只有通过核的自旋-晶格弛豫把能量传递给周围分子(如溶剂)使核回到低能态,才能保证不同能态核的相对数目符合玻耳兹曼分布定律,才能够测量到净吸收信号。而自旋-自旋弛豫是两个能态不同的相同核相互交换能量,其处于高、低能态的磁性核的比例并未改变。因此,在核磁共振实验中能测量到净吸收信号是基于自旋-晶格弛豫作用,而非自旋-自旋弛豫作用。故选 A。

8. B。弛豫时间决定了核在高能级上的平均寿命,根据海森伯不确定性原理,它将影响 NMR 谱线的宽度,且弛豫时间越短,谱线越宽。当试样的黏度增大时,自旋-自旋弛豫速率增大,弛豫时间 T_2 减小,谱线变宽,C、D 选项错误。当磁场不均匀时,不同位置的试样分子处于不同磁场强度下,共振频率也就有所差异,最终导致谱线变宽,A 选项错误。而增大射频辐射的功率不会影响 NMR 谱线的宽度,故只能选 B。

9. B。核磁共振波谱仪与红外光谱仪都属于吸收光谱法,因此,都需要有一定频率的电磁辐射照射,使之发生吸收电磁辐射的过程,也都需要对吸收的程度进行检测,故必有检测电磁辐射强度的元件,还需要将检测信号记录下来以便进一步进行傅里叶变换等数据处理。在核磁共振分析中,只有对试样施加外部磁场,自旋核的能级才能发生裂分,从而产生两个不同的能态,处于低能态的核吸收电磁辐射而跃迁至高能态。因此,核磁共振分析中,试样必须放置在强磁场中。而红外光谱涉及的是分子振动和转动能级跃迁,无须外加磁场。故核磁共振波谱仪在组成上与红外光谱最大的不同是 B。

10. C。核磁共振中涉及的电磁辐射在射频区,检测器应采用射频信号接收线圈,而不能用光电倍增管,光电倍增管一般用来检测紫外-可见-近红外区的光信号。超导磁体、射频发射器和计算机都是傅里叶变换核磁共振波谱仪的组件。故选 C。

11. B。若分子中有两个相同的原子处于相同的化学环境时,它们就称为化学等价,并具有相同的化学位移。两个核磁等价则需同时满足化学等价和对任意另一核的偶合常数相同。也就是说化学等价是磁等价的前提条件之一,因此 B 选项正确。

12. C。偶合裂分是质子之间相互作用所引起的,因此 J 值的大小表示了相邻质子间相互作用力的大小,它与相互作用的两核相隔的距离有关,而与外部磁场的强度无关。故选 C。

13. B。C═C 双键中的 π 电子云垂直于双键平面,它在外磁场作用下产生环流,在双键平面上的质子周围,感应磁场的方向与外磁场相同而产生去屏蔽,吸收峰位于低场。而乙炔则正好相反。这种质子与某一官能团的空间关系所引起的效应,称磁各向异性效应。故选 B。

14. A。与质子连接的原子的电负性越强,质子周围的电子云密度越弱,质子信号就在较低的磁场出现。四个化合物中,原子(官能团)F 的电负性最强,CH_3 的电负性最弱,因此,CH_3F 的质子的化学位移在最低场,而 CH_3CH_3 的质子的化学位移在最高场。故本题的正确答案是 A。

15. C。CH_3COCH_3 中有两组质子,首先,两组质子所处的化学环境不一样,一组直接和 O 原子相连,另一组与羰基相连,因此,两组质子的化学位移不一样,形成两组峰。其次两组质子相邻的基团上均没有磁核,因此不会发生偶合作用和自旋裂分,两组峰均为单峰。故 C 正确。

16. C。根据不同基团的化学位移和偶合裂分规则,A 化合物的 ^{1}H-NMR 谱中,仅会在 δ 3.0~3.5 处出现 1 个单峰,这是由于该化合物的两组质子邻近吸电子原子 O,且具有相同的化学环境,因此,化学位移位于较低场且相同;又由于与质子相邻的基团上没有其他质子,故不发生偶合裂分,因此为单峰。B 化合物有四组质子,两两等价,因此,^{1}H-NMR 谱中出现两组峰,其中一组为 δ 3.0~3.5 处的四重峰,另一组为 δ 1.2~1.5 处的三重峰。D 化合物有 6 组质子,其中四组 CH_3 具有相同的化学环境,两组 CH 具有相同的化学环境,其中,CH 受邻近官能团 CH_3 质子的影响,在 δ 3.0~3.5 处的信号裂分成多重峰,而 CH_3 受邻近官能团 CH 质子的影响,在 δ 1.2~1.5 处的信号裂分成两重峰。同理,C 化合物的 ^{1}H-NMR 谱中,在 δ 3.0~3.5 处有一组四重峰,δ 1.2~1.5 处有一组三重峰。故正确答案是 C。

17. D。化合物 CHF_3 中,F 也是 $I=1/2$ 的磁核,其自旋产生的磁矩将引起质子的偶合裂分现象,偶合而产生的多重峰相对强度亦可用二项式 $(a+b)^n$ 展开的系数表示,由于邻近磁核 F 的个数 $n=3$,展开系数为 1∶3∶3∶1,故选 D。

18. D。A、B、C 选项的描述均正确。在常规 ^{13}C 谱中,与 ^{1}H 谱类似,谱线的裂分数取决于相邻偶合原子(比如 F、P 等)的自旋量子数和原子数目,可用 $n+1$ 规则来计算,谱线之间的裂距则是 ^{13}C 与邻近原子的偶合常数。因此 D 选项的描述是错误的,故选 D。

19. A。与质子一样,与电负性基团相连时,碳核的化学位移都移向低场,基团电负性越大,移动越显著。四个化合物中,基团 F 的电负性最强,CH_3 的电负性最弱,碳核化学位移最大的是化合物 CH_3F。故选 A。

20. D。A、B、C 选项均为二维核磁共振谱的特点。二维核磁共振技术的出现是基于脉冲傅里叶变换核磁共振仪的发展,该方法以两个独立的时间变量进行一系列实验,然后经傅里叶变换得到两个独立的频率变量图,这在连续波核磁共振波谱仪 CW-NMR 是无法实现的。故选 D。

三、填空题

1. 射频;磁性/磁矩/自旋现象。由于核能级的能量差很小,因此所吸收的能量频率很低,在射频区。又由于原子核是带电荷的粒子,若有自旋现象,即产生磁矩(也就是具有磁性),在磁场作用下才能发生核能级裂分并实现共振吸收。因此,具有磁性的核才能进行核磁共振分析。

2. ^{1}H、^{2}H、^{13}C、^{14}N、^{17}O。除了自旋量子数 $I=0$ 的原子核不产生共振吸收谱外,其他原子核理论上都能产生核磁共振现象。几种核中,除了 ^{12}C、^{16}O 的 $I=0$,其余原子核的 I 均大于 0,因此,^{1}H、^{2}H、^{13}C、^{14}N、^{17}O 均会产生共振吸收现象。

3. 进动/拉摩尔进动;拉摩尔频率。

4. 增大;不变;增大;增多。根据 $\nu_0=\dfrac{\gamma B_0}{2\pi}$,$\gamma$ 是核的特征常数,当核种类确定时,共振频率 ν 随磁场强度 B_0 的增大而增大。核磁矩 μ 由核的性质决定,与磁场强度无关,故不变。根据 $\Delta E=2\mu B_0$,能级差 ΔE 随磁场强度 B_0 的增大而增大。根据$\dfrac{N_{(+1/2)}}{N_{(-1/2)}}=\mathrm{e}^{\Delta E/(kT)}$,$\Delta E$ 增大,低能级核的数目 $N_{(+1/2)}$ 在温度不变的情况下会增多。

5. $\nu_0=\dfrac{\gamma B_0}{2\pi}$。

6. 大;小;高。屏蔽作用的大小与核外电子云密切有关,电子云密度越大,屏蔽作用也越大,共振时所需的外加磁场的磁感应强度也越强,也就是处于高场。

7. TMS;零;右。因为 TMS 共振时的磁感应强度最高,因此把它的化学位移定为零,作为标准,并画在谱图的右边。

8. 自旋-晶格弛豫/纵向弛豫,自旋-自旋弛豫/横向弛豫。

9. 化学位移,偶合裂分,积分线高度/峰面积。根据化学位移可以推测基团或原子所处的化学环境,根据偶合常数及其图像可判断相互偶合的磁性核的数目、种类,以及它们在空间所处的相对位置等,根据峰面积确定各组质子(原子)的数目。

10. 二。这是由于 F($I=1/2$)自旋产生的磁矩对 H 产生了影响,使 H 受到的磁感应强度发生改变。这种偶合作用亦符合 $n+1$ 规则,由于 F 原子只有 1 个,因此,质子信号出现二重峰。

11. 化学位移范围宽得多;^{13}C 的天然丰度很低,^{13}C 的磁旋比 r 比 ^{1}H 的低。

碳谱的化学位移一般为 0~250,结构上的微小变化都能引起化学位移的较大改变,也就是分辨率高。^{13}C 的天然丰度为 1.1%,^{13}C 的磁旋比是 ^{1}H 的 1/4,这些都导致碳谱的灵敏度低,测定比氢谱困难。

12. 射频发射器,射频接收器,探头。傅里叶变换核磁共振波谱仪由磁体、谱仪和计算机组成,其中的谱仪包含射频发射器,射频接收器,探头等重要部件。

13. 灵敏度高,测量时间短。

14. 化学;磁。苯上的 6 个质子所处的化学环境完全相同,且它们对任意另一质子核的偶合常数也完全一样,因此这 6 个质子既是化学等价,也是磁等价。

15. 大;小;高;小;小。核外电子对核的屏蔽作用以屏蔽常数 σ 表示,质子受核外电子云的屏蔽作用大,σ 就大。核的实受磁感应强度 $B=B_0(1-\sigma)$,σ 大,其实际受到作用的磁场强度就小,共振所需的外加磁场强度就强,因此,该质子处于高磁场区。化学位移 δ 是以磁感应强度最高的 TMS 为零点,该质子峰与 TMS 峰靠近,化学位移比较小。

16. $\Delta\nu/J>6$;3;3 : 2 : 2。化合物 CH_3—O—CH_2—CH_2Cl 中有三种不同化学环境的 ^{1}H,分别是—CH_3,—CH_2—和—CH_2Cl,及其相应的原子数目分别是 3,2,2,因此,其 NMR 谱图上会出现 3 组质子峰,且积分面积比为 3 : 2 : 2。

17. 2;2。1,3,5-三氯苯中,1、3、5 三个位置的 C 是磁等价的,而 2、4、6 三个位置的 C 也是磁等价的,因此将产生 2 个 C 谱信号。对二氯苯中,与氯相连的两个 C 是磁等价的,其余四个 C 也是磁等价的,因此也将产生 2 个 C 谱信号。受到电负性基团的直接影响,与 Cl 原子相连的 C 的化学位移处在更低场。

18. 与待测核连接的原子的电负性/诱导效应,磁各向异性效应,范德华效应,氢键作用/溶剂/温度/pH。

19. 测定偶合作用较弱的体系的偶合常数;HMBC。HMBC 是将相隔两至三个化学键的 ^{13}C 和 ^{1}H 关联起来,属于远程相关谱。

20. H-H COSY;交叉/相关。

四、简答题

1. 解题思路:根据化学位移的定义:$\delta \approx \frac{\nu_{试样}-\nu_{TMS}}{\nu_0}\times 10^6$,化学位移的大小与磁场强度无关。因此,在 400 MHz(质子的共振频率 ν_0)的 NMR 仪中,同一质子产生的信号的化学位移依然为 3.5。

解:同一质子产生的信号相对于 TMS 的位置(以频率为横坐标)为

$$\Delta\nu=\nu_{试样}-\nu_{TMS}=\delta\times\frac{\nu_0}{10^6}=3.5\times\frac{400\times10^6\ \text{Hz}}{10^6}=1\ 400\ \text{Hz}$$

2. 解题思路：首先写出可能的化合物的结构，然后根据^{1}H 的化学位移值、偶合裂分的情况加以分析。

3-甲基-2-丁酮 $CH_3—CH(CH_3)—C(=O)—CH_3$

3-甲基丁醛 $CH_3—CH(CH_3)—CH_2—CHO$

2-甲基丁醛 $CH_3—CH_2—CH(CH_3)—CHO$

2,2-二甲基丙醛 $CH_3—C(CH_3)_2—CHO$

2-戊酮 $CH_3—CH_2—CH_2—C(=O)—CH_3$

3-戊酮 $CH_3—CH_2—C(=O)—CH_2—CH_3$

戊醛 $CH_3—CH_2—CH_2—CH_2—CHO$

答：(1) 在 δ 1.05 处有一个三重峰，在 δ 2.47 处有一个四重峰，表明该化合物具有 CH_3CH_2 的结构，且 CH_2 质子的化学位移处在较低场，表明 CH_2 连接有吸电子基团，如 C═O。七个化合物中，仅 3-戊酮 $CH_3—CH_2—C(=O)—CH_2—CH_3$ 的结构符合上述特征，且 3-戊酮为对称结构，因此只有 2 组质子信号。故(1)化合物为 3-戊酮。

(2) 在 δ 2.13 处有一个单峰，表明存在 $CH_3—CO$ 结构；在 δ 1.02 处有一个二重峰，提示存在 $CH_3—CH$ 结构，δ 2.22 处有一组多重峰提示 CH—CO 的存在，以上与 3-甲基-2-丁酮的结构特征吻合，故(2)化合物是 3-甲基-2-丁酮 $CH_3—CH(CH_3)—C(=O)—CH_3$。

(3) 在七个化合物中，只有两组质子信号的有 2,2-二甲基丙醛（3 个 CH_3

上的 9 个质子磁等价）和 3-戊酮，如（1）所示，3-戊酮的两组质子信号分别是三重峰和四重峰，而 2,2-二甲基丙醛的两组质子均为单峰，其中，CH_3 的化学位移在 1 左右，CHO 质子的化学位移大于 10。因此（3）化合物为 2,2-二甲基丙醛。

3. 解题思路：甲苯的 ^1H-NMR 谱图上有两组信号，分别为 δ_1 7.3，δ_2 2.3，且两组信号的积分面积比应为 5∶3。而苯的 ^1H-NMR 谱图上只有一组信号，化学位移也在 7.3 左右。由此可见，混合物的 ^1H-NMR 谱图中，化学位移在 2.2 处的信号由甲苯的甲基上的 3 个质子提供，7.3 处的信号则由甲苯环上的 5 个质子和苯环上的 6 个质子共同提供。

解：由甲苯和苯混合物的 ^1H-NMR 中的两组信号积分面积可得

$$n_{甲苯} : n_{苯} = \frac{18/3}{\left(100-18\times\frac{5}{3}\right) \Big/ 6} = 0.51 : 1$$

所以，混合物中甲苯和苯的摩尔比为 0.51∶1。

4. 解：一张 ^1H-NMR 谱图应利用以下几方面的特征来描述，包括化学位移、偶合裂分、积分曲线高度比（或积分面积）。预测如下：

（1）氯代乙烷有两组不同的 ^1H：CH_3 和 CH_2，根据教材中表 13-3，其中 CH_3 的化学位移值在 1~2，由于相邻的亚甲基上有 2 个 ^1H，根据 $n+1$ 规则，裂分成三重峰。由于吸电子基团 Cl 的影响，CH_2 的化学位移值向低场移动，在 3~4 区域，因相邻是一个甲基，所以裂分成四重峰。两组峰的积分面积比约为 3∶2。

（2）2-氯丙烷的 2 个甲基具有相同的化学环境，因此分子中只有 2 种不同的 ^1H。其中，CH_3 的化学位移值在 1~2，因为相邻的是次甲基，所以裂分成二重峰。CH 的化学位移值在 3~4 区域，因相邻有 2 个甲基，共 6 个 ^1H，所以裂分成七重峰。两组峰的积分面积比约为 6∶1。

5. 解：用核磁共振氢谱很容易区分乙醇和二甲醚。乙醇的 CH_3 和 CH_2 分别在化学位移 1~2 和 3~4 出现三重峰和四重峰；而二甲醚的 2 个甲基具有相同的化学环境，所以在它的氢谱中只出现一个单峰，化学位移为 3~4。

6. 解题思路：乙酰丙酮为 β-二羰基化合物，易在溶液中发生互变异构，即在溶液中，乙酰丙酮存在两种结构形式，分别为酮式和烯醇式。

$$CH_3-\overset{\overset{O}{\|}}{C}-CH_2-\overset{\overset{O}{\|}}{C}-CH_3 \rightleftharpoons CH_3-\overset{\overset{OH}{|}}{C}=CH-\overset{\overset{O}{\|}}{C}-CH_3$$

核磁共振氢谱中，酮式的 CH_2 的化学位移在 3.61 处，单峰，质子数为 2；烯醇式的 CH 的化学位移在 5.52 处，单峰，质子数为 1。因此，可以利用 ^1H 核磁共振谱来研究乙酰丙酮的互变异构现象，并获取反应平衡常数和有关热力学参数。

解：根据解题思路可知，酮式与烯醇式的摩尔比为

$$n_{烯醇}:n_{酮}=\frac{1.84}{0.43/2}=8.56:1$$

烯醇式的质量分数为

$$w_{烯醇}=\frac{8.56}{8.56+1}\times100\%=89.5\%$$

第 14 章

质谱分析

§14－1　内容提要

质谱(MS)分析是在现代物理与化学领域内使用的一个重要工具,也是近 20 年来分析化学领域最活跃、发展最为迅速的分支。所谓质谱分析,是采用合适的方法使混合物或纯化合物形成离子,然后将形成的离子按质荷比 m/z 进行分离。利用所获得的离子质荷比、强度等信息,可进行化合物,尤其是有机化合物的结构分析。然而,随着质谱类仪器和方法的飞速发展,质谱分析已不再局限于结构鉴定,高分辨质谱、串联质谱、色谱(光谱)-质谱联用仪、质谱成像技术等新仪器、新技术的出现,使质谱分析成为复杂体系的各种分析工作中无可替代的仪器分析方法,在生命科学、临床、药物、食品、环境、化工等领域中正在发挥着极为重要的作用。

质谱分析涵盖的内容非常丰富,由于篇幅的关系,本章仅对质谱分析基本原理、仪器结构、质谱谱图的初步解析、质谱联用技术进行介绍。通过对质谱的基本原理的讲解,使学习者了解通过质谱法能获得哪些信息。通过对常用的质谱仪组成、离子源、质量分析器的介绍,使学习者了解几种常用的质谱仪的基本特点。通过对质谱分析中常见离子类型的介绍,使学习者掌握解析质谱图的基本思路。通过串联质谱、气相色谱-质谱联用、液相色谱-质谱联用、电感耦合等离子体质谱方法的简要介绍,拓展思路,使学习者领会该方法的重要性。

一、质谱分析概述

本节从质谱分析的发展历程入手,介绍了质谱分析法的特点、应用范围、基本原理和仪器组成。

二、质谱仪器原理

本节介绍了质谱仪器的主要部件,包括真空系统、进样系统、电离源、质量分析器和检测器等部件及其作用原理。重点讲解了电离源和质量分析器部件,这些部件对于质谱仪器的功能均具有重要的影响。在电离源部分中,对目前常用的电子轰击电离、化学电离、电喷雾电离、大气压化学电离和基质辅助激光解吸电离的原理、硬件结构、特点等进行介绍。在质量分析器部分中,首先以单聚焦和双聚焦质量分析器为例,讨论了质量分析器的物理学分离原理,为其他质量分析器的分离原理的理解奠定了基础。还介绍了目前运用极为广泛的四极杆质量分析器、离子阱质量分析器、飞行时间质量分析器的分离原理、硬件结构和特点。最后,对一种新型的质量分析器——傅里叶变换离子回旋共振质量分析器的原理和特点进行了简要的介绍。

三、离子的类型

离子及其质荷比是质谱分析中的重要参数,了解质谱分析过程中形成的各种类型的离子是解析质谱图的第一步。本节重点介绍了分子离子峰、同位素离子峰、碎片离子峰、重排离子峰、准分子离子峰的基本概念、形成原因和作用,并以甲基异丁基甲酮为例说明形成上述各种离子的过程。这些基本概念的理解对于质谱定性分析及谱图解析至关重要。

四、质谱定性分析及谱图解析

质谱图可提供有关分子结构的许多信息,因而定性能力强是质谱分析的重要特点。根据分子离子峰的质荷比及其同位素峰的丰度比可以获得相对分子质量,进而确定分子式,根据碎片离子和裂解模型可以检定化合物的确定结构,还能够通过谱库对化合物结构进行检索和匹配。本节简要讨论了质谱在这方面的主要作用及图谱解析的基本思路和要点。

五、质谱定量分析

本节极为简要介绍了利用质谱仪(非色谱-质谱联用仪)进行多组分有机混合物定量分析时的必要条件、基本原理和应用范围。

六、质谱-质谱联用

质谱-质谱联用是将两个甚至多个质量分析器串联使用的一种联用技术,这一技术的应用极为广泛,例如,色谱-质谱联用仪中的质谱部分就常常运用串联质谱,这极大地提升了色谱-质谱联用仪的定性能力和定量能力。本节简要介绍了串联质谱的定义,磁式质谱-质谱仪、三重四极质谱仪、混合型质谱-质谱仪几类串联质谱的工作原理、功能和特点。

七、气相色谱-质谱联用

质谱法具有灵敏度高，定性能力强等特点，但试样要纯；气相色谱法则具有分离效率高，定量分析简便的特点，但定性能力却较差。这两种方法联用，可以相互取长补短。气相色谱-质谱联用（GC-MS）是最早商品化的联用仪器，本节简要介绍了 GC-MS 的仪器组成、接口的作用，能够提供的信息及应用特点。

八、液相色谱-质谱联用

液相色谱-质谱联用（LC-MS）技术与气相色谱-质谱联用技术类似，将两种分析方法有机结合，取长补短，但相比于 GC-MS，LC-MS 的应用更加广泛，这是由于已有的化合物中大多数不能满足易汽化、热稳定的要求。LC-MS 的出现，为生命科学、医药和临床医学等众多学科领域提供了强有力的研究工具。本节主要介绍了液相色谱和质谱联用要解决的关键问题及解决方案，液质联用的仪器组成和应用。

九、电感耦合等离子体质谱

电感耦合等离子体质谱是将电感耦合等离子体对无机元素的高温电离特性与质谱仪的高选择性、高灵敏度检测特性结合，形成一种多元素同时测定的超痕量元素分析技术。本节简要介绍了该联用仪器的组成、接口结构和应用特点。

§14-2 知识要点

一、质谱分析概述

质谱分析的基本原理——使所研究的混合物或单体形成离子，然后使形成的离子按质荷比 m/z 进行分离。

质谱仪器的分类——按其用途可分为同位素质谱仪（测定同位素丰度）、气体分析质谱仪、无机质谱仪（测定无机化合物）、有机质谱仪（测定有机化合物）等。

质谱仪器的组成——进样系统、离子源（电离源）、质量分析器、检测器、真空系统、计算机。

二、质谱仪器原理

真空系统的作用——使离子源、质量分析器及检测器均处于高真空状态。

进样系统——将试样引入(注入)离子源。

1. 离子源

离子源的作用——将试样分子或原子转化为离子,并使离子加速、聚焦为离子束后进入质量分析器。

电离方式的分类——电子轰击电离、化学电离、电喷雾电离、大气压化学电离、基质辅助激光解吸电离等。

电子轰击电离——简称 EI。利用电子轰击电离室中的气体(或蒸气)中的原子或分子,使该原子或分子失去电子成为正离子(分子离子)。由于电子轰击能量高,还会生成许多碎片离子,可提供分子结构的一些重要的官能团信息。但对于相对分子质量较大或极性大、难汽化、热稳定性差的化合物,在加热和电子轰击下,分子易破碎,难以给出分子离子信息。

化学电离的特点——简称 CI。在离子源内引入反应气体如甲烷,再用高能量电子轰击反应气体使之电离,电离后的反应分子再与试样分子碰撞发生分子离子反应,形成准分子离子和少数碎片离子。谱图较简单,但不适用于难挥发、热不稳定或极性较大的有机化合物分析。

电喷雾电离——简称 ESI。是一种使用强静电场的软电离技术,主要用于液相色谱-质谱联用及溶液直接进样方式,给出与准分子离子有关的信息。

大气压化学电离——简称为 APCI。是一种化学电离技术,主要用于分析较弱极性的化合物,是 ESI 的补充。

基质辅助激光解吸电离——简称为 MALDI。是一种间接的光致电离技术,也是一种温和的软电离技术,适用于混合物中各组分的相对分子质量测定及生物大分子(如蛋白质、核酸等)的测定。

气帘的作用——使雾滴进一步分散,以利于溶剂蒸发;阻挡中性的溶剂分子,而让离子在电压梯度下穿过,进入质谱;由于溶剂快速蒸发和气溶胶快速扩散,会促进形成分子-离子聚合体而降低离子流,气帘可增加聚合体与气体碰撞的概率,促使聚合体离解;碰撞可能诱导离子碎裂,提供化合物的结构信息。

2. 质量分析器

质量分析器的作用——将离子源电离得到的离子按质荷比的大小分离并送入检测器中检测。质谱仪的类型一般就是按质量分析器来划分的。

磁质量分析器——利用离子在磁场内的运动半径 R 与 m/z 有关的特性实现不同质荷比离子的分离。若磁质量分析器中只包括一个磁场来实现离子的方向聚焦,称为单聚焦磁质谱仪;若质量分析器包含一个静电场和一个磁场,同时实现了离子的方向聚焦和速率聚焦,则称为双聚焦质谱仪。

磁分析器质谱方程——$\frac{m}{z}=\frac{B^2R^2}{2U}$,式中 B 为磁感应强度;R 为离子在磁场内运动半径;U 为加速电压。

四极杆质量分析器——又称为四极滤质器。由四根截面为双曲面或圆形的棒状电极组成,两组电极间施加一定的直流电压和交流电压,通过电压或频率扫描就可使不同质荷比的离子依次到达检测器。是目前应用最广的质量分析器,分辨率不够高,能检测的质荷比范围<4 000。

离子阱质量分析器——由一个中心环形电极和两个端电极形成一个阱,进入阱中的离子可以通过扫描高频电压实现分离。具有结构简单,灵敏度高的特点。它还可以选择一种离子留在阱中,再经低压碰撞产生子离子,实现串联分析。

飞行时间质量分析器——利用具有相同初始动能的离子在无场漂移管中运动的速率与离子的 m/z 有关的特性实现离子的分离。具有分辨率高,测定的质量范围宽,灵敏度高等优点。

傅里叶变换离子回旋共振质量分析器——利用离子在置于强磁场中的分析室内回旋运动的频率与 m/z 有关的特性,结合傅里叶变换实现对不同质荷比离子的区分和检测。具有极高的分辨力,扫描速率快,质量范围宽,但需要超导磁场。

离子检测器——常用的是电子倍增器。

三、离子的类型

分子离子——也称为母离子。是由分子失去一个电子后得到的离子。分子离子的质荷比就是它的相对分子质量,分子离子峰也是质谱中所有碎片离子的前驱体。

奇电子离子——分子离子上带有一个不成对电子,它既是一个正离子,又是一个游离基,这样的离子也称为奇电子离子。

同位素离子——由不同质量的同位素形成的离子,称为同位素离子峰。同位素离子峰的强度比与同位素的丰度比是相当的。

碎片离子——由于分子的化学键断而形成的带电荷的离子,即为碎片离子。

均裂——在化学键断裂时,成键的两个电子可以分别归属于所生成的两个碎片,称为化学键的均裂。

异裂——在化学键断裂时,成键的两个电子同时归属于某一个碎片,称为化学键的异裂。

偶电子离子——碎片离子上没有不成对电子,也称为偶电子离子。

重排离子——有些碎片离子不是仅仅通过简单的键的断裂,而是还通过分子内原子或基团的重排后裂分而形成的,这种特殊的碎片离子称为重排离子,如麦氏重排。

准分子离子——一些软电离方式(如 CI、ESI 等),是利用离子-分子反应使试样电离,生成$[M+H]^+$,$[M-H]^-$等加合离子。由于这些离子与分子离子间有简单的关系,又被称为准分子离子。

四、质谱定性分析及谱图解析

氮律——由 C,H,O 组成的有机化合物,分子离子峰的质量一定是偶数。而由 C,H,O,N,P 和卤素等元素组成的化合物,若含奇数个 N,分子离子峰的质量是奇数,含偶数个 N,分子离子峰的质量则是偶数。这一规律称为氮律。凡不符合氮律者,就不是分子离子峰。

同位素峰丰度比的计算——用$(a+b)^n$的展开式来计算大概的丰度比。式中 a 和 b 分别为轻同位素和重同位素的比例;n 为该元素的数目。

五、质谱定量分析

多组分有机混合物定量分析的应用——主要应用于石油工业和在线分析中,如烷烃、芳烃族组分分析,发酵罐上方气体组成分析等。

六、质谱-质谱联用

质谱-质谱联用——将两个甚至多个质量分析器串联使用的一种联用技术,又称为串联质谱。

碰撞诱导活化技术——简称 CID。由第一个质量分析器导入的高速运动的离子与碰撞室中的中性气体分子(如 He 或 N_2)碰撞而活化,使离子的部分动能转化为内能导致碎裂,从而大大增加碎裂概率,提高了检测灵敏度和重现性。CID 谱图可作为定性检测的依据。

子离子谱——经第一个质谱装置质量分离所挑选的母离子通过碰撞活化而形成的质谱图。

母离子谱——第一个质谱装置采用正常的扫描方式,第一个质谱装置则选定让某一质荷比的离子通过,这样就可以在第一个质谱扫描的结果中找出选定质荷比离子的所有母离子,所以称为母离子谱。可用以研究一组相关的化合物。

恒定中性丢失谱——若将第一个质量分析器和第二个质量分析器以保持某一质荷比差值同步扫描,这种扫描方式可检测出若干成对离子,它们有相同的中性碎片离子,称为恒定中性丢失谱。恒定中性丢失谱可在复杂混合物中迅速检测具有类似结构的系列化合物。

七、气相色谱-质谱联用

气相色谱-质谱联用——简称为 GC-MS。将气相色谱仪和质谱仪通过接口连接成一个有机整体的一种联用技术。气相色谱仪相当于质谱的“进样器”，质谱仪相当于气相色谱的“检测器”。

总离子流色谱图——以总离子强度值为纵坐标，以时间为横坐标作图，得到连续扫描的总离子强度随扫描时间变化的曲线，这一曲线就相当于一张色谱图，称为总离子流色谱图(TIC)。

质量色谱图——由总离子流色谱图重新建立的特定质量离子强度随扫描时间变化的离子流图，也称为提取离子流色谱图(EIC)。

喷射式分子分离器——填充柱气相色谱与质谱联用的硬件接口，用于传输试样，使载气与试样分子分离，匹配两者工作气压。

直接导入式接口——也称为传输线。毛细管柱气相色谱与质谱联用的硬件接口，起到保护插入段毛细管柱和控制温度的作用。

八、液相色谱-质谱联用

液相色谱-质谱联用——简称为 LC-MS。将液相色谱仪和质谱仪通过接口连接成一个有机整体的一种联用技术。液相色谱仪相当于质谱的“进样器”，质谱仪相当于液相色谱的“检测器”。

选择离子监测——简称为 SIM。选择目标化合物的某个或某些特定离子进行跳跃式扫描检测，以检测这些离子得到的 TIC 峰面积作为定量依据。用于色谱-单质谱联用分析。

多反应选择监测——简称为 SRM 或 MRM。在目标化合物的一级质谱中选择一个母离子，碰撞后，从形成的子离子中选择某个或某些特定离子进行扫描检测。以检测这些离子得到的 TIC 峰面积作为定量依据。用于色谱-串联质谱联用分析。

九、电感耦合等离子体质谱

电感耦合等离子体质谱——简称为 ICP-MS。将电感耦合等离子体对无机元素的高温电离特性与质谱仪的高选择性、高灵敏度检测特性结合，形成一种多元素(包括同位素)同时测定的超痕量元素分析技术。

ICP-MS 仪器的基本组成——包括试样引入系统、ICP 电离源、接口、质量分析器、离子检测器、真空系统等。

ICP-MS 的接口——一般采用双锥接口，由采样锥和截取锥组成，将等离子体中的离子有效地传输到质谱仪，并保持离子一致性及完整性。

§14-3 思考题与习题解答

参考答案

1. 以单聚焦磁质谱仪为例,说明组成仪器各个主要部分的作用及原理。

答:单聚焦磁质谱仪由真空系统、进样系统、离子源、质量分析器、检测器等部件组成。(1) 真空系统。保证质谱仪的离子源、质量分析器、检测器处于高真空状态。通过多级真空泵、扩散泵(分子涡轮泵)来实现;(2) 进样系统。通过加热,使试样汽化并送入质谱仪离子源中;(3) 离子源。使试样被电离成离子。最常用的电子轰击离子源是通过高速电子轰击电离室中的气态分子,使其失去电子而成为离子;(4) 质量分析器。将离子源电离得到的离子按质荷比的大小分离并送入检测器中检测。其中,单聚焦质量分析器是利用离子在磁场内的运动半径 R 与其 m/z 有关的特性来实现不同质荷比离子的分离;(5) 离子检测器。检测离子流。其中的电子倍增器是以待测离子束撞击阴极表面产生 2 次电子,经过数次电子倍增后产生弱电流来实现离子检测。

2. 双聚焦质谱仪为什么能提高仪器的分辨率?

答:双聚焦质谱仪同时采用电场和磁场组成的质量分析器,这样不仅可以利用安排得当的磁场实现相同质荷比、不同角度的离子的方向聚焦,而且可以设法使电场和磁场对于能量产生的色散相互补偿,从而使质荷比相同、能量不同的离子实现能量(速度)聚焦。所以双聚焦质谱仪的分辨率远高于单聚焦质谱仪。

3. 试述飞行时间、四极杆、离子阱、离子回旋共振质量分析器的工作原理和特点?

答:略。

4. 比较电子轰击离子源、电喷雾电离源、大气压化学电离源和 MALDI 电离源的特点。

答:(1) 电子轰击离子源是一种“硬”电离方式,会产生许多碎片离子,由此提供分子结构的一些重要的官能团信息。但对相对分子质量较大或极性大,难汽化,热稳定性差的化合物,在加热和电子轰击下,分子易破碎,难于给出完整的分子离子信息;(2) 电喷雾电离源、大气压化学电离源和 MALDI 电离源都属于软电离方式。电喷雾电离源是最常用的软电离方式,主要给出化合物的准分子离子信息,碎片较少;能产生多电荷离子,故还可以用来测定蛋白质等大分子化合物的相对分子质量;(3) 大气压化学电离源主要产生的是单电荷离子,所分析的化合物的相对分子质量通常小于 1 000,主要用来分析弱极性的化合物;(4) MALDI 主要得到单电荷离子、加合离子、多电荷离子,较少产生碎片,是一种温和的软电离技术,适用于混合物中各组分的相对分子质量测定及生物大分子(如蛋白质、核酸等)的测定。

5. 试述化学电离源的工作原理。

答:化学电离源内充满一定压强的反应气体(如甲烷、异丁烷、氨气等),用高能量的电子(如 100 eV)轰击反应气体使之电离,电离后的反应分子再与试样分子碰撞发生分子离子反应,形成准分子离子 QM^+ 和少数碎片离子。是一种软电离方式。

6. 有机化合物在电子轰击离子源中有可能产生哪些类型的离子? 从这些离子的质谱峰中可以得到一些什么信息?

答:有机化合物在电子轰击离子源中有可能产生分子离子、同位素离子、碎片离子、重排离子等。利用分子离子峰可以确定化合物的相对分子质量,进而推测其化学式。同位素离子峰可用于判断化合物中是否含有 S, Cl, Br 等元素。碎片离子峰可协助阐明分子的结构。重排离子亦可以用于分子结构的判别和解析。

7. 如何利用质谱信息来判断化合物的相对分子质量? 判断分子式?

答:(1) 首先需要正确地寻找质谱图中的分子离子峰。分子离子峰的判断需要考虑是否符合化合物的稳定性规律,是否符合氮律,以及分子离子峰与邻近峰的质量差是否合理。(2) 有相当部分的化合物的 EI 源质谱图上,分子离子峰的相对强度非常小,甚至不出现,这时需要采用软电离技术得到较强的准分子离子峰或分子离子峰,并以此计算这些化合物的相对分子质量。(3) 高分辨质谱仪可精确地测定分子离子或碎片离子的质荷比,故可利用元素的精确质量及丰度比求算其元素组成。(4) 对于相对分子质量较小,分子离子峰较强的化合物,在低分辨的质谱仪上,可通过同位素相对丰度法推导其分子式,这种方法对于含同位素丰度比较大的元素的化合物尤为合适。

8. 质谱-质谱联用技术为什么可直接检测混合有机化合物?

答:质谱-质谱联用技术至少使用两个质量分析器。当混合有机化合物经第一个质量分析器时,可通过质量分离挑选任意一个有机化合物形成的母离子,通过碰撞活化形成子离子碎片。第一个质量分析器就相当于混合物分离器,碰撞活化室相当于第二个质量分析器的离子源,利用第二个 MS 可以获得母离子的质谱图,因而可直接进行混合物的分析。

9. 色谱与质谱联用后有什么突出优点?

答:色谱-质谱联用技术既发挥了色谱法的高分离能力,又发挥了质谱法的高鉴别能力。这种技术适用于多组分混合物中未知组分的定性鉴定,可以修正色谱分析的错误判断,可以鉴定出部分分离甚至未分离开的色谱峰等。另外,由于质谱作为检测器的灵敏度高,还可以选择性地检测所需目标化合物的特征离子,有效地排除了基质和杂质峰的干扰,在定量检测时具有更高的信噪比和更低的检出限,因此特别适合于痕量组分的定量分析。

10. 如何实现气相色谱-质谱联用?

答:实现 GC-MS 联用的关键是接口装置,色谱仪和质谱仪就是通过它连接起来的。这是由于色谱柱出口处于常压,而质谱仪则要求在高真空下工作,所以将这两者联结起来时需要有一接口起到传输试样,匹配两者工作气压的作用。早期的填充柱气相色谱采用喷射式分子分离器作为接口,现在的毛细管气相色谱采用传输线作为接口。

11. 请解释以下名词:TIC,EIC,SIM,SRM。

答:略。

12. 液质联用中的接口通常有哪些类型,其作用是什么?

答:液质联用中的接口通常有电喷雾电离源、大气压化学电离源等,这些电离源不仅起到了软电离的作用,更是液相色谱-质谱联用仪的“接口”。其作用有二:一是解决液相色谱流动相对质谱工作条件(高真空)的影响;二是解决质谱离子源(如电子轰击离子源)的温度对液相色谱分析试样的影响。

13. 简述 GC-MS,LC-MS 和 ICP-MS 的特点和主要用途。

答:色谱-质谱联用既发挥了色谱法的高分离能力,又发挥了质谱法的高鉴别能力,若再加上 MS 本身具有的分离能力(与 MS-MS 串接使用),使得这类方法在复杂试样的定性鉴定及定量测定中优势巨大,具有灵敏度高,检出限低,抗干扰能力强等诸多优点,尤其适合于基质复杂的试样中痕量组分的研究。GC-MS 主要适用于复杂试样中挥发性成分的定性鉴定及定量分析;LC-MS 则适用于不易汽化,热不稳定,甚至大分子试样的分离分析。

ICP-MS 是将电感耦合等离子体对无机元素的高温电离特性与质谱仪的高选择性、高灵敏度检测特性结合,具有灵敏度高、分析速率快、线性范围宽等优点,常用于超痕量元素的同时定性和定量分析。

§ 14-4 综合练习

一、是非题

1. 质谱分析法与核磁共振分析法一样,都是吸收光谱法。
2. 电子轰击离子源中,阴极发射出的电子束能量一般为 40 eV。
3. 进入 EI 离子源的试样,其物理状态必须是气态。
4. 由于离子在磁场进行方向聚焦之前就通过电场实现了能量聚焦,双聚焦质量分析器的分辨率因此大为提高。

5. 质谱法在有机化合物结构解析中最大的贡献是能够提供化合物的相对分子质量信息。

6. 质谱法只能做定性分析,不能用于定量分析。

7. 质谱图中 m/z 最大的峰一定是分子离子峰。

8. CH_2Cl_2 的 $M+2$ 峰与 M 峰的强度之比约为 3∶1。

9. 在化学电离源的质谱图中,最强峰通常是分子离子峰。

10. GC-MS 中用的载气是 H_2,这是由于 H_2 的扩散系数大,易于与其他组分分子分离。

11. LC-MS 的接口就是它的离子源。

12. ICP-MS 和 ICP-AES 一样,其信号强度与激发态原子的数量成正比。

二、单项选择题

1. 关于质谱分析,以下说法正确的是(　　)

A. 只适用于有机化合物分析　　B. 只适用于无机物分析

C. 只能提供相对分子质量信息　　D. 适合与多种其他分析技术联用

2.欲测定 ^{16}O 和 ^{18}O 的天然丰度,宜采用下述哪一种仪器分析方法(　　)

A. AES　　B. AAS　　C. MS　　D. NMR

3. 以下质谱仪部件中,不需要置于高真空下的是(　　)

A. 进样器　　B. 离子源　　C. 质量分析器　　D. 电子倍增器

4. 质谱的电离方式中,最容易产生碎片离子的是(　　)

A. 电喷雾电离　　B. 化学电离

C. 电子轰击电离　　D. 大气压化学电离

5. 关于电喷雾电离源,以下说法错误的是(　　)

A. 可以作为液质联用仪的接口

B. 是一种软电离源

C. 得到的准分子离子峰都是带正电荷的

D. 不适用于非极性化合物的电离

6. 以下质量分析器中,利用磁场实现不同质荷比离子分离的是(　　)

A. 单聚焦质量分析器　　B. 四极杆质量分析器

C. 离子阱质量分析器　　D. 飞行时间质量分析器

7. 飞行时间质量分析器的特点不包括(　　)

A. 既不需要磁场,又不需要电场

B. 分辨率很高,达到几千到上万

C. 测定质量范围很宽,达到几十万原子质量单位

D. 漂移管很长,所以分析速率较慢,扫描一张图需要几秒钟

8. 下列化合物中,分子离子峰是奇数的是(   )

A. C_7H_9　　B. $C_{10}H_{13}N_5O_4$

C. $C_4H_2N_6O$　　D. $C_9H_{10}O_3$

9. 由 C,H,O 组成的有机化合物,其分子离子的质荷比(   )

A. 为偶数　　B. 为奇数

C. 可能是奇数,也可能是偶数　　D. 的奇偶性与 O 原子的奇偶性有关

10. 在质谱图中,CH_2Br_2 的 $M+4$ 峰的强度与 $M+2$ 峰的强度之比为(   )

A. 1/1　　B. 1/2　　C. 1/3　　D. 1/4

11. 关于分子离子峰,以下说法错误的是(   )

A. 分子离子的质荷比值就是它的相对分子质量

B. 质谱中最高质荷比的离子不一定是分子离子。

C. 分子离子是奇电子离子

D. 一张质谱图中一定会出现分子离子峰

12. 有一化合物的分子式是 $C_4H_8O_2$,在质谱中出现 2 个较强的碎片离子(括号中为碎片的相对信号强度):$m/z=60(100),73(32.5)$。该化合物是(   )

A. $CH_3COOCH_2CH_3$　　B. $CH_3CH_2COOCH_3$

C. $CH_3CH_2CH_2COOH$　　D. $(CH_3)_2CHCOOH$

13. 以下质量分析器中,无须与其他质量分析器串联,自身即可进行 MS-MS 分析的是(   )

A. 双聚焦质量分析器　　B. 四极杆质量分析器

C. 离子阱质量分析器　　D. 飞行时间质量分析器

14. 色谱-质谱联用分析中得到的质量色谱图(   )

A. 是指定 m/z 的离子强度对时间所作的图

B. 就是实时记录的色谱图

C. 是所有离子强度总和对时间所作的图

D. 相当于质谱图

15. 以下不属于 ICP-MS 仪器部件是(   )

A. 采样锥　　B. 质量分析器　　C. 真空系统　　D. 光电倍增管

三、填空题

1. 质谱仪的离子源、质量分析器及检测器必须处于高真空状态,其主要原因有__________、__________、__________等。

2. 单聚焦、四极杆、飞行时间、离子阱和傅里叶变换离子回旋共振质量分析器中，在无场条件下进行不同质荷比的离子分离的是____________，在磁场作用下实现不同质荷比的离子检测的是________和__________。

3. 高分辨质谱仪的主要用途是获得化合物__________，能称为高分辨质谱的有__________、__________等。

4. 根据氮律，当相对分子质量为偶数时，必含______个氮原子或不含氮原子；当相对分子质量为奇数时，必含________个氮原子。

5. 产生麦氏重排的条件是，与化合物中 C ═X（如 C ═O）基团相连的键上需要的碳原子数至少为______个。而且在该碳上要有______原子。

6. 丁苯质谱图上的 $m/z=134$，$m/z=91$ 和 $m/z=92$ 峰分别是_____________、____________和______________离子峰。

7. 分子离子既是一个正离子，又是一个游离基，这样的离子称为________离子。有些碎片离子均没有不成对电子，这些离子又被称为________离子。

8. 易于产生准分子离子的电离源有________、________、________等。

9. 分子离子的稳定性与分子结构有关。碳链较长和有链分支的分子，其分子离子的稳定性______，分子离子峰______。芳香族化合物和共轭链烯的分子离子的稳定性________。

10. 在判断分子离子峰时，如有不合理的碎片峰，就不是分子离子峰，如分子离子不可能裂解出________个以上的氢原子和小于________个甲基的基团。

11. 在串联质谱（MS-MS）中，若通过 MS-Ⅰ挑选出一个母离子并进行碰撞活化，可形成____________谱；MS-Ⅰ按正常的扫描方式扫描，碰撞活化后，MS-Ⅱ只让选定的某一质荷比的离子通过，可得到________谱。若将 MS-Ⅰ和 MS-Ⅱ以保持某一质荷比差值同步扫描，则得到________谱。

12. 在早期的填充柱气相色谱与质谱联用时，为了解决两种仪器间______的不匹配，采用的接口是________________。

13. 色谱质谱联用分析中，对通过质量分析器的离子进行连续扫描，能获得______________、________________等谱图，并进行色谱峰的定性分析；而选择离子监测（SIM）方式只能用于__________分析。

14. LC-MS 中，最常用的接口是____________，它能够解决两方面的问题，包括______________________和______________________。

15. ICP-MS 与 ICP-AES 相比，具有________、________、________的优点。

四、简答题

1. 与红外光谱、紫外光谱相比，质谱有哪些优点？

2. 在某化合物的电子轰击质谱图中,质荷比最大的峰为 $m/z=148$,质荷比次大的峰为 $m/z=135$,$m/z=148$ 是不是该化合物的分子离子峰? 请给出判断的理由。

3. 已知某化合物由 C,H,O 三种元素组成,相对分子质量为 134,试根据下列谱图推测其结构,并说明推测理由。

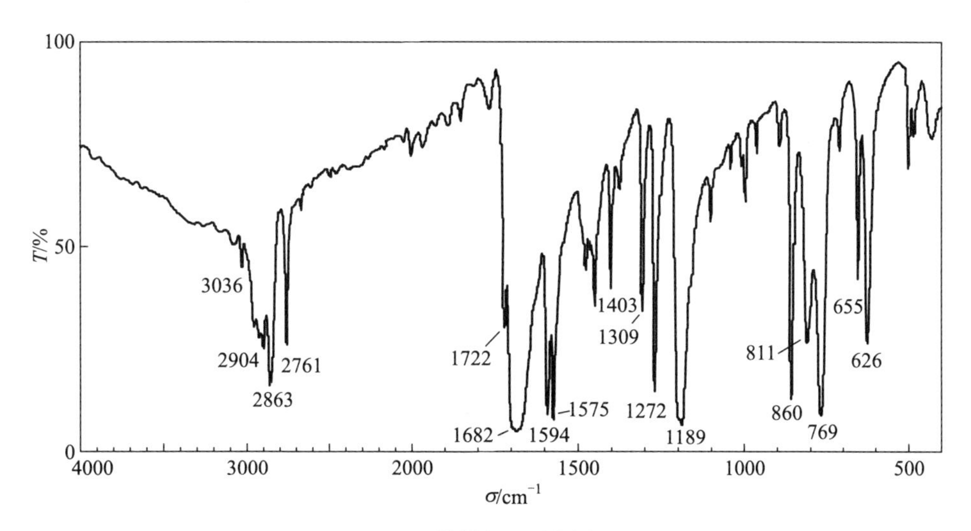

FTIR 谱图(KBr 压片)

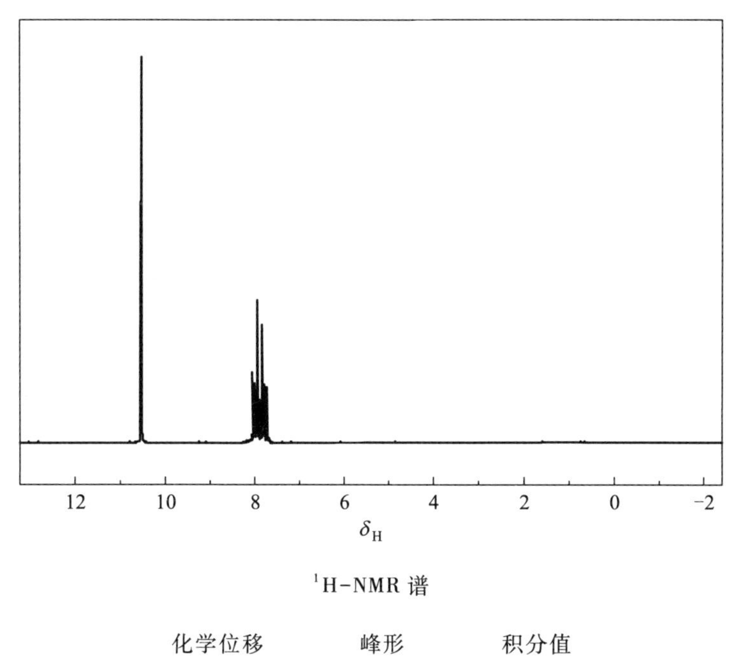

^{1}H-NMR 谱

化学位移	峰形	积分值
10.53	单峰	6.54

7.96	双重峰	6.38
7.80~8.12	多重峰	6.60

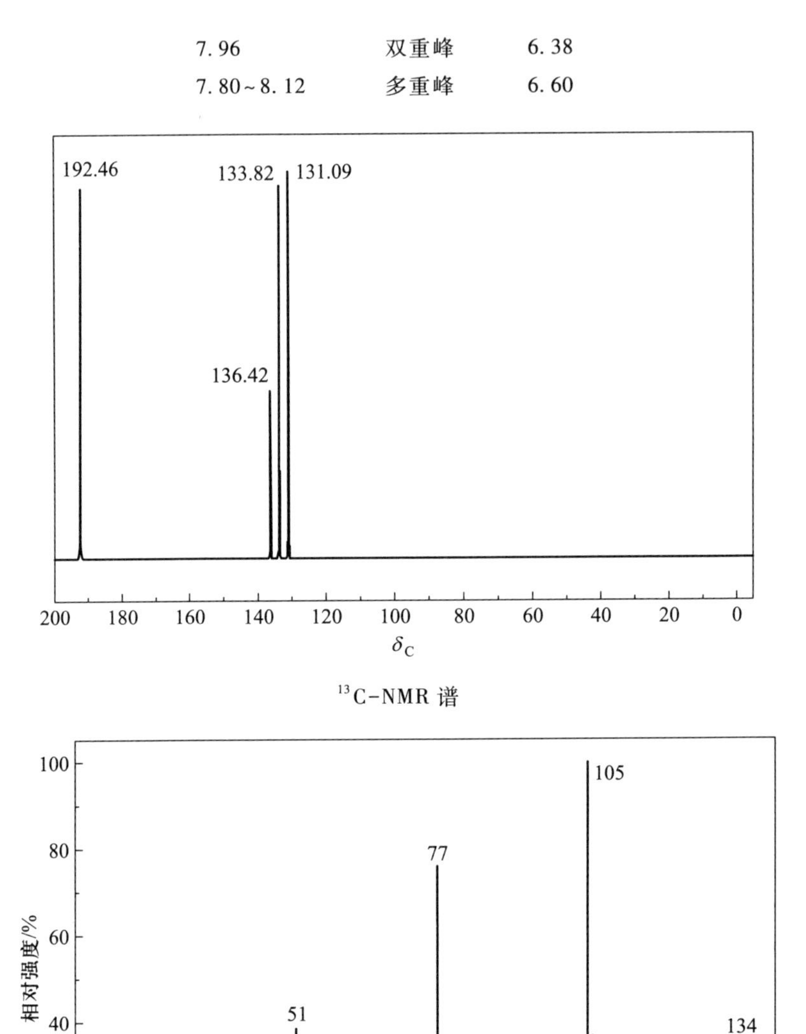

^{13}C-NMR 谱

电子轰击质谱图

4. 试讨论色谱和串联质谱联用相比于色谱和单质谱联用的主要优点是什么？为什么？

§14-5 参考答案及解析

一、是非题

1. 解:错。核磁共振分析法涉及射频区的辐射以及核能级的跃迁,属于吸收光谱法;而质谱法是使组分形成离子,再进行分离、分析的方法,整个过程不涉及光辐射,故不属于吸收光谱法。

2. 解:错。电子轰击离子源中,阴极发射出的电子束能量一般为 70 eV,而不是 40 eV,只有分子离子的稳定性很差,且又特别需要获得分子离子信息的情况下,才会考虑用较低的电子束能量(如 40 eV,20 eV 等)。标准谱图绝大多数是用电子轰击离子源在 70 eV 电子束轰击获得。

3. 解:对。气态或蒸气态的物质才能够在离子源(真空部分)和质量分析器中运动、迁移。

4. 解:错。在双聚焦质量分析器中,当静电分析器产生的能量色散和磁分析器产生的能量色散,在数值上相等,方向上相反时,离子经过这两个分析器后即可以实现能量聚焦。也就是说,单靠静电分析器是不能实现能量聚焦的。

5. 解:对。其他有机化合物结构解析的方法(如红外光谱、核磁共振波谱等)都无法提供化合物的确切相对分子质量信息。

6. 解:错。在满足一些必要的条件后,质谱法有时也可以用于定量分析,如烷烃、芳烃族组分分析。当质谱法与其他方法(如色谱法)联用时,定量分析更是其主要的分析任务。

7. 解:错。这是由于存在同位素等原因,可能出现比分子离子质荷比更大的同位素峰;另一方面,若分子离子不稳定,有时会不出现分子离子峰,此时,质谱图中 m/z 最大的峰可能是其碎片离子峰。

8. 解:错。氯原子的同位素 $^{35}Cl : ^{37}Cl=3:1$,根据同位素峰丰度比的计算方法,$(a+b)^2=a^2+2ab+b^2=9+6+1$,即,$CH_2Cl_2$ 的峰强度 $[M]:[M+2]:[M+4]=9:6:1$,因此,$M+2$ 峰与 M 峰的强度之比约为 $3:2(9:6)$。

9. 解:错。在 CI 谱图中,最强峰往往是准分子离子峰,而非分子离子峰。

10. 解:错。GC-MS 中用的载气是氦气,不是氢气。氢气的电离能较低,容易电离而带来基线噪声。

11. 解:对。如电喷雾接口,不仅实现了液相色谱流动相的快速汽化,降低了流动相对质谱高真空的影响,有效解决了液相色谱和质谱之间的匹配问题,同时还使难挥发、热不稳定化合物带上电荷。因此,LC-MS 的接口就是它的离子源。

12. 解：错。ICP-MS 是利用离子信号的强度进行待测元素的定量分析，也就是信号和发生电离的元素数量成正比，而非与激发态原子的数量成正比。

二、单项选择题

1. D。质谱分析既可以测定无机物（无机质谱仪），也可以测定有机化合物（有机质谱仪），该方法除了可以提供相对分子质量信息外，还可以提供碎片信息、丰度信息等。该方法灵敏度高、扫描速率快，很适合与多种其他分析技术联用，故选 D。

2. C。AES，AAS，NMR 均不能测定氧元素。^{16}O 和 ^{18}O 形成离子的质荷比不同，特别适合采用质谱分离测定，因此选 C。

3. A。质谱仪的离子源、质量分析器及检测器必须处于高真空状态，否则会损坏仪器，增高本底，干扰测定。只有 A 进样器无须置于高真空中。

4. C。电喷雾电离，化学电离，大气压化学电离都属于软电离方法，电离条件温和。而电子轰击的能量远远超过普通化学键的键能，过剩的能量将引起分子多个键的断裂，生成许多碎片，故选 C。

5. C。电喷雾是一种软电离源，可作为液质联用仪的接口，非极性化合物不易带上电荷，因此 A、B、D 选项的说法均正确。如果调节毛细管上所施加电压的方向，使喷雾液滴带上负电荷，则可以得到带有负电荷的准分子离子峰，因此，准分子离子峰不一定都是带正电荷，C 的说法错误。故选 C。

6. A。四极杆质量分析器和离子阱质量分析器都是利用静电场实现离子的分离。飞行时间质量分析器中，离子的分离既不需要电场，也不需要磁场，是依靠不同质荷比离子自身飞行速率的差异进行分离。而单聚焦质量分析器需要利用磁场实现离子的分离，故选 A。

7. D。飞行时间质量分析器的漂移管较长，达米级，但离子的初始动能大，运动速度快，在微秒级时间内就能到达检测器，扫描速率很快。因此，其特点不包括 D。

8. B。根据氮律，由 C，H，O，N，P 和卤素等元素组成的化合物，若含奇数个 N，分子离子峰的质量是奇数；若含偶数个 N，分子离子峰的质量则是偶数。四个化合物中，只有 B 中含有奇数个 N，因此其分子离子峰的质荷比是奇数。

9. A。根据氮律，由 C，H，O 组成的有机化合物中含氮数为 0（偶数），所以其分子离子的质荷比是偶数。故选 A。

10. B。溴的同位素丰度约为 $^{79}Br : ^{81}Br = 1 : 1$，根据 $(a+b)^2 = a^2+2ab+b^2$，丰度比为 $[M] : [M+2] : [M+4] = 1 : 2 : 1$，因此 $M+4$ 峰的强度与 $M+2$ 峰的强度之比为 $1 : 2$，故选 B。

11. D。若分子离子不稳定，有时会不出现分子离子峰；另外，在软电离方式的质谱图中，一般出现的是准分子离子峰，而非分子离子峰，因此 D 的说法是错误的，故选 D。

12. C。质谱图中相对强度最高的碎片是 $m/z=60$，由于该化合物的分子离子峰质荷比是偶数，因此碎片 $m/z=60$（亦是偶数）是一个麦氏重排离子。产生麦氏重排的条件是，与化合物中 C ═O 基团相连的键上需要有三个以上的碳原子，四个化合物中，只有 C 满足该要求，因此该化合物为 C。

13. C。离子阱质量分析器可以选择一种离子留在阱中，再经低压碰撞产生子离子，实现串联分析，这也是离子阱质量分析器的一个突出优点。其他三种质量分析器无此功能，故正确答案为 C。

14. A。质量色谱图是指定 m/z 的离子强度对时间所作的图，也称为选择离子流图，因此 A 选项正确。而所有离子强度总和对时间所作的总离子流图，才是实时记录的色谱图。

15. D。采样锥是 ICP-MS 接口的组成部分；质量分析器和真空系统均为质谱仪的组成部分。ICP-MS 不是光学分析法，无须光电倍增管，其离子的检测依靠电子倍增器。故选 D。

三、填空题

1. 大量氧会烧坏离子源的灯丝，会使本底增高，引起额外的离子-分子反应/用作加速离子的几千伏高压会引起放电。因此，质谱仪的真空系统是其重要组成部分，通常采用多级真空泵来实现。

2. 飞行时间质量分析器；单聚焦质量分析器，傅里叶变换离子回旋共振质量分析器。

3. 精确相对分子质量（精确质荷比）；飞行时间质谱仪，傅里叶变换离子回旋共振质谱仪。高分辨质谱的主要优势就是可利用元素的精确相对质量及丰度比求算其元素组成，随着技术的发展，出现了一些新的高分辨质谱仪，比如静电场轨道离子阱等。

4. 偶数；奇数。

5. 三；氢。酮、醛、链烯、酰胺、腈、酯、芳香族化合物、磷酸酯和亚硫酸酯等的质谱上，只要符合上述条件，都可找到由麦氏重排产生的离子峰。

6. 分子离子；碎片离子；（麦氏）重排。$m/z=91$ 为奇数，是丁苯通过简单的单键断裂生成的碎片离子。而 $m/z=92$ 为偶数，应该是分子离子脱去一个中性分子得到的，为重排离子，丁苯的结构也满足麦氏重排的条件。

7. 奇电子；偶电子。

8. 化学电离源,电喷雾电离源,大气压化学电离源/基质辅助激光解析电离源。软电离方法一般是通过离子-分子反应使试样电离,生成加和离子,由于这些离子与分子离子间有简单的关系,又被称为准分子离子,所以软电离源一般都能生成准分子离子。

9. 差;小;高。

10. 两;一。故分子离子峰的左面,不可能出现比分子离子峰质量小 3~14 个质量单位的峰。这是判断分子离子峰时需要注意的问题之一。

11. 子离子;母离子;恒定中性丢失。

12. 工作气压;喷射式分子分离器。需要注意的是,现在多采用毛细管柱进行色谱分离,由于毛细管柱的载气流量较小,不会对质谱的真空产生影响,故采用直接导入式接口,也就是传输线。请注意两者的区别。

13. 总离子流图,质谱图;定量。质量色谱图是对总离子流图进行后处理得到的,所以它不是1、2空中的最优答案。由于选择离子监测只检测某一个质荷比或某几个质荷比的离子,不能获得一个色谱峰的质谱图,因此不能用于定性分析,只能用于定量分析。

14. 电喷雾接口;液相色谱流动相对质谱工作条件的影响,质谱离子源的温度对液相色谱分析试样的影响。液相色谱的流动相汽化后,产生 500~1 300 $mL \cdot min^{-1}$的气体,如果进入质谱,将影响质谱的真空。液相色谱的分析对象主要是难挥发和热不稳定物质,这与质谱仪常用的离子源要求试样汽化是不相适应的。电喷雾电离源接口可以解决上述问题。

15. 分析灵敏度更高,线性范围更宽,可进行同位素分析。

四、简答题

1. 答:(1) 从有机化合物结构定性的角度来说,红外光谱主要能够提供有机化合物的官能团信息。紫外光谱能够提供生色团、助色团等相关信息,而质谱是三者中唯一可以确定分子式的方法,这对推测结构至关重要;(2) 从检测性能角度来说,质谱法的灵敏度远远超过其他方法,试样用量极少(ng~μg);(3) 与红外光谱和紫外光谱不同的是,质谱本身对不同质荷比的离子具有分离能力,同时还可以与多种色谱分离方法联用,因此选择性极高,特别适合复杂体系中痕量组分的定性和定量分析。

2. 提示:判别化合物的分子离子峰时,需注意:分子离子是否符合稳定性的一般规律;分子离子峰的质量数是否符合氮律;分子离子峰与邻近峰的质量差是否合理。由题干可见,前两个判别要点提示不充分,故仅需考虑是否符合第三条判据。

解:由题目可见,质荷比次大的峰比质荷比最大的峰小 13,是不合理的碎片峰,因此 m/z148 不是分子离子峰。这是由于分子离子不可能裂解出两个以上的氢原子和小于一个甲基的基团,故分子离子峰的左面,不可能出现比分子离子峰质量小 3~14 个质量单位的碎片峰。

3. 提示:本题是一道综合解析题。一般来说,质谱能提供相对分子质量和分子式信息;通过紫外光谱我们能大致了解生色团、共轭体系类型和大小;通过红外光谱获得官能团的信息;通过核磁共振氢谱获得氢原子数目、含氢基团类型及连接顺序等信息;通过核磁共振碳谱获得碳原子数目、类型及碳骨架等信息;通过各种二维核磁共振谱得到碳、氢之间相关的信息,即基团之间的连接次序和分子整体结构。进行综合解析的一般步骤是:(1) 确定相对分子质量和分子式;(2) 根据分子式计算不饱和度;(3) 通过红外光谱、核磁共振波谱找出结构单元;(4) 将小的结构单元(基团)组合成较大的结构单元;(5) 提出可能的结构式,用波谱数据核对,排除不合理结构。

解:已知该化合物相对分子质量为 134,并含有至少 1 个氧原子。

(1) 分子式的确定。根据 ^{1}H-NMR 的积分结果提示至少有 6 个 H 原子(因为相对分子质量为偶数)

$$n_c=\frac{134-n_H-16}{12}=9(\text{余 }4)$$

由此推测,化合物的分子式为 $C_8H_6O_2$。

(2) 不饱和度的计算。$U=8-6/2+1=6$

(3) 结构单元的推测。

红外光谱中,3 036 cm^{-1}的吸收带提示存在不饱和 C—H,结合 1 595 cm^{-1}附近的吸收带,表明化合物中有苯环结构。1 722 cm^{-1}、1 682 cm^{-1}的强吸收,结合 2 761 cm^{-1}和 2 863 cm^{-1}的强裂分吸收(费米共振),提示化合物中存在醛基。

由 ^{1}H-NMR 数据可见,δ10.53 的单峰应该归属于醛基上的 H,δ 7.96 和 δ 7.80~8.12 是苯环上的质子信号,且每种质子的数量为 2 个。

^{13}C-NMR 的数据与 ^{1}H-NMR 数据吻合,δ 192.46 是醛基碳信号,δ 136.46, 133.82,131.09 是苯环的碳信号。

由以上分析可知,该化合物含有两类基团,分别是 —C(=O)H 和 苯环

(4) 将小的结构单元(基团)组合成较大的结构单元。

根据氢谱的积分数据可以推测,醛基质子数有 2 个,且化合物中存在的 2 个醛基完全等价。因此,将结构单元进行组合,该化合物很有可能是苯二甲醛。由 C 谱信号个数可以推测,8 个 C 分为 4 种类型,每个化学环境的 C 都有 2 个。因

此，苯环上连接的两个醛基一定处于邻位。这是由于若是对位，只会出现 3 种碳信号；若是间位，则会出现 5 种不同化学环境的碳信号。

（5）提出可能的结构式，用波谱数据核对。

可能的结构式为 

用质谱数据核对如下：在电子轰击下，醛基 C 断裂，失去一个 CHO，得到 m/z 105 的碎片离子，或同时失去两个 CHO，得到 m/z 77 的碎片离子。

用氢谱数据核对如下：δ 7.96 为二重峰，裂分规律与醛基的邻位氢相符；δ 7.80~8.12 为多重峰，裂分规律与醛基的间位氢相符。

综上，该化合物是邻苯二甲醛。

4. 答：主要优点包括（1）更适合于复杂试样的定性分析。利用色谱和 MS-MS 联用，可以得到复杂混合试样中某一化合物的子离子谱，研究分子离子和碎片峰的可能组成，建立各离子之间的关系，有助于其结构分析。还可以得到母离子谱以及恒定中性丢失谱，用于复杂混合物中迅速检测相关的化合物或者具有类似结构的系列化合物。这些功能在色谱-单质谱联用仪中都无法实现。总之，色谱-串联质谱可以为混合物的定性鉴定提供更为全面丰富的碎片离子信息；（2）定量方面，具有更高的信噪比和更好的选择性，特别适合于复杂体系中痕量组分的分析。采用多反应选择监测（MRM），即在目标化合物的一级质谱中选择一个母离子，碰撞后，从形成的子离子中选择某个或某些特定离子进行扫描检测，通过两次选择，定量测定的信噪比和选择性都将比色谱-单质谱联用仪中的选择离子监测方法大幅提高。

第 15 章

仪器分析考试模拟试卷

§15－1　模拟试卷（一）及参考答案

一、是非题

1. 采用外标法进行色谱定量分析时，要求所有组分都出峰。

2. 离子色谱特别适合于无机阴离子混合物的测定。

3. 电位分析是在接近零电流的条件下测定体系的电动势。

4. 极谱定性分析的依据是不同的物质具有不同的分解电压。

5. 经典光源的原子发射光谱分析中，以铁光谱作为标尺进行定性分析的主要原因是它的特征谱线条数多。

6. 某些原子吸收光谱仪采用双光束测量，其主要目的是消除火焰背景发射。

7. 能采用荧光分析法进行测定的物质，其自身不一定能发射荧光。

8. 只有发生偶极矩变化的振动才能引起可观测的红外吸收谱带。

9. 化学等价的质子不一定磁等价，磁等价的质子也不一定化学等价。

10. 傅里叶变换离子回旋共振质谱仪是一种低分辨质谱仪。

二、单项选择题

1. 以下参数中，不能作为色谱定性分析参数的是(　　)

A. 保留时间　　　　B. 死时间

C. 调整保留时间　　　　D. 相对保留时间

2. 离子对色谱中，如果把离子对试剂由庚烷基磺酸钠改为辛烷基磺酸钠，有机碱组分的保留时间将(　　)

A. 提前　　　　B. 推后

C. 没有规律　　　　D. 以上都不对

3. 从测量误差的角度考虑，以下离子中最不宜用采用直接电位法测定的是(　　)

A. H^+　　B. NO_3^-

C. Ca^{2+}　　D. Bi^{3+}

4. 库仑分析中，关于100%的电流效率，以下说法正确的是(　　)

A. 100%的电流效率是指电解池中通过的电流全部都被记录下来

B. 100%的电流效率是指工作电极上只发生单纯的电极反应

C. 控制辅助电极的电极电位可以实现100%的电流效率

D. 100%的电流效率可以通过在待测溶液中外加滴定剂来实现，即库仑滴定

5. 脉冲极谱法对有机化合物也有较好的响应，这是由于其脉冲电压的(　　)

A. 持续时间长　　B. 增幅大

C. 频率高　　D. 稳定性好

6. 原子发射光谱分析时，自吸效应的存在主要影响(　　)

A. 检测的灵敏度　　B. 定量分析的线性范围

C. 测量结果的精度　　D. 发射光源的背景

7. 原子吸收光谱分析时，若要消除由试样基体引起的物理干扰，可采用(　　)

A. 塞曼效应校正　　B. 改变检测波长

C. 减小狭缝宽度　　D. 采用标准加入法

8. 拉曼光谱法测定对象的物理状态(　　)

A. 必须是固态　　B. 必须是液态

C. 必须是气态　　D. 气、液、固态均可

9. 某试样的质谱图中，M 和 $M+2$ 峰的比值为 1∶1，则该试样一定含有(　　)

A. 1个溴原子　　B. 1个氯原子

C. 2个溴原子　　D. 2个氯原子

10. 以下化合物中，在紫外区有吸收的是(　　)

A. $CH_3—CH_2—CH_2—CH=CH—CH_3$

B. $CH_3—CH_2—CH_2—CH_2—CH_2—OH$

C. $CH_3—CH=CH—CH=CH—CH_3$

D. $CH_2=CH—CH_2—CH=CH—CH_3$

三、填空题

1. 色谱的速率方程，由分子的纵向扩散而造成的色谱峰展宽程度的度量项称为______________项。在流动相流速很______时，该项将成为速率方程的主导项。

2. 欲采用毛细管气相色谱法测定药品中残留的微量有机溶剂（如乙酸乙酯等），宜采用的检测器是______________。若测定中药材中的痕量农药残留，最合适的检测器是______________。

3. 以 C_8 烷基键合相为固定相，以乙腈为流动相，该方法称为______相键合相色谱法。在该方法中，极性小的组分______出峰。

4. 电位分析法中，采用标准加入法定量时，要求加入的标准溶液体积要______，浓度要______，其目的是______________。

5. 方波极谱法中，为了降低充电电流的影响，要求电解池的内阻______，这就需要加入大量的________，由此带来的问题是__________________。

6. 原子发射光谱分析的过程是：光源发射出的特征光谱，经过______并检测记录下来，再对该光谱进行定性或定量分析。一般定性分析时要判断待测元素的______条特征谱线；而定量分析依据是______和待测元素含量成正比。

7. 原子吸收仪器中，原子化器的作用是使试样中待测元素成为____态的自由原子，最常用的原子化方法是________。

8. 紫外分光光度法的定量依据是______________，而分子荧光分析法的定量依据是______________。

9. 红外光谱分析中，适当结合的两个振动基团，若原来的振动频率很相近，谱峰将裂分成两个，一个高于正常频率，一个低于正常频率，该作用称为________。当一振动的倍频与另一振动的基频接近时，由于发生相互作用而产生很强的吸收峰或发生裂分，该现象称为__________。

10. 在飞行时间质量分析器中，离子由离子源到达检测器的飞行时间 t 与质荷比的__________成正比，质荷比越______的离子，越先落到检测器上。

四、计算题

1. 已知在某根色谱柱上，两组分的容量因子分别为 $k_1=1.90$ 和 $k_2=2.30$，欲使这两种组分得以完全分离，需要的理论塔板数至少为多少？

2. 25℃时，以 Cu^{2+} 选择性电极作为指示电极，饱和甘汞电极为参比电极，组成原电池：

指示电极|待测液‖参比电极

已知在 $1\times10^{-3}\ mol\cdot L^{-1}\ Cu^{2+}$溶液中，该原电池的电动势为 100 mV。若换成 $2\times10^{-3}\ mol\cdot L^{-1}\ Cu^{2+}$溶液时，该原电池的电动势读数将变为多少？

五、简答题

1. 液相色谱分析的发展方向之一是将固定相的粒度减小，如减小到 2 μm 以下。这将带来哪些好处？试从理论的角度加以说明。

2. 极谱分析法中，底液将会给定性和定量分析带来哪些影响？为什么？

3. 原子吸收分析测量时，测量不同元素需要更换光源，而紫外分光光度分析则不需要，原因何在？

4. 能发荧光的化合物应该具有怎样的结构特性？如何拓展荧光分析法的应用范围？

六、结构解析题

已知某化合物仅含有 C，H，O 三种元素，其分子离子峰为 $m/z=88$，试根据以下图谱推导其结构并说明理由。

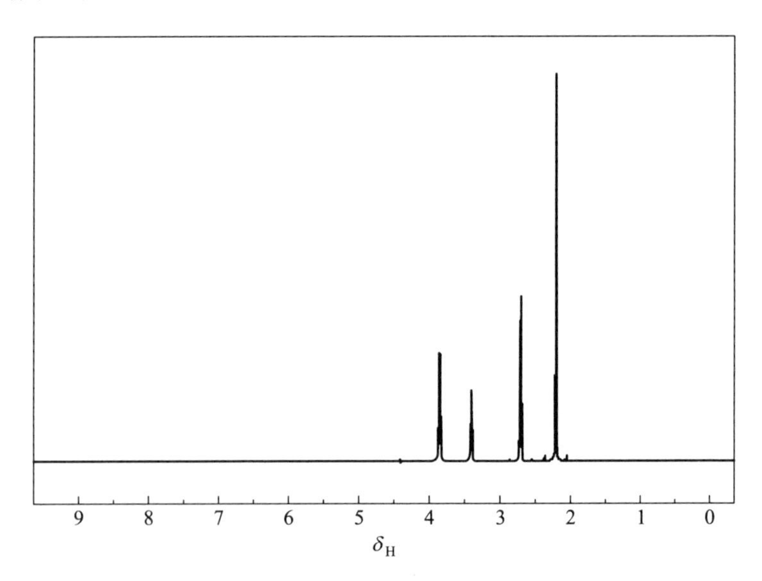

氢谱（溶剂：氘代氯仿）

δ2.2(3H)；δ2.7(2H)；δ3.4(1H)；δ3.8(2H)

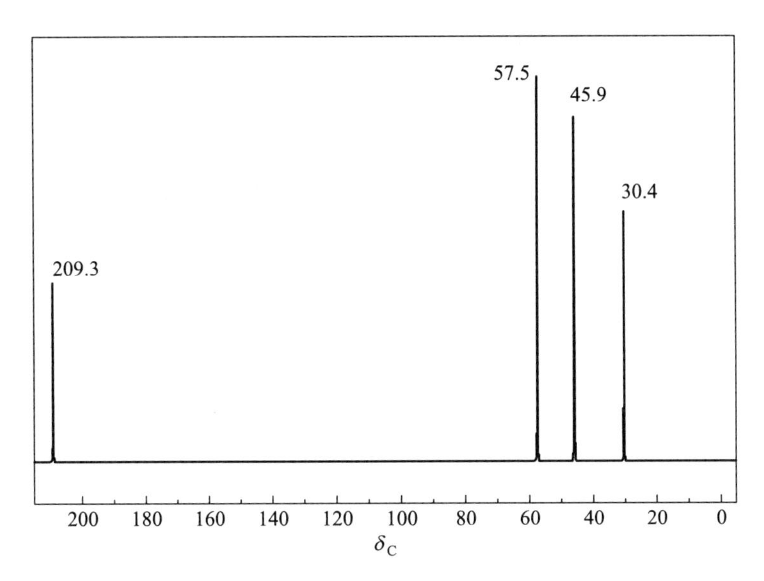

碳谱（溶剂：氘代氯仿）

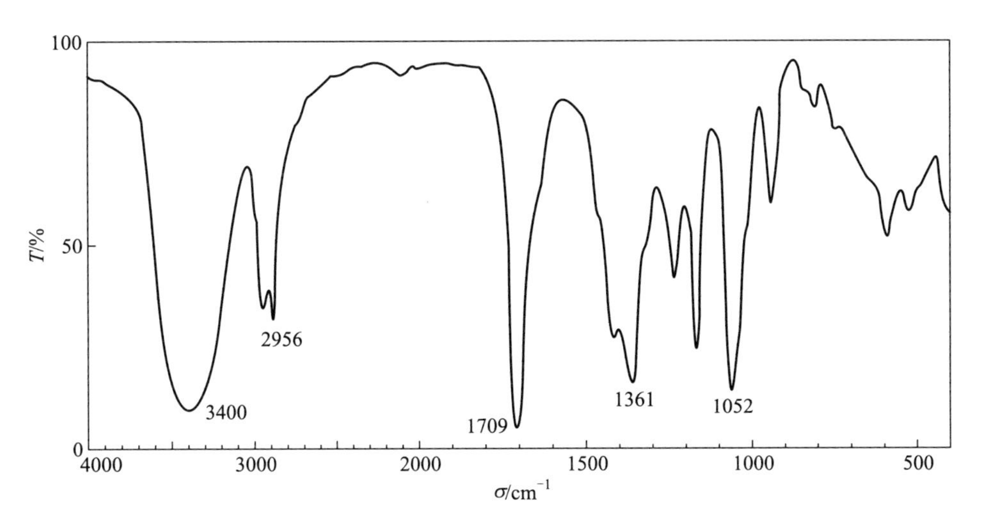

FTIR 谱图

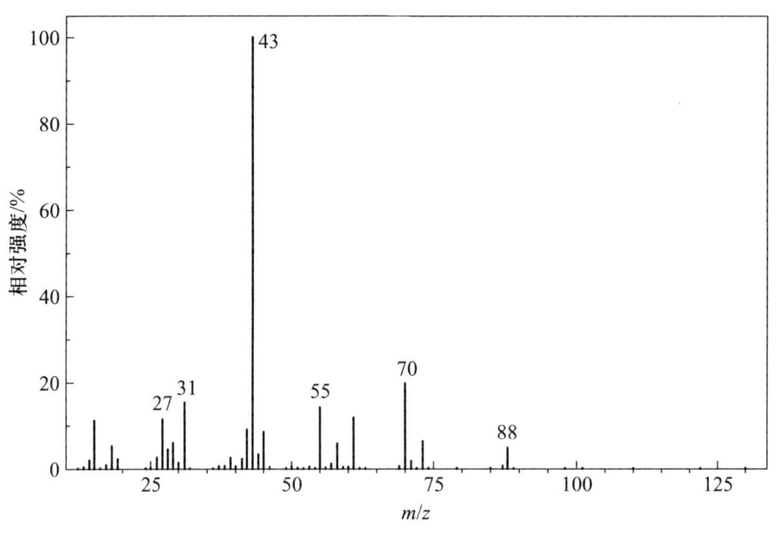

电子轰击质谱图

参考答案：

一、是非题

1	2	3	4	5	6	7	8	9	10
×	√	√	×	√	×	√	√	×	×

二、单项选择题

1	2	3	4	5	6	7	8	9	10
B	B	D	B	A	B	D	D	A	C

三、填空题

1. 分子扩散项;低
2. 氢火焰离子化检测器;串联质谱/质谱

3. 反;后

4. 小;高;由标准溶液的加入所引起的体积、基质的变化可忽略不计

5. 小;大量支持电解质;引入的杂质增多

6. 分光;2~3;光强度

7. 基;火焰原子化法

8. 朗伯-比尔定律/$A=\varepsilon bc$;荧光定量关系式/$F=2.3\varphi I_0\varepsilon bc$

9. 振动偶合;费米共振

10. 平方根;小

四、计算题

1. 提示:利用分离度进行计算,a 通过 k_1 和 k_2 值得到,容量因子项中 k 可近似地取两者的均值。

解:需要的理论塔板数 $n=2.6\times10^3$。

2. 提示:该原电池中,参比电极为正极,指示电极为负极,因此,电动势的表达式为

$$E=K''-(0.059/2)\lg a_{Cu^{2+}}$$

解:该原电池的电动势读数将变为 91 mV。

五、简答题

1. 答:根据速率方程,液相色谱固定相的粒度减小,涡流扩散、传质阻力均下降,塔板高度减小,柱效明显提高;传质阻力下降,保留时间缩短,分析速率显著加快;柱效高,保留时间短,色谱峰更窄,灵敏度也将明显提高。

2. 答:极谱定量分析时,底液组成将影响溶液离子强度、黏度、介电常数等,也就会影响尤考维奇常数中的扩散系数,因此,在定量过程中,应选择合适的底液并保持其不变。底液还会影响活度系数等,甚至和待测离子发生配位,从而影响其半波电位,所以,只有在一定的底液条件下,半波电位才能作为定性依据。还可以通过选择合适的底液,实现几种离子的同时测定。

3. 答:原子吸收线很窄,需用锐线光源才能实现峰值吸收,这种光源一般是各种待测元素空心阴极灯,所以测量不同元素时需要更换光源;而紫外-可见分光光度分析是分子吸收,呈带状光谱,可以用连续光源,由狭缝、单色器组合得到单色光进行分析,连续光源发出的光可以满足不同波长的需求,因此不需要更换光源。

4. 答:具有共轭双键体系、刚性平面结构、给电子取代基。本身能发荧光的物质较少,但采用间接测定方法,如荧光衍生法、荧光猝灭法等可以拓展荧光分

析法的应用范围。

六、结构解析题

解:4-羟基-2-丁酮, $CH_3-\overset{\overset{\displaystyle O}{\|}}{C}-CH_2-CH_2-OH$

§15-2 模拟试卷(二)及参考答案

一、是非题

1. 当用一支极性色谱柱分离某烃类混合物时,经多次重复分析,所得色谱图上均显示只有3个色谱峰,则该试样只含有3个组分。

2. 热导检测器是一种浓度型检测器。

3. 相比于直接电位法,电位滴定法对指示电极性能的要求更高。

4. 在极谱分析法中,加入大量惰性电解质的主要目的是减小电解池内阻。

5. 控制电位库仑分析法中控制的一定是阴极的电位。

6. ICP光源的灵敏度高的主要原因是之一是光源温度高。

7. 原子吸收分析中,火焰原子化法比石墨炉原子化法的重复性要差。

8. 紫外光谱中,由生色团及助色团中的 $n\rightarrow\pi^*$ 跃迁产生的吸收带称为 *R* 带。

9. 二维核磁共振谱中的H-H COSY谱主要用来研究 ^4J 的偶合关系。

10. 拉曼光谱和红外光谱一样,同源于振动光谱。

二、单项选择题

1. 在高效液相色谱分析中,不会影响组分间选择性因子的参数是(　　)

A. 柱长　　B. 柱温

C. 固定相种类　　D. 流动相种类

2. 下列各种色谱定量分析方法,受操作条件影响最大的是(　　)

A. 归一化法　　B. 标准曲线法

C. 内标法　　D. 内标标准曲线法

3. 用钠离子选择性电极测量 $0.01\ mol\cdot L^{-1}\ Na^+$ 时, Mg^{2+} 有干扰,其选择性系数为0.001,若要使 Mg^{2+} 的干扰小于5%,则 Mg^{2+} 的浓度必须小于(　　)

A. $0.10\ mol\cdot L^{-1}$　　B. $0.25\ mol\cdot L^{-1}$

C. 0.50 $mol \cdot L^{-1}$ D. 1.00 $mol \cdot L^{-1}$

4. 关于极谱和伏安分析方法中,以下描述正确的是(　　)

A. 单扫描极谱法通过扣除电容电流提高灵敏度

B. 催化极谱波通过快速扫描电压提高灵敏度

C. 脉冲极谱法通过加入大量支持电解质提高灵敏度

D. 溶出伏安法通过预富集提高灵敏度

5. 关于库仑滴定,以下说法错误的是(　　)

A. 可以用 Fe^{2+},Mn^{3+} 等不稳定的滴定剂,应用范围广

B. 可以避免标准溶液引起的误差,测量准确

C. 适合基体成分较复杂的试样测定

D. 终点判断可采用仪器方法,也可采用指示剂法

6. 以下操作中,可以同时提高原子荧光与原子吸收分析灵敏度的是(　　)

A. 提高光源的强度 B. 提高原子化效率

C. 增大入射光和检测光的角度 D. 减小狭缝

7. 原子发射光谱分析采用内标法进行分析时,正确的说法是(　　)

A. 采用内标法使定性分析更加可靠

B. 采用内标法使定量分析灵敏度更高

C. 内标法需采用相对光谱强度计算

D. 内标法需配制更多的标准溶液

8. 原子吸收光谱分析中常采用空心阴极灯作为光源,原因是(　　)

A. 该光源发射的谱线较多 B. 该光源温度较高

C. 可以完成积分吸收测量 D. 可以完成峰值吸收测量

9. ESI 电离源中,气帘气的作用不包括(　　)

A. 作为喷雾气体,使液体试样形成小雾滴

B. 使雾滴进一步分散,以利于溶剂蒸发

C. 阻挡中性的溶剂分子

D. 碰撞可能诱导离子碎裂,提供化合物的结构信息

10. 以下哪个参数主要用来确定分子中基团的连接关系(　　)

A. 核磁共振中峰的化学位移 B. 核磁共振中峰的偶合裂分数

C. 红外光谱中吸收峰的波数 D. 红外光谱中吸收峰的强度

三、填空题

1. 在填充柱气相色谱中,为了减小涡流扩散项,可以________和________。而毛细管柱塔板高度小的主要原因是________。

2. 若用氨基键合硅胶为固定相,甲基叔丁基醚/正己烷混合溶剂为流动相,这类色谱方法称为________键合相色谱法。在该方法中,组分极性越弱,保留时间越________。

3. pH 玻璃电极在使用之前需要在去离子水浸泡 24 h 以上,其目的是______________和______________。

4. 在经典极谱分析中,加入“支持电解质”的目的是_______;测量半波电位较负的金属离子时,宜选用_____(酸性/碱性)底液,原因是__________________。

5. 原子发射光谱分析采用 ICP 光源时,选择______为工作气体,该气体电离后加热试样,由于加热的方式是________,产生的自吸效应很小,因而提高了测量线性范围。

6. 原子吸收光谱分析中,电热原子化法与火焰原子化法相比,需要的试样量______,这种方法的主要缺点是________。

7. 为提高拉曼光谱分析的灵敏度,近年来出现的相关技术有____________和________________等。

8. 分子荧光分析中,主要的光谱干扰是________和________。

9. 当分子中含有 1 个氯原子、1 个溴原子时,其 M,$M+2$,$M+4$ 的强度比为________________。

10. ICP-MS 联用时一般采用双锥接口,它们分别是______锥和______锥。

四、计算题

1. 气相色谱法分析某混合物试样中正丁醇的含量,称 1.456 g 试样,加入 0.016 8 g 内标物异丙醇,混合后进样分析。测得正丁醇的峰面积为 26.0 mv·s,异丙醇的峰面积为 24.0 mv. s,查文献可知,正丁醇和异丙醇相对于正庚烷的相对响应值分别为 0.865 和 0.972,试求试样中正丁醇的百分含量。

2. 精密称取砷试样 3.200 g,溶解后完全还原为 As^{3+},除去过量还原剂,在含 KI 的弱碱性溶液中用库仑滴定法电解产生 I_2 来滴定 As^{3+},在 100 mA 的恒电流下经 10.4 min 后达到终点,试计算试样中 As_2O_5 的百分含量(As_2O_5 的相对分子质量为 229.84)。

五、简答题

1. 在某一中药中含有以下结构的化合物,且含量为 0.1%~1%,为了对该化合物进行定量分析,宜采用的色谱方法,固定相、流动相、检测器、色谱定性方法、色谱定量方法分别是什么?

2. 欲对废水中 10^{-9} kg · L^{-1}数量级重金属 Hg 的污染情况进行分析,可以采用哪些仪器分析方法?试例举出三种。在使用这些分析方法时,可以通过哪些特殊技术手段达到上述要求?

3. 用火焰原子吸收法测定土壤中的 Ca^{2+}时,基体中含有的磷酸根会产生所谓化学干扰和光谱干扰,两者有何不同?

4. 试讨论紫外分光光度法和分子荧光分析法在原理、仪器和特点方面的差异。

六、结构解析题

某化合物由 C,H,N 三种元素组成,相对分子质量为 83,试根据以下谱图推测其结构,并给出推测的理由。

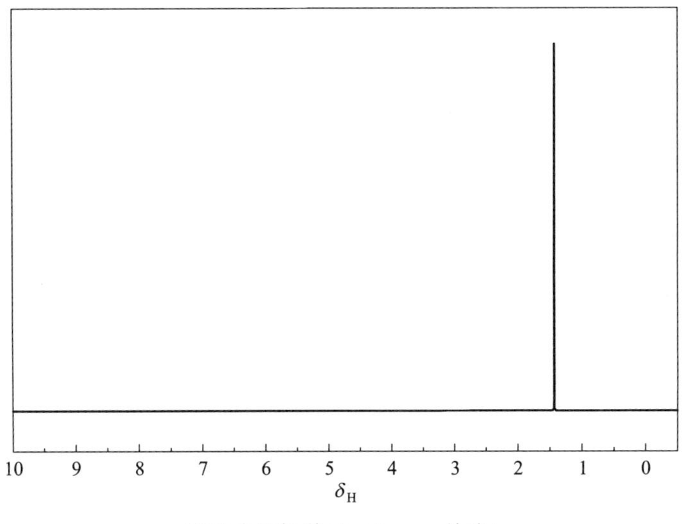

核磁共振氢谱(1.44 ppm,单峰)

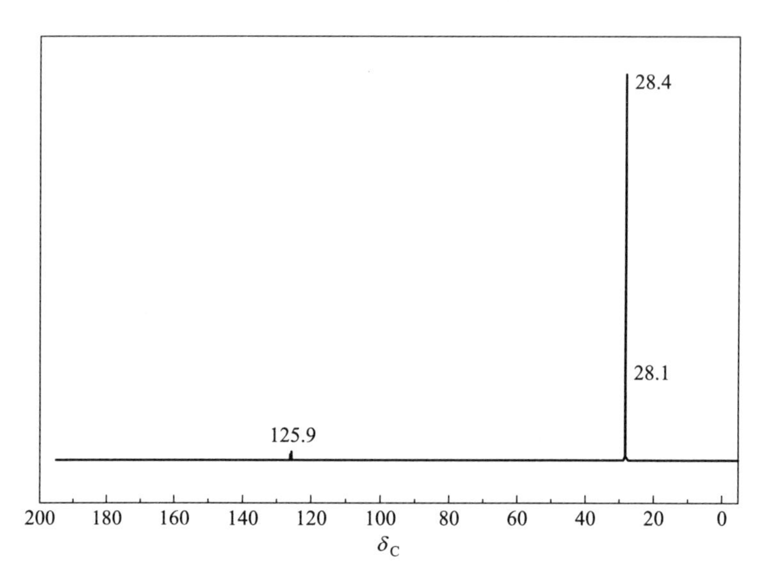

核磁共振碳谱

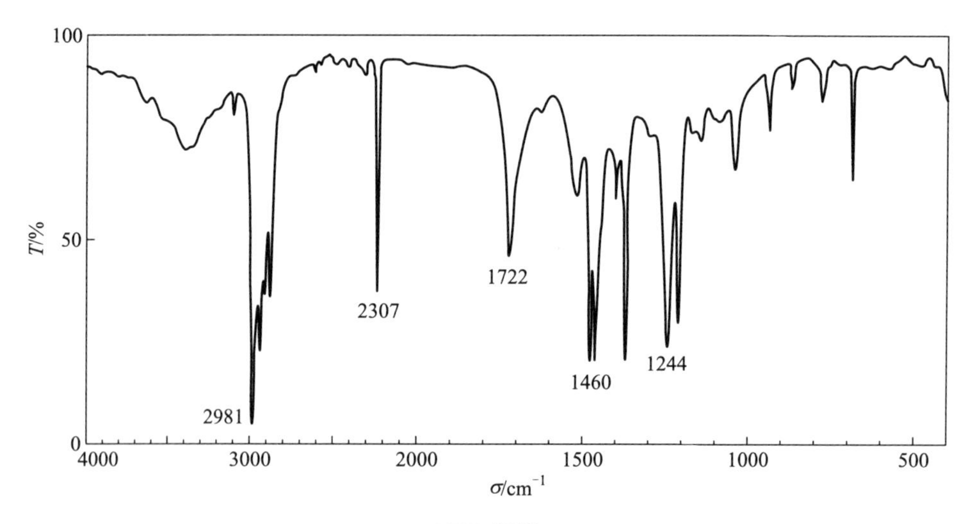

FTIR 谱图

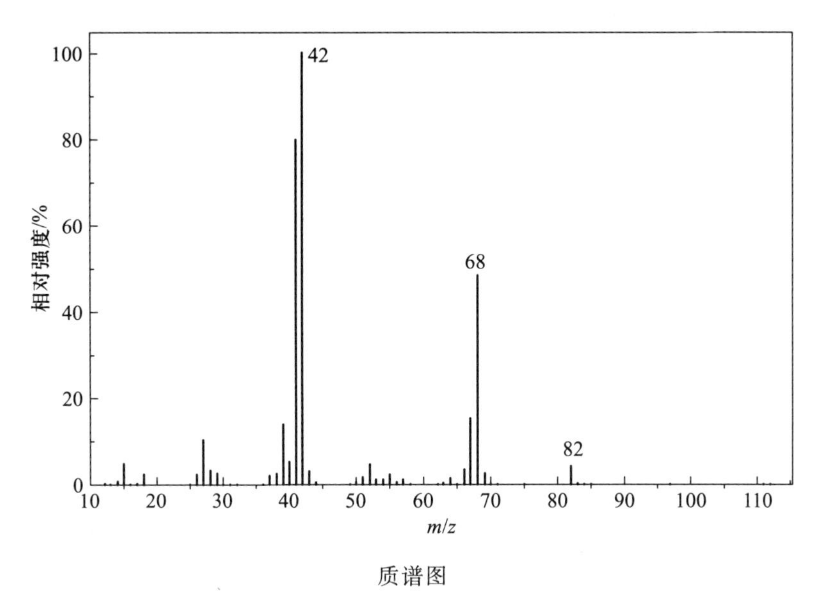

质谱图

参考答案：

一、是非题

1	2	3	4	5	6	7	8	9	10
×	√	×	×	×	√	×	√	×	√

二、单项选择题

1	2	3	4	5	6	7	8	9	10
A	B	B	D	C	B	C	D	A	B

三、填空题

1. 减小固定相颗粒直径，填充均匀；涡流扩散项为零
2. 正相；短
3. 形成水化层，使不对称电位恒定

4. 消除迁移电流的干扰;碱性;防止氢波干扰

5. Ar;环状加热/四周温度高

6. 更少;精度较低/干扰大

7. 共振拉曼散射,表面增强拉曼散射/表面增强共振拉曼散射

8. 拉曼散射,瑞利散射

9. 3∶4∶1

10. 采样,截取

四、计算题

1. 提示:先通过响应值计算相对校正因子,再代入内标法计算公式中进行计算。

$$c_i = 1.40\%$$

2. 提示:以 As_2O_5 计,$n=4$,再根据法拉第电解定律进行计算。

$$w_{As_2O_5} = 1.16\%$$

五、简答题

1. 答:采用高效液相色谱法中的反相键合相色谱法,固定相选用 C_{18} 键合硅胶,流动相选用水/有机溶剂,蒸发光散射检测器,纯物质对照定性,外标法定量。

2. 答:(1) 原子吸收光谱分析法(也可以采用原子荧光分析法),冷原子化技术,灵敏度高,选择性好;(2) 伏安分析,用溶出伏安-微分脉冲伏安联用技术,以提高分析灵敏度;(3) 利用 ICP-MS 联用分析法进行测定。

3. 答:化学干扰是指形成难挥发盐磷酸钙,影响原子化效率,属于负干扰;光谱干扰是指未分解的磷酸盐产生背景吸收,属于正干扰;另外两种干扰对应的消除方法也有所不同。

4. 答:(1) 原理方面,紫外光谱是吸收光谱,分子荧光光谱是发射光谱(光致发光);(2) 仪器方面,紫外分光光度计只有 1 个单色器,而分子荧光光谱仪有 2 个单色器,且为直角位检测;(3) 特点方面,荧光光谱的灵敏度比紫外光谱要高,选择性要好。

六、结构解析题

解:三甲基乙腈 $CH_3—C(CH_3)_2—C\equiv N$